An Introduction to Child and Adolescent
Psychoanalytic Psychotherapy

儿童青少年精神分析导论

[美] 吉尔·萨维奇·沙夫　主编
（Jill Savege Scharff）

陈怡廷　译

图书在版编目（CIP）数据

儿童青少年精神分析导论 /（美）吉尔·萨维奇·沙夫（Jill Savege Scharff）主编；陈怡廷译. -- 北京：中国轻工业出版社，2025.5. -- ISBN 978-7-5184-5302-3

Ⅰ. B844.1；B844.2

中国国家版本馆CIP数据核字第20250DL324号

版权声明

Copyright © 2025 BY JILL SAVEGE SCHARFF
All rights reserved.

保留所有权利。非经中国轻工业出版社"万千心理"书面授权，任何人不得以任何方式（包括但不限于电子、机械、手工或其他尚未被发明或应用的技术手段）复印、拍照、扫描、录音、朗读、存储、发表本书中任何部分或本书全部内容（包括但不限于光盘、音频、视频等）。中国轻工业出版社"万千心理"未授权任何机构提供源自本书内容的电子文件阅览、收听或下载服务。如有此类非法行为，查实必究。

责任编辑：潘　南　　　　　责任终审：张乃东
策划编辑：阎　兰　潘　南　责任校对：刘志颖　　责任监印：吴维斌

出版发行：中国轻工业出版社（北京鲁谷东街5号，邮编：100040）
印　　刷：三河市鑫金马印装有限公司
经　　销：各地新华书店
版　　次：2025年5月第1版第1次印刷
开　　本：710×1000　1/16　印张：23　插页：4
字　　数：335千字
书　　号：ISBN 978-7-5184-5302-3　定价：98.00元
读者热线：010-65181109
发行电话：010-85119832　　010-85119912
网　　址：http://www.chlip.com.cn　http://www.wqedu.com
电子信箱：1012305542@qq.com
版权所有　侵权必究
如发现图书残缺请拨打读者热线联系调换

232119Y2X101ZYW

图 11.1　麦迪逊的自画像　　　　　　图 11.2　麦迪逊和妈妈

图 11.3　麦迪逊的爸爸置身火海　　　图 11.4　罗丝的画：妈妈在找爸爸

图 24.1 父母卧室和子女卧室相连

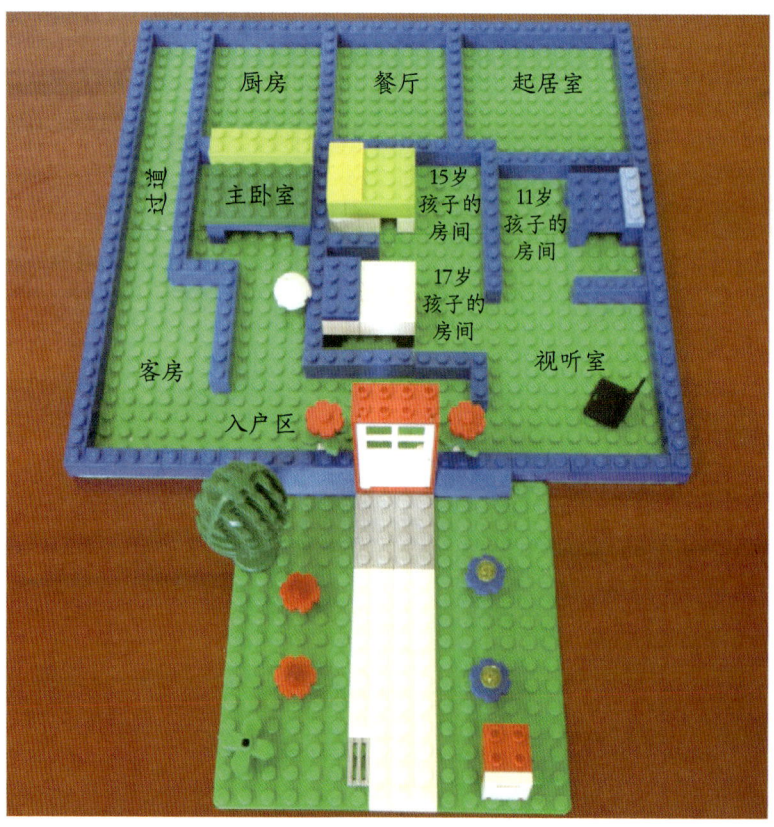

图 24.2 父母卧室和子女卧室各自独立

图 40.1　戴维治疗结束前的作品

图 42.1　丹妮拉的自画像　　　　图 42.2　丹妮拉的眼睛

图 42.3 丹妮拉玩跑酷

图 42.4 游戏 1 中的娃娃屋

图 42.5　游戏 2 中的娃娃屋

图 47.1　超级英雄驱逐婴儿自体

图 47.2 "嫉妒"把剑交给治疗师

图 47.3 用微笑掩饰痛苦

图 52.1 冠状病毒先生

推荐序

我和吉尔·沙夫（Jill Scharff）以及她的团队相识至今已有 11 年了。2014 年，我作为国际心理治疗研究院（International Psychotherapy Institute，IPI）在中国的一个项目的翻译，有幸与沙夫团队中的多位老师展开深入的合作，不仅翻译了他们所做的个案，还亲眼见证了他们是如何与学员心理咨询师共同工作的。他们总是耐心倾听中国心理咨询师的疑问，并始终以开放的态度理解本土文化的独特性。他们对不同文化背景的敏感性、始终将个案的最大利益置于首位的专业态度，以及他们身上那种既学术又轻盈的特质，深深地吸引着我。因此，在 2017 年，我决定赴美国 IPI 学习精神分析。

大约在 2018 年，我们的一次课程被安排在巴拿马进行。那是我第一次去中美洲，那里有长长的海岸线和古老城市的遗迹。一天晚上，课程安排大家一起去酒吧跳舞。在这样的场合中，我总是十分拘谨，而那些老师们——大多是六七十岁的老太太（也是这本书的作者们），妆容精致且得体，快乐地唱歌、摇摆，浑身散发着生命力和愉悦的气息。这让我这个在典型东亚文化中成长起来的年轻女性，对性别、衰老和生命的意义都有了新的感触和认识。

也是在那次课程的旅途中，我和吉尔夫妇谈起未来的工作计划。吉尔告诉我："如果你愿意在中国开设儿童青少年治疗师的课程，我会邀请世界上最好的儿童治疗师来教授这门课程。"2020年，"简单心理"有幸与IPI携手，在中国开设了"儿童与青少年精神分析训练项目"的课程。如今，课程已经开展了三届，培养了上百名学员。我确信，吉尔兑现了她的承诺。

在我的记忆中，负责这门课程的"简单心理"团队曾多次找我讨论问题，都是缘于吉尔和其他老师对项目课程中被督导的儿童和青少年个案的特别关照。儿童和青少年的治疗工作相较于成年人的更加特殊，它需要与家庭、文化以及法规政策相协调，才有可能找到最大程度保障个案权益的途径。在一些特殊情况下，吉尔和她的团队不仅敦促我们尽力探索一切可用的资源和方法，还为被督导的咨询师提供了明确的技术支持，并以如容器般宽广包容的态度给予情感支持。我对他们充满敬意。

我很高兴我们终于有一本为精神分析从业者编写的、专注于儿童和青少年的书。本书不仅是一本理论著作，还汇集了精神分析领域数十年的研究成果，并结合了来自中国的临床案例，为从业者提供了一个完整的工作框架。从儿童和青少年的心理发展、精神分析理论、评估与治疗技术，到伦理与研究基础，以及在社区、学校和家庭环境下开展心理治疗的实践经验，本书都进行了全面而深入的阐述。无论是刚刚进入这一领域的新手，还是经验丰富的治疗师，都能从中获得启发。

本书的作者我大多都见过，或与他们一起工作过，或作为学生听过他们的课程。我很喜欢他们——不仅是因为他们的专业精神，更是因为他们的人格魅力。

我相信，这本书会是中国儿童与青少年心理咨询师的重要参考书籍，也能够帮助更多的孩子和家庭在成长过程中找到理解与治愈的路径。希望你也喜欢它。

简里里
"简单心理"创始人及首席执行官
2025年3月

译者序

接下本书的翻译工作时，我心里其实有点忐忑。儿童与青少年的精神分析心理治疗有其独特的语境，既需要准确的专业术语，也需要贴近现场工作的临床语感，这让翻译的过程除了要在两种语言间穿梭之外，还延伸出许多思考与探索。

在成人的世界里，语言是我们最主要的表达工具。但对于儿童来说，语言往往是有限的。理解儿童，往往不仅依赖语言，还需要放慢脚步，运用观察、感受和联想，细腻地捕捉未曾被言说的一切。这更像是一种内在共鸣的过程。

吉尔·沙夫博士与IPI的其他作者在撰写本书各章节时，一方面用成人的语言讲述理论与关键概念，另一方面在案例中示范治疗师如何透过自身的感受与联想，进入孩子的世界，并理解他们的情绪、需求、幻想与冲突。他们在传递知识的同时，向读者展示与儿童"对话"的方式，以及治疗师如何保持精神分析式的开放性理解姿态。

翻译本书时，我也试图进入儿童精神分析治疗师的状态，从内在体会作为IPI治疗师的作者们的原文风格与质感，尽力将概念与经验转化为能被读懂的语言，让它们在中文世界里依然保持原有的张力与深度。当然，这个过程是充满挑战的。儿童精神分析的许多概念本身就具有丰富的内涵，作为译者，我无法确定自己的每一个权衡与取舍都是最理想的，但希望这些揣摩与调整，能让这本书的思想与精神在不同的语言里依然生动鲜活。如果翻译是一座桥梁，我希望这座桥能够让更多人走进儿童精神分析的世界。

感谢吉尔·沙夫博士，以及IPI儿童与青少年精神分析项目的所有讲师与学员——是你们的讨论与分享，让这些理论变得鲜活，也让我有机会站在这个交汇点上，成为这本书的一部分。特别感谢本书的编辑潘南，她帮忙"重新转译"了许多词汇与文句的脉络细节，使全书更加精确流畅，且更加完整。

我希望这本书的中译本，能够帮助更多与儿童和青少年一起工作的专业人士——无论是心理治疗师、教师、学校辅导员，还是社工、儿童发展专家，乃至所有关心儿童心理成长的读者。希望每位读者都能以自己的方式与本书对话，从中发现更多理解与陪伴孩子的方法，成为孩子生命中稳定而温柔的存在。

最后，译文如有疏漏或不够妥帖之处，恳请读者不吝指正。

陈怡廷（Tiffany）

2025年2月于台北

前言和致谢

感谢读者与我们共同关注、关心儿童和青少年的健康成长。

本书是为有志于学习精神分析取向儿童和青少年治疗的治疗师所准备的全方位入门读物。本书旨在为精神分析治疗师提供足够的信息和支持，以迎接儿童和青少年心理治疗的挑战；同时，为认知行为治疗师和沙盘游戏治疗师在与年轻群体的工作中辅以精神分析视野。我代表国际心理治疗研究院（IPI）为中国的"简单心理"平台组织和主持"儿童与青少年精神分析训练项目"。作为编者，本书汇集我自身的讨论笔记以及多位合著作者两年来担任上述项目讲师的授课内容。书中涵盖了北美洲、中美洲、欧洲和亚洲（中国）的临床案例讨论会和督导案例，希望借此提升本书的国际视野和应用价值。我衷心感谢教学团队每位成员的付出和贡献，他们作为撰稿人，或直接审核我的案例说明，或协助增修，甚至提供了极有价值的补充。我的想法是编著一本可作为课程辅助材料的书，因此这本书集结了团体的努力。它扎根于伦理和研究、儿童和青少年发展、精神分析儿童理论、健康表现和症状表现、评估和治疗技术，以及在社区、学校、机构和家庭法院提供咨询的实践基本原则。

非常感谢 IPI 以及"简单心理"的工作人员对上述中国儿童教学项目的支持，感谢与我们共同学习的国际学员——是你们让我们避免陷入狭隘的视角。能在自身文化外开展工作、相互学习和培养多国视野是非常有趣的事情。

我还想感谢以下出版方和作者授权我们修改其已出版作品中的摘录。图 20.1、图 20.2、图 35.1 和图 35.2 由戴维·沙夫（David Scharff）提供。"内在精神情境"（图 20.1）首次刊于《性关系》（*The Sexual Relationship*，Routledge，1982），其版权归戴维·沙夫所有。"扩展版内在精神情境"（图 20.2）出自《客体关系个体治疗》（*Object Relations Individual Therapy*，1998）；"抱持性环境"（图 35.1）出自《重寻客体与重建自体——在精神分析中找到自己》（*Refinding the Object and Reclaiming the Self*[①]，1992）；"破碎的抱持性环境及其对自体的影响"（图 35.2）出自《身体和性创伤的客体关系理论》（*Object Relations Theory of Physical and Sexual Trauma*，1994）。所有版权均从贾森·阿伦森（Jason Aronson）转归于戴维·沙夫。

"儿童心理治疗的伦理立场"一章中的第一、二则治疗片段最初发表于《儿童精神分析研究》[*Psychoanalytic Study of the Child*，76（1）：278-291，C. Sehon，C.H. Huang & X. Zhou，2023]，由泰勒弗朗西斯（Taylor and Francis）出版社授权转载。

"人际潜意识和代际传承的精神创伤"一章的案例片段修改自作者塞洪（Sehon）2013 年发表在《伴侣与家庭精神分析》（*Couple and Family Psychoanalysis*）上的文章，经卡纳克图书（Karnac Books Limited）授权重印。

中国轻工业出版社"万千心理"的编辑阎兰和潘南给予我极大的鼓舞与时刻的支持，热情鼓励我构思手稿并安排书籍翻译。经卡纳克图书及其集慷慨、柔韧和协作于一身的出版人凯特·皮尔斯（Kate Pearce）同意，本书英文版和中文版同步发行，各自独立且互为补充。我曾听人说过，每位作家都在为某人而写作，那我就是为这两家出版社、中国和英语国家未来的学员与讲师以及我慷慨的合著者而写作。感谢你们所有人。

---

① 本书简体中文版已由中国轻工业出版社于 2011 年出版。——译者注

本书是对临床缺口的回应。多数精神分析心理治疗师接受的是如何与成人工作的训练，精神分析文献也因此主要着眼于思考和治疗成人的议题。随着时间推移，这个领域逐渐扩展，纳入了应用于成人伴侣关系及家庭工作的精神分析理论与技术和团体理论。随后，儿童心理治疗这个专业领域出现了。尽管儿童和青少年的人数显然不亚于成人和家长，但儿童青少年心理治疗的规模仍相对较小。青少年心理治疗更是一个相对被忽视的专业领域，青少年有时被转介给成人治疗师，有时则被转介给儿童心理治疗师。

尽管如此，市面上不乏深入探讨儿童心理治疗工作的文章书籍等资源。《儿童精神分析研究》是主要的参考期刊，另外有精神分析大师梅兰妮·克莱因（Melanie Klein）、温尼科特（Winnicott）和安娜·弗洛伊德（Anna Freud）的经典著作，以及其他新书资源。我们参考了沙夫夫妇（Scharffs）的《客体关系入门》（第二版；*The Primer of Object Relations, Second Edition*），以此作为应用于儿童治疗工作的精神分析基本理论。吉尔摩（Gilmore）和梅尔桑德（Meersand）的《儿童和青少年常规发展——心理动力学入门》（*Normal Child and Adolescent Development: a Psychodynamic Primer*）内容丰富。玛戈·沃德尔（Margot Waddell）的《内在生命》（*Inside Lives*[①]）提供了克莱因学派关于儿童发展的视角，而朱尔斯·格伦（Jules Glenn）基于精神分析临床经验所写的《儿童分析与治疗》（*Child Analysis and Therapy*）虽然已经绝版，但绝对值得挖宝一读。克丽·诺维克和杰克·诺维克（Kerry & Jack Novick）在家长工作和儿童发展与治疗的主题上发表了大量作品，最新出版的著作是深入探讨密集性精神分析的《青少年案例集》（*Adolescent Casebook*）。维托里奥·林贾雅迪（Vittorio Lingiardi）和南希·麦克威廉斯（Nancy McWilliams）合著的《心理动力诊断手册》（第二版；*The Psychodynamic Diagnostic Manual, Second Edition*）介绍了如何根据常模评测认知、情感和社会功能的各个方面。埃里克·马什（Eric Mash）

[①] 本书简体中文版已由中国轻工业出版社于2017年出版。——译者注

和拉塞尔·巴克利（Russell Barkley）编著的《儿童精神病理学》（第三版；*Child Psychopathology, Third Edition*）介绍了诊断类别及其病因学和流行病学。推荐以上代表作品，一是为了表达对它们为儿童治疗领域所做贡献的钦佩和感激之情，二是为了阐明每本书深入探讨的特定主题——儿童发展、客体关系理论、评估和治疗的理论与技术、精神病理学或心理诊断；绝非有意忽略其他相关著作的价值。本书不同于上述推荐作品，是一本适合处于初级和中级阶段的治疗师及其培训教师使用的入门教科书。

我由衷感谢每一位合著者的撰述，感谢他们允许我根据他们的笔记进行补充，并汇集成这本著作。感谢他们与我一起在IPI的官方网站上开展"IPI儿童青少年精神分析心理治疗整合培训项目"。安娜·玛丽亚·巴罗索（Ana Maria Barroso）、安娜贝拉·布罗斯特拉（Anabella Brostella）、戴维·沙夫、卡罗琳·塞洪（Caroline Sehon），尤其是贾妮娜·万拉斯（Janine Wanlass），进行了大部分的授课与讨论。艾达利达·阿尔塔米拉诺（Aidalida Altamirano）、卡尔·巴尼尼（Carl Bagnini）、瓦利·马杜罗（Vali Maduro）、伊丽莎白·帕拉西奥斯（Elizabeth Palacios）、凯特·沙夫（Kate Scharff）、莱亚·塞顿（Lea Setton）和约兰达·瓦莱拉（Yolanda Varela）慷慨地讲述了选定的主题。他们都是了不起的同事和亲爱的朋友。衷心感谢大家。

吉尔·沙夫
于美国马里兰州切维蔡斯

本书撰稿作者

艾达利达·阿尔塔米拉诺（Aidalida Altamirano）
临床心理学硕士，成人和儿童个体心理治疗师，于美国马里兰州切维蔡斯的国际心理治疗研究院（IPI）接受培训；巴拿马健康关系基金会（Fundación Relaciones Sanas）董事会主席，也是IPI巴拿马分部教员；在巴拿马共和国巴拿马城私人执业，为成人和儿童提供个体心理治疗。

卡尔·巴尼尼（Carl Bagnini）
临床社会工作者、美国国家临床社会工作委员会会士，曾在美国马里兰州切维蔡斯国际心理治疗研究院担任多年高级教员，以及儿童、伴侣和家庭精神分析心理治疗师和督导师，现已退休；在阿德菲大学德纳学院和纽约市心理健康培训学院的伴侣治疗与精神分析研究生项目中授课；著有《维系伴侣治疗》（Keeping Couples in Treatment）一书，目前在美国纽约州长岛的私人诊所从事个体、儿童、伴侣和家庭治疗。

安娜·玛丽亚·巴罗索（Ana Maria Barroso）
医学博士，在墨西哥城的墨西哥精神分析学院接受培训的精神分析师，儿童心理治疗师；在国际心理治疗学院的"客体关系理论与实践项目"以及"儿童分析与儿童心理治疗整合项目"中教授课程并担任督导（这是一个位于美国马里兰州切维蔡斯的在线学习社区）；在墨西哥城私人执业，提供成人和儿童心理治疗。

安娜贝拉·布罗斯特拉（Anabella Brostella）
博士，成人精神分析师，受训于国际精神分析协会（International Psychoanalysis Association，IPA）所认可的巴拿马IPA精神分析学会（Psychoanalytic Provisional Society of Panama RP）；美国马里兰州切维蔡斯的IPI以及IPI巴拿马分部的教员；著有幼儿情感丛书《儿童故事》（1—4册；Stories for Children Books 1-4）；目前在巴拿马城私人执业，从事精神分析和儿童心理治疗工作。

瓦利·马杜罗（Vali Maduro）
博士，精神分析师，毕业于美国马里兰州切维蔡斯的国际精神分析培训研究院（International Institute for Psychoanalytic Training）；美国自杀学协会（American Association of Suicidology）自杀干预认证讲师、英国伦敦安娜·弗洛伊德中心认证心智化治疗督导师；在巴拿马城私人执业，从事个体精神分析以及伴侣、家庭和团体治疗工作。

伊丽莎白·帕拉西奥斯（Elizabeth Palacios）
医学博士，马德里精神分析协会（Madrid Psychoanalytical Association）的培训分析师，国际心理治疗协会伴侣与家庭精神分析委员会（International Psychotherapy Association's Committee on Couple and Family Psychoanalysis）主席；《夫妻与家庭精神分析：全球视角》（Couple and Family Psychoanalysis: A Global Perspective）和《伴侣与家庭精神分析中的诠释：跨文化视角》（Interpretation in Couple and Family Psychoanalysis: Cross-cultural Perspectives）一书的共同编辑；西班牙萨拉戈萨弱势青少年中心创始人和主任，在该中心从事精神分析、伴侣治疗和家庭治疗工作。

戴维·沙夫（David Scharff）

医学博士，国际心理治疗研究院（IPI）共同创始人，并担任IPI在中国"简单心理"平台的海外项目主席；曾任国际精神分析协会伴侣与家庭精神分析委员会主席，近12年为北京"致道中和医学研究院"的"国际精神动力学夫妻与家庭治疗连续培训项目"主任；著有并编辑了多本伴侣、儿童和家庭治疗书籍，最新著作为《当代中国的婚姻与家庭》（*Marriage and Family in Modern China*）；于2021年获得国际精神分析最高荣誉"西戈尼奖（Sigourney Award）"；在美国马里兰州切维蔡斯私人执业，从事成人和儿童精神分析、伴侣治疗和家庭治疗工作。

吉尔·沙夫（Jill Scharff）

医学博士，国际心理治疗研究院（IPI）共同创始人，国际精神分析培训研究院和美国马里兰州切维蔡斯IPI的"儿童分析与儿童心理治疗整合项目"创始主席，也是IPI在中国"简单心理"平台的"儿童与青少年精神分析训练项目"创始主席；著有并编辑了多本伴侣治疗、儿童与家庭治疗、精神分析心理治疗和在线教育书籍，最新编辑的作品为《线上精神分析》（第四卷；*Psychoanalysis Online, Volume 4*）；于2021年获得"西戈尼奖"；她在美国马里兰州切维蔡斯私人执业，从事成人和儿童精神分析、伴侣治疗和家庭治疗工作。

凯特·沙夫（Kate Scharff）

社会工作硕士，美国华盛顿特区协作式离异和解专业人员学院创始董事会成员和前任主席，大华盛顿地区协作解纷（Collaborative Practice）中心创始人、协作解纷培训研究院创始成员；合著有《勇渡协作离异的情绪浪潮——卓越实践与成果指南》（*Navigating Emotional Currents in Collaborative Divorce: A Guide to Excellence in Practice and Outcome*）和《揭开治疗的面纱——获取正确帮助的指南》（*Therapy Demystified: An Insider's Guide to*

Getting the Right Help）两部著作；在美国马里兰州贝塞斯达私人执业，提供成人治疗、儿童治疗、伴侣和家庭治疗以及调解和协作离异服务。

卡罗琳·塞洪（Caroline Sehon）

医学博士，国际心理治疗研究院（IPI）院长，并担任IPI在中国"简单心理"平台的海外项目主席；IPI儿童和成人精神分析师兼督导师，曾任国际精神分析培训研究院主席；曾是国际精神分析协会儿童和青少年精神分析委员会（Committee on Child and Adolescent Psychoanalysis）成员；美国精神分析协会（American Psychoanalytic Association）执行委员会秘书，美国华盛顿特区乔治城大学精神病学临床教授；发表了多篇关于成人和儿童精神分析、伴侣和家庭治疗的文章和书籍章节；在美国马里兰州贝塞斯达私人执业，服务对象包括成人、儿童、伴侣和家庭。

莱亚·塞顿（Lea Setton）

博士，巴拿马精神分析学会主任及督导分析师，美国马里兰州切维蔡斯的国际精神分析培训研究院的督导分析师；《联结自体——恩里克·皮琼·里维埃的著作》（The Linked Self: The Writings of Enrique Pichon-Rivière）一书的主编之一；在巴拿马城私人执业，从事成人和青少年精神分析、伴侣治疗和家庭治疗工作。

约兰达·瓦莱拉（Yolanda Varela）

博士，国际精神分析协会巴拿马学会（IPA Psychoanalytic Provisional Society of Panama RP）前任会长及督导分析师，美国马里兰州切维蔡斯的国际精神分析培训学院的督导分析师，巴拿马精神分析学会（Panamanian Psychoanalytic Society）精神分析研究所主任；在巴拿马城私人执业，从事成人分析、伴侣治疗和青少年心理治疗工作。

贾妮娜·万拉斯（Janine Wanlass）

博士，美国马里兰州切维蔡斯的国际心理治疗学院（IPI）前任院长，"儿童分析与儿童心理治疗整合项目"现任主席；中国北京"致道中和医学研究院"的"国际精神动力学夫妻与家庭治疗连续培训项目"联合主任，美国盐湖城威斯敏斯特大学心理健康咨询系主任及教授；在美国犹他州盐湖城私人执业，从事精神分析和儿童心理治疗工作。

目录

・第一部分・
导言：儿童心理治疗师的背景和立场

1. 游戏在精神分析取向儿童与家庭治疗中的作用：本书方法概述 / 3
2. 儿童心理治疗的伦理立场 / 14
3. 文化谦卑 / 20
4. 儿童精神分析治疗的研究基础 / 24
5. 从治疗历程记录中学习 / 28

・第二部分・
儿童与青少年的发展

6. 生命伊始 / 35
7. 经典性心理发展理论和社会心理发展理论 / 40
8. 婴儿期：口欲期、整合和去整合 / 42
9. 幼儿期：肛欲阶段 / 45
10. 学龄前期：性器-自恋阶段 / 48
11. 幼儿园阶段：俄狄浦斯阶段 / 53
12. 小学阶段：潜伏期 / 61

13. 初中阶段：青春期和青春前期 / 66

14. 高中阶段：青少年期 / 69

• 第三部分 •
关于儿童期的精神分析理论

15. 婴儿期：母婴关系 / 77

16. 依恋 / 83

17. 比昂：涵容 / 90

18. 温尼科特：抱持、照料和精神－躯体伴侣关系 / 92

19. 温尼科特：过渡性空间和过渡性客体 / 97

20. 费尔贝恩：人际关系在内在精神结构中的作用 / 102

21. 克莱因：早期焦虑和投射性认同 / 108

22. 家庭群体中的儿童：代际遗传和比昂的三个基本假设 / 113

23. 潜意识交流：梦与游戏 / 119

24. 人际潜意识和代际传承的精神创伤 / 125

25. 手足关系与身份认同的形成 / 131

26. 离婚对儿童和家庭的影响 / 136

27. 自杀 / 141

28. 神经科学与精神分析 / 149

• 第四部分 •
儿童健康状态与症状的临床表现

29. 儿童期的症状表现 / 155

30. 情境性与发展性危机：健康反应 / 157

31. 躯体形式障碍：焦虑型障碍 / 164

32. 强迫症：焦虑型障碍 / 171

33. 自杀倾向：心境型障碍 / 178

34. 成瘾：行为型障碍 / 181

35. 精神创伤：反应性障碍 / 184

36. 抽动障碍：心理功能型障碍 / 189

37. 注意缺陷/多动障碍：心理功能型神经心理学障碍 / 194

38. 学习障碍：书面表达和阅读障碍 / 200

39. 厌食症和暴食症：心理生理型障碍 / 204

40. 遗粪症和遗尿症：发育型障碍 / 211

41. 孤独症：发育型障碍 / 216

42. 性别流动：性别障碍 / 222

第五部分
治疗室中的儿童心理治疗师

43. 父母工作 / 235

44. 家庭动力评估 / 239

45. 治疗开始时的儿童评估 / 245

46. 焦点移情与情境移情（及反移情）/ 253

47. 诠释 / 261

48. 幼儿的心理治疗 / 266

49. 对潜伏期儿童的心理治疗 / 272

50. 青少年心理治疗 / 278

51. 青少年及其家庭的心理治疗 / 281

52. 利用科技进行儿童心理治疗 / 286

53. 儿童青少年评估：心理测量和心理动力学个案概念化 / 290

第六部分
社区中的儿童心理治疗师

54. 与学校协作 / 307

55. 与家庭服务机构和儿童保护服务机构合作 / 313
56. 儿童虐待和替代照护 / 319
57. 被收养儿童与留守儿童 / 327

后记 / 333

参考文献 / 335

图片和表格目录

图 11.1　麦迪逊的自画像 ··· 54
图 11.2　麦迪逊和妈妈 ·· 55
图 11.3　麦迪逊的爸爸置身火海 ·· 55
图 11.4　罗丝的画：妈妈在找爸爸 ····································· 56
图 20.1　内在精神情境（David E. Scharff © 1982）················104
图 20.2　扩展版内在精神情境（David and Jill Scharff © 1998）···········105
图 24.1　父母卧室和子女卧室相连 ····································129
图 24.2　父母卧室和子女卧室各自独立 ·····························129
图 35.1　抱持性环境（David E. Scharff © 1992）··················186
图 35.2　破碎的抱持性环境及其对自体的影响
　　　　（Jill and David Scharff © 1994）···························187
图 40.1　戴维治疗结束前的作品 ·······································214
图 42.1　丹妮拉的自画像 ··224
图 42.2　丹妮拉的眼睛 ···224
图 42.3　丹妮拉玩跑酷 ···225
图 42.4　游戏 1 中的娃娃屋 ···229
图 42.5　游戏 2 中的娃娃屋 ···230
图 47.1　超级英雄驱逐婴儿自体 ······································262
图 47.2　"嫉妒"把剑交给治疗师 ····································263

图 47.3 用微笑掩饰痛苦···264
图 52.1 冠状病毒先生···288

表 16.1 依恋类型·· 84
表 27.1 急性－低自杀风险··146
表 27.2 慢性－低自杀风险··146
表 27.3 急性－中自杀风险··146
表 27.4 慢性－中自杀风险··146
表 27.5 急性－高自杀风险··147
表 27.6 慢性－高自杀风险··147
表 29.1 儿童期症状表现··155
表 39.1 神经性厌食症症状（限制型和暴食／清除型）···········205
表 39.2 神经性贪食症症状··205
表 39.3 暴食障碍症状···206
表 47.1 不同层面的诠释··265
表 53.1 具有代表性的各类评估测验······································297

第一部分

导言：儿童心理治疗师的背景和立场

1. 游戏在精神分析取向儿童与家庭治疗中的作用：本书方法概述

卡尔·巴尼尼
安娜贝拉·布罗斯特拉
戴维·沙夫和吉尔·沙夫

日常生活中的游戏

游戏是乐趣。游戏是学习。游戏涉及变化。游戏维系健康，促进成长。游戏是一种在儿童的内在世界和外部他人之间创造互动的活动。游戏带来惊喜和变革的可能性。游戏是儿童对最初乃至其后的人类和非人类环境体验做出的心理-生理的持续性表达。游戏成就各发展阶段的任务，是儿童实现掌握、自我内聚和学习人际关系的身体与情感通道。游戏也是儿童形成身份认同、疏导攻击性和力比多、判断界限并寻找自我表达和自我调节的机会的渠道。在治疗中使用游戏，可以减轻症状、解放儿童的声音并促进人格整合。我们也将游戏运用在与儿童家庭的工作中。我们以非指导性的精神分析式心智状态接触儿童家庭，这种心智状态基于弗洛伊德（Sigmund Freud；1912e，p.111）所提出的"均匀悬浮注意（evenly-suspended attention）"——梅兰妮·克莱因（1932b）针对儿童治疗对此进行了修改，提出游戏是潜意识幻想的传输带，随后比昂（1962）将之扩展至团体关系。这些变化由乔恩·齐尔巴赫（Jon Zilbach，1985）以及戴维·沙夫和吉尔·沙夫（David and Jill Scharff, 1987a；Jill Scharff, 1989）延伸应用至家庭治疗中。

游戏与个体评估

治疗室陈设简单,没有任何让我们担心儿童举止的贵重摆设,同时备有足够丰富的玩具,为儿童提供一个熟悉的、可以缓解焦虑的游戏环境,让儿童在自己设计的场景与游戏中表达冲突、愿望和恐惧。我们观察、互动,并且如果收到儿童的邀请,我们会在帮助儿童探索自身想法和感受的前提下加入游戏。玩具选择包括多种肤色的人偶、交通工具、动物、积木和乐高、棋类游戏和桌游、娃娃屋、减压玩具、纸、彩笔和黏土。

年龄较小的幼儿会在地上玩耍,大量运用肢体接触玩具。学龄儿童的身体活动量减少,游戏方式也不似学龄前儿童那样粗暴,开始可以坐下来使用书桌或平板画画。他们会写字、画画,整体上能更有结构性地表达内在冲突。

线上治疗,多半意味着儿童来访者是在满屋玩具和一片乱糟糟的卧室里与我们连线工作。我们可以一起玩游戏,使用视频平台的白板功能或其他技术设备一起画画或交流。很多时候,我们会一起玩电子游戏;如同治疗室里的实体玩具和桌游,这能帮助我们进入儿童的幻想世界。比起在治疗室中,儿童和青少年能透过网络更多地向我们展示他们的外部世界,带我们参观房间,把玩具和宠物带入场景,让我们对他们以及他们的生活环境有更多的了解。

受抑制的儿童可能根本不敢玩耍。我们观察、等待、邀请,但不催促。我们等待,直到他们做好准备。然而,攻击性较强的儿童可能会攻击画纸、折断铅笔、粗暴地对待治疗室的设备。我们让他们表达愤怒,但同时需要约定规则,不允许他们破坏财物,也不能伤害自己或治疗师。焦虑的儿童的表现可能是到处走动,无法安定下来。

青少年认为自己已经长大,不适合玩耍,甚至会拒绝玩耍。但我们可能会注意到他们玩弄衣服和头发。一名13岁的中国男孩觉得游戏很无聊,只愿意玩沙盘和微缩模型。这是否意味着游戏不适合13岁的儿童？标准的50分钟治疗时间对他来说是否太长了？无论如何，他都在尝试向我们表达些什么。举例来说，儿童把微缩模型埋进沙子里，可能是想掩埋对家人的愤怒情绪。我们和儿童讨论游戏材料的选择、游戏的场景、他对游戏的厌倦程度，他对治疗以及对我们的感受。

治疗师对游戏的四个关注层次

根据儿童的信任程度和治疗关系的发展阶段，治疗师以四种基本方式关注游戏并与游戏建立联系。

- 只观察，不表达想法，尤其是对于特别敏感的儿童。
- 询问游戏里发生了什么，阐述游戏主题。
- 使用隐喻或类比将游戏与该节治疗或家庭情境联系起来。
- 观察并直接将游戏与治疗内容联系起来。

游戏与家庭评估

在家庭评估和家庭治疗中进行游戏，有助于我们了解家长与子女的关系以及手足间的互动模式。我们让儿童在家庭治疗的情境中自由地玩耍和表现，并观察家庭回应或不回应的方式。这些行为为我们揭示儿童的个性和家庭的状态。游戏是相当于成人语言交流的身体活动。首先，我们需要创建吸引家庭成员们玩耍的环境。我们准备各种游戏媒介，这样我们能够以最适合每个家庭的方式开展工作。我们希望家庭能够表达对游戏的焦虑，并能在游戏中表达这份焦虑。我们可以向他们演示如何理解游戏的意义，以及游戏对家庭的揭示作用。儿童可能为玩什么游戏而争执，也可能在游戏过程中发生摩擦，而我们借此明白或许这反映的是父母伴侣（parental couple）之间的矛盾。当儿童退行至更早期的发展阶段，比如刚成为哥哥姐姐的 5 岁儿童可能会在治疗中表现得像个婴儿，这时我们知道要探寻家庭或学校中的潜在危机。随着治疗效果的显现，我们也会在游戏中观察到儿童逐渐成熟的协作能力。

治疗片段一：游戏和幼龄儿童及其家庭的评估

沙夫夫妇（D. Scharff & J. Scharff, 1991）在书中曾描述过一对伴侣的案例，他们在接受性功能障碍的评估，同时担忧儿子的成长发展：丈夫早泄，妻子厌恶性生活。妻子经常对 8 岁的长子埃里克大发雷霆。他们 5 岁的儿子亚历克斯在学校有破坏性行为，并且早上和晚上皆有遗粪的状况。在家庭评估中，孩子们在一旁搭建消防站。当父母隐晦地提及"夫妻亲密困难"时，孩子们突然拿着消防车撞向消防站。年纪较长的埃里克平静地画着宇宙飞船，但这些小飞船不约而同地朝母舰发动攻击。孩子们意识到父母性生活的困难，经由建筑和绘画等象征性活动来表达。

治疗片段二：两名青少年在家庭治疗中的游戏

此案例中的家庭因为家人逝世的悲痛而前来接受治疗。两名青少年分别 15 岁和 13 岁，他们在每节治疗中一遍又一遍地用大字写下自己的名字。其实家庭经历的是丧子之痛。反复书写姓名是幸存的青少年再三确认自我身份的方式。由于兄弟去世，他们需要证明自己真实而鲜活地存在着，可以继续前进并重新思考现在的自己是谁。

我们邀请和他们共同生活的所有家庭成员参与治疗。我们关注他们的成长背景，关注家庭如何在认同或抵抗家族代际经历的基础上应对烦恼和需求。许多家庭会不自觉地选择一名成员（通常是孩子），以表达家庭的痛苦、忧虑和冲突。皮琼·里维雷（Pichón Rivière, 1970）将此类家庭角色称为"porta voz"（西班牙语，意为言语承担者或发言者）。家庭将无法承载的议题投射给孩子，孩子接收认同并代其表述。家庭为了持续躲避或压抑该议题，可能会回避孩子或让孩子保持缄默。我们的工作就是支持孩子表达感受，帮助家庭承认并收回投射碎片，以及帮助孩子和家人有效地涵容焦虑。

治疗片段三：家庭治疗与绘画使用

一名青少年期女孩因拒绝上学被转诊来接受治疗。在家庭评估中，新近发生的搬家事件解释了她的叛逆行为。女孩的父亲因为职务调动，突然决定在一个月内举家从洛杉矶搬到巴拿马城。父亲没能顾及家人的感受，甚至没能留出时间与家人一同应对如此重大的改变，而是为了顺利调遣而埋头加班。妻子在工作前景未知的情况下放弃当前岗位，同意搬家，而孩子们则不满于失去熟悉的学校、家和美国文化。搬家后，家庭中处于青少年期的女儿变得十分叛逆，厌恶阴雨绵绵的巴拿马，并拒绝上学。处于潜伏期的女儿则担心溺毙或葬身火海。

在治疗中，家庭绘画呈现了一栋伫立在滂沱大雨中的房屋。房子有三扇窗和一个烟囱。母亲笑着说："我和孩子们各有一扇窗户，而爸爸只能从烟囱出去。"母亲似乎在和孩子们联手排挤丈夫，以此作为对他不顾家庭感受的报复。在处于潜伏期的女儿的第一张画里，爸爸被刺伤；而在下一幅画中，她画了两把枪。一方面，这是在表达谋杀级别的愤怒（murderous rage）；另一方面，画里的其中一把枪其实没有上膛，表明了她想保护父亲的愿望。

由于母亲没能意识到自己对丈夫的攻击性，父亲也不愿承认家人因为他利己的抉择而感到受伤，因此这种伴侣冲突被置换（displaced）到孩子们身上。治疗师观察到，这对伴侣因搬家而产生的冲突被投射在大女儿身上，而游戏创造了一个安全的空间，让家庭可以在其中表达愤怒和报复的愿望。

发展阶段

不同发展阶段的孩子，都有该阶段典型的展现内心世界的方式。家庭治疗师必须具备有关儿童发展阶段和依恋风格的知识。我们以儿童青少年所处的发展阶段为参照点，评估预期表现，并确定我们帮助孩子的方向。我们学习并了解不同实足年龄（chronological age）的儿童在认知、情感调节、客体恒常性、自我内聚性方面的能力和社交特点，再透过游戏评估儿童来访者的表现是否在相应发展阶段的范围内，并于家庭访谈时评估整体的家庭功能是否适合各成员的发展水平。在此，我们先向读者介绍整体概念。我们将在第二部分"儿童与青少年的发展"中讨论各个发展阶段的内涵。

依恋理论

学习儿童和青少年精神分析心理治疗，当然必须熟悉分析学派有关生命初期发展的理论知识（J. Scharff & D. Scharff，2005）。让我们从婴儿与父母的依恋类型着手。鲍尔比（Bowlby，1988）最先强调了安全依恋的重要性。其后，安斯沃思等人（Ainsworth et al.，1978）以及安斯沃思和所罗门（Ainsworth & Solomon，1987）发展并提出了具体的依恋类型；福纳吉、盖尔盖伊、尤里斯特和塔吉特的研究小组探究了依恋与心智化和自我反思之间的关系（Fonagy，Gergely，Jurist & Target，2002）。研究发现，依恋类型分为安全型、有组织性的不安全型（表现为婴儿漠视依恋需求或非常黏依恋对象）和无组织性的混乱型（通常暗示着创伤史）。婴儿自体的发展构建在依恋类型的脉络之上。

认知发展

皮亚杰（Piaget，1962；Marcin，2018）提出了认知发展阶段理论。在皮亚杰的系统里，儿童皆是感知运动（sensorimotor）学习者——所有游戏都来自身体经验。与肢体动作结合，儿童更容易表达其所思所感，比如（还无法画圆时）在纸上画旋涡，或者在房间里转圈或移动。换句话说，游戏具有揭示思维过程的价值。感知运动阶段的目标是发展客体恒常性，因此我们会观察到此阶段的儿童在辛苦地应对分离焦虑。在2—7岁，儿童被预期会开始使用符号表征内在世界，赋予物体或词汇以不同含义。在7—11岁，儿童开始把玩事物间的相互关系，探索一者如何影响另一者。自青少年期起，他们开始使用想法，通过操控想法和观点向我们展示他们的感受。一个处于青少年期的女孩用比喻形容她内在的焦虑感："我太焦虑了，各种想法在脑子里充斥穿梭，我感觉自己就像一列急速行驶的列车。"

弗洛伊德的性心理发展理论在游戏中的展现

现在，我们转向弗洛伊德（1905d）的性心理发展阶段——口欲期、肛欲期、性器期和俄狄浦斯期。襁褓婴儿的游戏从与母亲的身体互动，逐渐过渡到玩弄水杯和叠圈圈，绕着房间以旋转的动作移动。在2—6岁，儿童从性器期迈向（但尚未抵达）俄狄浦斯阶段。儿童向家长表达浪漫的力量。男孩想展现体格和力量，女孩想展露身形并幻想像公主般被拯救。到了五六岁，儿童会稍微拉开与家庭的距离。在家庭会谈时，他们会在自己的空间里创造故事，再向父母和治疗师展示他们的创作。在7—11岁，即潜伏期，儿童开始进行规则性游戏、体育运动、玩偶互动和日常仪式。进入青少年期后，他们不会在治疗中玩游戏，倾向于画画和更直接地讲述自己的处境。我们建议治疗室常备适用于各年龄段孩子的画纸和彩笔；玩具无须过多，太多选择会让孩子感到困惑。我们运用内在的游戏空间和想象力，包容游戏，耐受游戏带来的焦虑，同时集中精力进行诠释分析。

客体关系理论

客体关系理论是我们与儿童、青少年及家庭开展精神分析工作的基础。英国传统客体关系分析师费尔贝恩（Fairbairn，1952）、温尼科特（Winnicott，1971）、克莱因（Klein，1975）和比昂（Bion，1962，1967）重新调整了精神分析焦点，认为婴儿驱力（drive）主要投注在人际关系的建立之上。费尔贝恩认为，婴儿自体活跃的部分（active part）会吸纳外在世界中的人物［即外在客体（external object）］与其互动的经验，并保存至自己的内在世界中，以获得对这些人物及其产生的情感［即内在客体（internal object）］的控制。如此一来，组织心智世界和它与外在世界的联结的内在客体关系便应运而生，其中包含：部分自体（part self）、部分客体（part object）以及连接两者的情感（affect）。儿童将内在客体重新投射给母亲和其他家庭成员，根据新经验来证实或修改既有认识。在自体内部，内在客体关系同样相互关联、持续动态更迭，而自我（ego）压抑不愉悦的客体，将其投射在他人身上来寻求理解。

克莱因（1946）从母婴关系的角度拓展了弗洛伊德关于投射的概念。她注意到，母婴心智间存在着一种潜意识的循环交流。死本能的威胁性带给婴儿毁灭焦虑（annihilation anxiety），母亲接受并认同来自婴儿的投射，然后婴儿再接回并认同母亲的投射——克莱因把这个过程称为"投射性认同（projective identification）"和"内摄性认同（introjective identification）"。潜意识交流与意识交流并行。例如，母亲外出时，婴儿会思念母亲，但由于不知道如何表达这种想念，母亲归来时孩子非但没有热烈地迎向母亲，反而撇过头去，以此作为"不准再离开"的警告。接收到孩子行为的潜意识意义后，有些母亲可能会反击并因此证实了婴儿被拒绝的感受，而有些母亲能理解婴儿无法言说的忧伤并给予安慰。

在克莱因的思想基础上，比昂（1962，90）提出了涵容（containment）的概念。比昂是克莱因学派分析师，团体工作让他感知到人际互动和团体动力对心智发展的影响。婴儿通过各种形式表达对关系的渴望和躯体体验带来的不适。母亲透过逗弄、玩躲猫猫或感受未经加工的痛苦而接收并认同婴儿未趋成熟的体验，利用认同来理解婴儿的心智状态和回应婴儿的需求。母婴配对不断沟通，一起努力谱出安全和理解的节律。随着母亲努力理解孩子，这种互动促使孩子的心智趋向成熟。

温尼科特（1960）提出了相关但不尽相仿的观点。他认为婴儿需要抱持（holding）。母亲双臂环绕，拥抱和保护孩子，营造出催化人格逐步整合的环境。物理性的环抱是母亲提供涵容的必要环境，在此母亲得以处理婴儿的不适感，并以一种能让婴儿平静下来的方式将体验返还给他。

治疗态度

儿童治疗师就像好父母（但不用承担教养的责任），以抱持治疗框架、抱持思考空间、欢迎情感表达和提供涵容的态度工作。治疗师首先要提供安全、情感温暖和滋养的抱持。然后，她会接收孩子的苦恼、困惑和伤痛，透过治疗遐思（reverie）进行加工，将可管理的情绪体验返还给婴儿（来访者）。在治疗工作中，我们最先致力于创造和提供可靠、具抱持性的治疗室环境。面对治疗师和治疗工作的开展，来访者会怀揣某种基本恐惧，而我们诠释他们对治疗的阻抗和调节他们的焦虑，能够帮助来访者持续建立安全感。游戏在营造环境熟悉感方面起到巨大帮助，提供游戏和玩具的选择可以让来访者缓解压力和表达冲突。随后，我们透过投射性和内摄性认同，吸收游戏间的互动，并理解孩子在意识层面（以及更重要的是，他们潜意识层面）的沟通。

沙夫夫妇的培训练习："玩具之旅"

游戏是我们身为儿童和家庭治疗师的人格与专业身份的重要组成部分。游戏帮助我们接触自身的内在小孩，以及我们在玩耍时的感受。沙夫夫妇（D. Scharff & J. Scharff, 1987a; J. Scharff, 2020）设计了一个玩具之旅的练习，以帮助学习儿童和家庭治疗的治疗师接触自己的内在小孩并了解游戏的价值。

治疗片段四：玩具之旅

首先我们集结培训学员，然后带领者邀请受训治疗师花几分钟时间回顾自己年纪很小的时候，回忆当时玩耍的感受。带领者们适当提供引导。

"在哪儿玩耍？和谁一起玩？带着什么玩具吗？你最喜欢的玩具或最喜欢的游戏是什么？一个人玩还是和小伙伴们一起玩？感觉如何？在学校的玩伴有谁？回想这段经历时，你还想到什么？有哪个老师很特别吗？还是有哪个不太特别的老师？好，现在看看眼前的玩具，用它们组建一个玩具家庭。"

然后，带领者让受训治疗师一起做游戏，同时聊聊自己组建的家庭。

一位治疗师所创造的核心家庭只有一对父子，这位治疗师另外将带有涵容意义的叔叔角色放入家庭之中。代表叔叔的是一只黄色的小鸟，代表孩子的是身穿黄色毛衣的男孩人偶。两个人因为胸口共同的颜色互相呼应。或许这是在说，孩子内心感觉叔叔与自己更亲近些。核心家庭中没有母亲的存在。另一位治疗师因此给这个家添了一只恐龙作为守护者。讨论时，有人认为恐龙象征着治疗师，在治疗的艰难时刻保护着家庭。通过参与练习，这位治疗师向我们展示了如何在会谈里将我们的内在游戏融入对家庭的理解中。

小结

游戏辅助言语，帮助我们了解当前发生的事情。儿童和家庭也需要了解游戏的价值。我们需要帮助他们认识到，绘画是图像维度的梦境和幻想，也是家庭场景的展现。在家庭治疗中，我们关注游戏的潜意识维度，以了解该家庭及其行为、情感和互动的模式。我们抱持并涵容其中的混乱，描述所观察到的游戏，也观察游戏带给我们的感受。我们的反应帮助我们与孩子和家长建立联系。游戏是家庭治疗中沟通内心感受和人际关系的最主要媒介，也能在家庭中转化为更具创造性和游戏性的氛围。

儿童治疗师需要接受认知发展、性心理发展阶段、依恋理论、客体关系理论、团体理论和游戏治疗各方面的培训，为与儿童、青少年及其家庭工作做好准备。游戏是一种特殊工具，是家庭成员可以在其中了解各自冲突、愿望和恐惧的治疗场域。

本章纵观全书章节，承前人理论启本书篇章。在后续章节中，我们将针对前述主题一一展开详述。

2. 儿童心理治疗的伦理立场

卡罗琳·塞洪

基本原则

其一，不造成伤害。

其二，做最符合孩子利益的事。

伦理立场的养成

在治疗过程中，建立坚实的伦理地基，需要构建一个边界明确、尊重隐私的安全空间。我们与家长全程保持沟通，尊重家长的亲职权。当家长对最佳治疗方案有不同意见时，我们与他们协商，尝试解决冲突。我们不带偏见地接受儿童和家庭。我们尊重社会文化多样性，以文化谦卑（cultural humility）的态度了解每个来访者独特的经历。我们尊重治疗框架，也监测反移情，使其不致干扰治疗环境。我们接受儿童与家长之间可能存在需求和愿望的冲突。

我们理解，随着认知和情感功能发展，儿童看待事物的观点或决策能力也会随之变化。我们了解儿童的脆弱与依赖可能会让他们蒙受成人的忽视和虐待，必要时我们会采取相应法律干预行动。我们的目标是保障儿童来访者的安全，尊重儿童的成熟水平，以此促进他们的自主性和潜能发展（Sondheimer & Jensen，2009）。

临床实践中的伦理困境

通常情况下是家长为孩子寻求治疗。临床面临的第一个难题就是：万一孩子不同意治疗，该怎么办呢？治疗师必须决定是尊重孩子的自主权，还是凌驾于其上，将不情愿的孩子带入治疗。由于家长和孩子共享（分担）同意权力，治疗过程中不免会冒出各种挑战。让我们想象自己身处以下情境。

治疗片段一：尊重自主权

一名9岁的女孩有分离焦虑，她在新型冠状病毒（后文简称"新冠病毒"）大流行期间无法前往治疗室。不能与治疗师见面让她很难受。治疗师愿意提供远程治疗，她的父母也非常希望以其他形式继续孩子的治疗，但女孩坚持与治疗师共处一室，否则她不愿继续接受治疗。

另一名女孩也是9岁，她的治疗因夏令营安排而需要调整。她很想继续线上治疗，但她父母认为远程治疗效果不佳，因此没有做出相应的安排。

当儿童的愿望与家庭考虑相左，我们尊重儿童的自主性并将他们的愿望纳入考量，而家长也会参考治疗师的意见。在双方同意不定期审视治疗安排的协议下，治疗师最终还是需要接受家长的决定。

我们审视自己的反应，并共同找出解决方案，作为演练。我们的儿童治疗工作技术和职业道德责任感密不可分。我们有义务认识到儿童的脆弱性，避免成为利用儿童与成人的权力差异的剥削者。

《易经》第十二卦与伦理立场

《易经》（中国最古老的书籍之一）第十二卦（否卦）中的"包羞"，中国哲学家理解为"要能包纳被攻击的羞耻"。如果将其应用于身为儿童治疗师的理想态度，它的意思是治疗师不仅要耐受羞耻和焦虑，甚至要欢迎这些情绪进入治疗关系中。否卦，可以象征治疗师涵容不确定和猜疑所带来的焦虑以及保持冷静的能力。《易经》也提及太极——太极图是白与黑不断流动的符号，代表对立面需要被整合。我们可以用太极符号来理解伦理与技术的融合，以及移情与反移情的相互关系。

治疗片段二：西方国家的案例

儿童来访者与治疗师皆为男性，男孩10岁，每周接受2次分析性治疗。父母对孩子并不友善，好辩，说起话来恶声恶气。另外一名治疗师为父母进行教养指导和伴侣治疗。在某节治疗中，治疗师惊觉男孩大腿有瘀伤。治疗师询问后得知，在母亲出差期间，父亲曾多次责打孩子。治疗师担心孩子安危，判断这是从情感暴力升级的身体虐待，希望儿童保护服务机构（Child Protective Services，CPS）介入。

治疗师先与父母的伴侣治疗师谈及孩子的瘀伤。伴侣治疗师强烈反对上报儿童保护服务机构，认为机构只会强制夫妻接受已经在进行的伴侣治疗。儿童治疗师寻求案例会诊（consultation），一方面不想扰乱治疗团队，另一方面想确保来访者安全。根据法律的规定，她有责任举报虐童事件，但她也知道通报事件可能会激怒家长，而家长可能强行让孩子退出治疗，这样反而更加削弱了对孩子的保护。案例会诊后，儿童治疗师最终决定向有关机构通报，并安排孩子、父母和伴侣治疗师协同会面。两位治疗师在此事件的处理意见上存在分歧，需要在未来数年进行大量合作和关系的修复。幸好这一个案有了良好收场，孩子的个体治疗持续进行多年，还额外增加了家庭治疗。儿童治疗师决定，如果未来有家长需要伴侣治疗协助，那么为了顾及儿童来访者的整体性需要，她倾向于自己承接个案。

在中国的课程讨论小组中，上述儿童治疗师和伴侣治疗师各有其支持者。小组中的一位治疗师认为，家长可能对儿童治疗师的举报行为心生报复，导致治疗师变成关系中的受虐方。另一位治疗师则谈到，这类父母责罚在自己的文化中不太会引起侧目，通常是发生严重身体伤害，有关当局才会受理举报陈述。

培养伦理立场和态度

伦理立场嵌套于文化脉络之中。在某些文化中，愤怒是适当的自我主张或权力行使，而在某些文化中，自我约束则更为重要。阅读国际心理治疗文献，能帮助我们熟悉不同种族群体的社会文化规范。我们将在下一章"文化谦卑"中更深入地探讨伦理立场。

分析态度

分析态度与伦理态度的区别在于，前者不一定涉及与内在和外在权威的斗争。然而，分析态度包含伦理承诺，因为在帮助来访者成长的过程中，治疗师会优先考量来访者的需求（Allphin，2005）。

治疗片段三：中国治疗师的案例

应儿童治疗课程要求，一位中国治疗师分享了她面临的伦理困境，希望与大家讨论：有自杀意图的青少年来访者划掉了知情同意书，并威胁说如果治疗师向父母透露其自杀计划，他会立即自杀。面对这种情况，我们该如何处理呢？

上述来访者是一名重度抑郁的13岁男孩，因为惯常性暴怒、多次自杀企图（suicidal attempt）以及过往治疗效果不佳而前来就诊。男孩拒绝住院治疗，抗抑郁药物和之前的心理治疗似乎也未能大幅改善他的症状。来访者的情绪和人际交往敏感度高，思虑缜密，但有夸大感受和经历的倾向，表现出明显的冲动行为，并隐约尝试控制治疗会谈。

首次会谈前，男孩和母亲签署了有隐私保密以及保密例外条款的知情同意书。在第三次治疗中，男孩告诉治疗师，他计划在寒假结束时（两周后）结束生命，并向家人隐瞒了这个计划。三天前，爷爷刚拦下试图跳河自杀的他。四个月前，他也曾因服药过量由家人紧急送医。

治疗师判断，来访者再次尝试自杀的风险性很高，有必要告知其父母。男孩立即强势地回应："如果你敢告诉我父母，我假期结束前就会去死。"他质疑治疗师打破保密协议的权利，声称不记得保密例外条款，要求治疗师出示协议。治疗师一递出协议，来访者立刻拿起笔将保密条款划掉。他威胁道，如果治疗师依然坚持与他的父母讨论他的自杀计划，那么他会将整份同意书毁掉。

治疗师尝试表达共情，并温和地探索划掉同意书的意义，这似乎起到了稳定来访者的作用。治疗师澄清了抑郁症的一些基本信息，并解释道，讨论自杀计划是为了保护来访者，而非进一步伤害他。尽管来访者终究没有同意，但治疗师还是依照判断与规范向家长报告了孩子的自杀意图。

保密原则

治疗师既要尊重儿童的隐私，也要尊重父母获得合理信息量的权利。这是一门权衡的艺术。治疗师必须在治疗最开始时明确说明保密原则，确保儿童明白自伤或伤人属于保密例外情形，一旦发生，治疗师会在与儿童讨论后通知家长。所有打破保密协议的决定都必须慎重思量。治疗师会清楚地说明，儿童如果有自杀意图或企图伤害他人的行为，治疗师必须知会家长以确保每个人的人身安全。这种情况下，与家长维系安全联盟并召开家庭会谈（这样孩子可以听到治疗师和家长的对话）会很有帮助。我们遵循"必要知道（need to know）"的准则，适当寻求关于信息披露的书面授权。最好避免用电子邮件的方式处理这类临床风险。

面对有自杀倾向的青少年，治疗师的反移情会更强烈，有时还要与绝望和自我憎恨的感受斗争。尽管如此，面对挑衅，治疗师仍要保持仁善温和的态度，努力减轻来访者的痛苦。归根结底，保护来访者的生命比保全隐私更重要。

治疗师伦理立场的特质

具有伦理立场的治疗师接纳家长的亲职权威，明辨治疗师与父母角色的区别，并避免形成双重关系。必要时，治疗师会与学校咨询师、教师和儿科医生合作。她会帮助儿童理解何谓保密协议以及保密例外条款的适用情形。她鼓励儿童以言语表达治疗关系中出现的问题，同时保护对话隐私。治疗师致力于了解当行动化（enactment）出现时（行动化往往发生在言语无效的情况下）自己在其中的角色和影响，觉察移情和反移情，并尊重儿童发展属于自己的思想和声音的权利。

3. 文化谦卑

贾妮娜·万拉斯

文化谦卑（Hook et al.，2017）运用于文化与精神分析临床实践之间的相互作用（Feldman，2022）。中国治疗师钟杰（Zhong，2011）谈及整合自身文化与西方观点时所遇到的挑战。钟杰的文章提醒我们关注自身所处的文化，思考文化带给我们的影响，以及家庭文化如何影响儿童来访者的生活。我们以美籍教员身份为外国群体（比如中国学生）开展教学项目时，也需要怀揣文化谦逊的态度。身为教员，我们需要了解同一班中国学生中多元的文化背景，正如作为学员治疗师的他们需要了解来访者的文化一样。

我们需要思考自己的主导价值观、性别、作为主流群体或少数群体对社会规范的认同，以及经济地位。我们的成长背景带来了什么影响？在哪些方面我们可能存在偏差和成见或不全面的理解？我们是否认同来访者所身处的文化？我们居住在城市还是农村？以上都由我们的个人和家庭文化拼组而成，存在于我们的意识层面。其他元素则不在我们的觉察范围之内，影响着我们感知和回应来访者的方式。我们可以借由个人体验和督导，探索自己的潜意识假设。

我们接着看看专业培训的文化所带来的影响。我们接触过哪类群体？与他们的相处经历又如何影响我们作为临床工作者的工作方式？在移民中心与在私人诊所实习的治疗师所发展的儿童和家庭概念多半不尽相同。师资队伍文化和专业取向又有什么影响？文化如何促进或预防病理机制的形成？

中国民族众多，地域差异巨大，文化丰富多元。当治疗师移居到不同地区时,她可能会注意到人格、社会规范和症状学方面的差异,比如:超我或自我的强度、躯体表现、认同内聚性(identity cohesion)或邀请父亲投入治疗的难易程度等。家庭可能会对男性治疗师产生积极或消极的移情,比如母亲将其视为父亲或儿子。治疗师或许持有少数群体的价值观信念,而这可能与家长的价值观系统大相径庭。中国父母非常看重学习成绩,常见的转介原因往往是孩子拒绝上学或学业成绩堪忧。家长希望心理治疗师能"解决"孩子的问题,而心理治疗师则希望把孩子的心理健康作为治疗主要目标。因此,我们必须在维系家长信任的情况下谨慎地重新平衡工作重点。学习精神分析性观点和思维方式必须由内而外,要从经验、情感和讨论中学习,而不仅仅是被动地听课。我们培训项目中的情感学习小组便是一边等待学员掌握概念,一边给予学习成长的挑战。学员抱怨自己上了一堂"没听懂"的课,就好比家长抱怨孩子接受了一节"没能立竿见影"的治疗。

俄裔美国心理学家尤里·布朗芬布伦纳(Urie Bronfenbrenner)提出在文化脉络中理解儿童成长发展的视角(Bronfenbrenner,1989;Swick & Williams,2006)。他认为有五大互动系统环绕儿童发展。首先是以家庭、学校和社区为主的微观系统(microsystem)。微观系统之间的互动关系,被称为中间系统(mesosystem)。例如,出生于富裕环境、父母积极参与学校事务的孩子,和出生于贫困社区、学校资源有限、父母常年忙碌而无法参与学校事务的孩子——两者来自截然不同的环境背景。外层系统(exosystem)指的是间接性环境影响,如父母工作情况或教育系统资源水平。举例来说,父亲的职业如何影响亲子相处时间?教育经费多寡如何影响儿童课后活动的参与度?

宏观系统(macrosystem)反映的是社会及文化价值观对个体发展的影响。与在较为保守的社会环境中长大的青少年相比,生长在拥抱多样化性生活文化氛围下的青少年可能会更自由地探索性与欲望。最后,布朗芬布伦纳审视了时间系统(chronosystem),即生命历史对儿童发展的影响。举例来说，在新冠病毒肆虐、必须保持安全社交距离的时期成长的孩子，与可以在操场嬉笑打闹的孩子，两者的发展过程会有什么不同？随着气候变迁，洪水、地震和暴风雨等自然灾害的发生会让儿童更为焦虑。通信技术的进步，让我们可以与远方的人保持联系，然而电子通信也可能让儿童回避人与人之间的真实互动。如果青少年过于依赖社交媒体，或者因为传染病封城、学校关闭或被禁足过久而与社会脱节，他们可能出现学业落后的情况，回避参与诸如学习驾驶、参加聚会和投入高中体育赛事等青少年期常见的活动。有些发展里程碑是放诸四海皆适用的（如学步年龄），而有些则部分取决于文化独特性（Bronfenbrenner，1989；Swick & Williams，2006）。

比较文化对两名青少年的影响

治疗片段一：纳塔利娅

纳塔利娅是一名非裔美籍双性恋少女。我们可以说，她的这两种身份认同都属于少数群体立场。她的父母离异，享有对两个女儿的共同监护权。纳塔利娅的家庭经济地位较高，生活在非常重视教育的市区。她情绪低落，充满敌意，对父母和老师感到愤怒，也对接受治疗感到不满。她的种族和性取向让她感觉自己在所处文化中是个局外人，身边同学多数都是白种人异性恋者。由于父母偏爱姐姐，加上纳塔利娅的兴趣爱好与家人截然不同，即使在家里，她也感到格格不入。

治疗片段二：格蕾丝

格蕾丝是白种人，她和五个兄弟姐妹由母亲单独抚养。他们居住在农村小镇，信仰基督教。家庭看重自立自主的强烈价值观与必须依靠政府补贴维持生计的现实背道而驰。格蕾丝必须快速成长。她在种族和性取向上属于主流文化群体，甚少思考相关议题。家境贫困和依赖政府补助让她感到羞耻。

两个女孩都感到被所处文化所削弱（disempowered）、被排斥和剥夺（disenfranchised）并变得情绪低落。美国存在巨大的种族动荡。试想，在近年"黑人的命也是命（Black Lives Matter）"维权运动的风气中，纳塔利娅接受白人治疗师的治疗会带给她什么影响？格蕾丝面对的是与自己种族、肤色相同的治疗师，而纳塔利娅面对的是与自己相差甚远的治疗师，这又会让两个女孩产生什么样的幻想呢？没有计划追求高等教育的格蕾丝，面对身为大学教授的治疗师又会产生什么样的感受？白人治疗师和格蕾丝的表面相似性，可能会让我们忽略其他方面的巨大差异。

小结

儿童和青少年心理治疗师需要留意所有的文化和社会因素。我们需要培养文化谦逊态度——对文化议题保持开放心态、觉察和敏感，经常思考我们与来访者的关系，以及我们和来访者的"他者性（otherness）"如何影响我们提供帮助的能力。我们的个人经历、价值观、当前生活环境、所受培训和理论学习等因素都会在潜意识中运行，影响我们对于治疗方法的选择。因此，我们需要有意识地在治疗中探索影响儿童生活、影响儿童对我们的感知的因素，并将以上影响因素时刻放在心上。

"文化胜任力（cultural competence）"一词已逐渐不为专业领域所采纳，该词暗指所有人都可以成为全文化的专家。谨记，来访者才是文化的专家。我们并非专家，而是学习者。这才是我们所谓的文化谦逊。

4. 儿童精神分析治疗的研究基础

贾妮娜·万拉斯

儿童精神分析治疗领域需要在研究基础上提升适用的治疗技术的知识，让家长对治疗方法的效果与价值感到放心，并帮助我们考虑如何针对特定发展阶段的群体调整理论和技术的应用。研究项目可能是贴近观察不同发展阶段的行为表现，或深度研究治疗的过程或结果，或是针对特定人群的治疗效果的实证研究结果，或是文献综述，或是探究生活事件（如全球大流行病）如何影响儿童和青少年的自杀率等。它们可以是定性研究、定量研究或采用混合方法的研究。

出于多种原因，多数临床工作者不太做研究。一些人认为发表治疗内容违背为来访者保密的伦理原则。一些有志于为与治疗结果相关的文献做出贡献的临床工作者则担心，此类研究是"趁脆弱打劫"。他们无法想象来访者的身份信息可以被有效隐匿，加上不想影响治疗关系，因而不愿征求来访者关于发表相关内容的知情同意。再者，若非心理学博士，多数临床工作者可能没有受过完整的研究方法训练。在实务上，临床工作者也不容易接触感兴趣的研究总体，通常只能接触一两个案例。研究项目通常是团队作业，所以除非是在大学、医院或机构工作，否则没有研究生或博士后研究员协助整理和统计数据，他们往往只能单打独斗。职业的相对孤立性也是阻碍研究的其中一个因素。他们也或许因为研究涉及基本伦理问题而踌躇，或因不确定如何申请独立研究委员会的研究批准而彷徨，当然也可能纯然是鸵鸟心态作祟。或者正如福纳吉（Fonagy，2003）所观察到的，许多精神分析师傲慢地漠视研究，不明白研究其实是治疗过程的要素。

单案例研究

对儿童治疗师来说，个案研究使用的是较为熟悉的语言和方法论，并具备临床参与性及实用性。它与治疗并肩而行，为帮助来访者而进行深入研究，而且除了观察、反思、参与分析过程、管理反移情和撰写研究结果的技巧外，不需要太多额外研究资源。然而，单案例研究毕竟是针对单一特定对象，而非着眼于患者群体的报告，因此研究结果的类推性有限。在研究对象上，对单个个案的选择本身即有偏差问题。由于研究发现欠缺可被三角验证的同组数据，其结果效度常蒙受相应质疑。单案例研究对于特定临床技术的教学可能非常有用，但无法为该研究领域提供更广泛的结论。

定性研究

上述局限可以通过以下方法克服：向病患组进行系列质化访谈、记录参与者的语言、贴近他们经历等，从而深入研究患者经验。患者描述与探讨生活环境、治疗体验和治疗效果。系列记录资料产出后，研究人员再经由定性研究数据分析辅助程序从中探索资料的共同主题和异常值，通过成员检查（member checks）和其他外部验证形式增加数据集可信度。此类数据有助于理解主观体验，但无法宽泛地断言治疗效益。此外，定性数据的记录和分析既耗时又费钱。

定量研究

定量研究方法涉及更大群体，以数据形式记录研究结果，并对研究结果进行统计分析。在实证基础上，大数据集得出的结论更具普遍性。定量研究可以纳入更多元的样本群体，比较各组数据，隔离某一个或某一组变量的效价（potency），交叉检验过往研究的假设，并在某些情况下得出有关因果关系的答案。然而，定量研究一方面需要大量的资源、统计专业知识和临床工作者所不熟悉的陌生语言；另一方面，数据并不意味着零偏见。研究人员仍然要对纳入标准、变量选择、临界值以及如何使用和展示统计数据做出决定。

定量研究的局限性可能让重视理解深刻性和复杂性的临床工作者退缩，回避业内的研究需求，导致迄今精神分析治疗的效果研究为数不多，而精神分析取向治疗师容易陷入被指责为"无循证依据"的处境。福纳吉（Fonagy，2003）指出，精神分析治疗学派强调融合更多元的工作方法，这势必与需要聚焦于治疗的特定层面的实证研究相冲突。例如，临床工作者可能倾向于"因患者施治"，倾向于"偏离"规范式操作治疗，而这本身便与实证研究所需的标准化治疗程序相抵触，挑战了研究计划的基本雏形。此外，分析工作和其他治疗历程是相当盘根错节的过程，很难简单地概念化或建立操作定义（Marshall et al.，1996）。

儿童精神分析心理治疗的研究领域

我们非常感谢兼顾临床和研究工作的从业人员，他们使用各类研究测量工具过滤数据，同时依然在数据中结合自身的临床技术和精神分析敏感性。米奇利（Midgely）及其同事持续提供支持青少年精神分析方法的证据，这些证据可回应对于此方法的实证基础的质疑（Midgley & Kennedy，2011；Midgley，O'Keefe，French，& Kennedy，2017；Midgley，Hayes，& Cooper，2017）。福纳吉和其研究团队除概述治疗效果研究外（Palmer et al.，2013），也开展依恋和心智化主题的研究（Fonagy et al.，2002）。普劳特（Prout）的团队，同米奇利的团队一样，关注心理治疗循证研究，主题着眼于有情绪调节困难的儿童群体（Prout et al.，2015）。丹尼尔·斯特恩（Daniel Stern）则通过对儿童观察进行微观分析，证明亲子互动是生成强大自体的关键之一（Stern，1985）。学者众多无法逐一列举，期望这个领域的人才与研究继续茁壮成长。

我在国际心理治疗学院的研究是专门探究线上儿童治疗的有效性。研究发现，53%的来访者认为电话或视频治疗虽然无法媲美面诊体验，但不失为一种良好的替代方案；28%的来访者认为线上替代方法未臻良好但尚属合宜。接受线上督导的群体中，38%的受访者认为线上督导与面对面督导无异，另外38%的受访者认为两者不尽相同，但线上督导是良好的替代方案。我也特别探讨了哪些教学内容能更实质性地帮助儿童治疗师提升线上临床环境下的工作质量。详尽的临床案例演示无疑高居榜首。此外，由于多数治疗师在全球卫生危机之前未曾有任何远程工作的经验，因此技术设置支持在危机初期也榜上有名。面对相似的临床问题时，文献材料和同辈讨论也十分有用。研究表明，与儿童进行远程治疗，治疗师需要更多关于如何在线上做游戏以及如何应对远程治疗阻抗的指导。解决上述问题后，治疗师需要持续的支持，以理解在科技互动中移情和反移情的呈现。

我们可以通过临床研究来识别哪些个案和症状较能从精神分析儿童治疗模式中获益。我们需要开发具鉴别力、能捕捉症状缓解和治疗变化的测评系统来推动专业领域的进步。我们可以利用研究成果确定新型精神分析心理治疗的有效性，并将其应用于特定的来访者群体。研究报告若受媒体引用，也能提高公众对儿童和青少年精神分析治疗的认识。

米奇利团队（Midgley & Kennedy，2011）的研究表明，精神分析治疗能有效帮助各类型的儿童心理障碍来访者；在年龄较小、每周工作一次以上、父母充分参与治疗的儿童来访者群体中，效果尤为显著。精神分析治疗同样能有效帮助有内化障碍的来访者（Palmer et al.，2013）。有趣的是，米奇利研究团队以及阿巴斯和同事（Abbass and colleagues，2013）的效果研究皆发现了儿童在精神分析治疗结束后继续进步的睡眠者效应（sleeper effect）。这些研究结果显然能阐明精神分析方法在儿童治疗中的位置及其适用性。

5. 从治疗历程记录中学习

贾妮娜·万拉斯

儿童精神分析治疗师的学习过程包括授课、理论和技术研讨、文献阅读、分析性自我体验、同行临床交流、与值得信赖的督导师一起工作，以及在案例研讨会报告中学习。为最大限度地利用督导和临床案例研讨会，我们会准备历程记录（process notes），以便与同行和前辈分享我们的临床经验，也让他们对材料提出客观看法。这样，我们有机会重新审视治疗中发生的事情，以及当时我们为何有那样的回应、想法和感受。那么，我们该如何撰写历程记录呢？

什么是历程记录

历程记录，是治疗师对一节治疗会谈的主观临床体验的记录。历程记录不全然是治疗逐字稿，而是捕捉会谈流程的基本顺序、内容主题、情感体验和移情及反移情动力。

历程记录的目的

历程记录是近距离、以贴近体验的方式呈现治疗过程。治疗师能在撰写记录的过程中，思考临床材料，反思自己的干预，考虑治疗当下和反思中的反移情反应，并在记忆过程中产生联想反应。比起笼统的概述，历程记录提供具体、详尽的叙事回顾，有助于督导师/受督者二人组（dyad）加深合作。在案例咨询会上，小组成员可以根据历程记录，跟随治疗师和讨论者的对话开展，从情感上和认知上体验材料，为治疗师提供对于案例的不同观点。小组成员卸下身为治疗师的压力，自由地思考和感受个案，自由地向彼此学习。

如何呈现历程记录

首次汇报案例时，历程记录通常先用 1~2 页篇幅简明扼要地介绍来访者背景。请务必确保隐私保密，谨慎为来访者和家长选择化名并抹去所有身份识别信息，如小学名称或居住地。

其次，记录要包含儿童年龄、性别、在校年级、转介原因、生活状况和家庭结构的描述，也可以囊括已知发展史、家长及其原生家庭的背景以及重要的家庭事件。我们可以提及治疗次数、治疗方法和形式（如家长育儿指导、儿童的个体游戏治疗），以及儿童或家庭对治疗的反应。由于背景信息应该相对简略，治疗师必须决定呈现哪些最相关的内容。

除了背景与基本信息外，历程记录应包含 1~2 节治疗的对话内容，注明治疗日期、治疗节数（如果可以），使用双倍行距，并附带行号（每一行的编号）便于参考。开头可以用一两句话描述将儿童从候诊区接进治疗室的过程，接着呈现儿童说了或做了什么，以及治疗师说了或做了什么。以下是一份历程记录中治疗对话的摘录。

历程记录范例

我去候诊室接比利时，他躲在椅子下面。比利妈妈让比利跟着我进治疗室，比利不愿意。注意到妈妈面有愠色，我有些着急，于是提议他们俩一起进办公室。

治疗师：要不两位都先进来一下，可以吗，比利？

［比利点点头，走进房间，没有眼神接触。妈妈拿起手边的书，放下手机，从我旁边匆匆走过。］

妈妈：比利，我只能待几分钟，我还有工作要做。

［妈妈瘫坐在沙发上，拿出手机。我对她有些恼火。比利眼巴巴地望着妈妈，让我感到一阵伤感。比利走到恐龙箱前，把恐龙一只只拿出来，一一说出它们的名称，再放回恐龙箱里。］

比利：剑龙、梁龙、霸王龙，这个我不认识。［他举起恐龙，好像在自言自语，没有期待回应。］怎么都没看到恐龙宝宝。

治疗师：不知道它们怎么了。

比利：可能和祖父母住在一起。［长段沉默，比利把恐龙三四个分成一组，放到森林各处。］

治疗师：它们都住在不同地方。

比利：对啊，它们很少见面。有些恐龙小时候是朋友，但现在不是了。它们大吵了一架。

［他把一只恐龙撞向另一只恐龙，接着让两只恐龙掉到地上。比利叹了口气。我的身体感到一阵沉重，好像疲惫感突然袭来。他还说了别的，但我记不起来。思维变得模糊和不清晰。］

比利：我可以玩点别的吗？

［妈妈的电话响了，她离开房间，走向等候区。］

如何准备历程记录

有些治疗师习惯在治疗中记笔记，有些则在脑海中记录治疗过程。一般来说，在治疗结束后立即记录会谈进展情况、重要话语片段、游戏顺序和反移情反应，都有助于唤起对于该节治疗内容的记忆。通常情况下，记录时间与该节治疗间隔越短，重拾回忆的程度越高。不必担心遗忘部分会谈内容：在记录中注明这些记忆空白即可。

电脑中的治疗材料必须加密，储存前需要设定密码——微软 Word[①] 中有密码保护选项。密码也需另外保存于他处，以免忘记密码导致再也无法读取文件。发送前，我们需要检查文件是否确实加密了，以及密码是否正确。同样，通过电子邮件将材料寄送给督导师或小组成员时，也要加密附件，并另起独立邮件发送附件密码，以保护我们精心加密处理后的文件的保密性。

---

① 美国微软公司开发的文字处理软件。——译者注

第二部分

儿童与青少年的发展

6. 生命伊始

吉尔·沙夫

我们可以说，生命，是从孩子出生或母亲受孕那一刻开始的。然而，当伴侣开始考虑组建家庭或当一个单身女性认为生育孩子比找到另一半更重要时，孩子的概念就有了雏形。母亲自身和伴侣二人的恐惧、意图、协商、决定、有意识的希望以及潜意识的幻想，塑造出孩子将诞生的环境，而孩子再与恐惧、意图等交互作用，塑造出了正在成型的家庭模式。伴侣会在内在父母伴侣的影响下盲目重复原生家庭的老问题，还是会在每个发展阶段重新处理旧有冲突？如果伴侣一方曾失去兄弟姐妹，他们会怀揣着重复丧失的恐惧养育自己的孩子吗？如果曾经想过要摆脱讨厌的兄弟姐妹，会不会也想摆脱宝宝呢？他们会觉得被孩子"套牢"或对自己爱的能力存疑吗？尽管新生命是人类种族延续的美好承诺，但会不会也提醒着父母生命的限度？

潜意识幻想能施展强大的影响力，甚至可能导致无法受孕。手足逝世的准父母可能会担心自己流产或失去孩子。如果一个人曾希望手足消失，那么她可能会害怕竞争心态伤害到孩子。怀孕状态可能带给她受困感，担心自己比以前更依赖别人的支持。有些伴侣担心怀孕会伤害母体或导致母亲死亡。一旦真的受孕，他们又进而害怕性交会伤害胎儿。女人可能期盼与内在母亲结合，这使得她将伴侣排除在外，只与婴儿建立联结。她可能在儿童期俄狄浦斯愿望的驱动下，幻想因父亲而受孕。男人则可能将女人对孩子的爱视为对自己雄性吸引力的攻击。如果男人比他的父亲更具备爱孩子的能力，他就可能产生阉割焦虑（J. Scharff, 2021）。总之，伴侣要经历几番扪心自问才能自信地考虑要孩子的事情。女性身份转变为母性身份是个需要时间研磨的挑战，新手母亲要面临许多未知，以至于有些女性舍弃生育的念头。新生命的诞生带来无与伦比的喜悦，也伴随前所未有的责任。

胎儿的体质主要由基因决定，并在子宫环境中孕育成长。母亲身体状态如何？怀孕期间是否有最佳的激素平衡、健康饮食以及适当但不过量的压力？对于自己身体中的母性变化，母亲抱持什么态度呢？是惧怕分娩不顺，还是做好充分的应对准备？社会心理环境是否足以给孕妇提供食物和栖身之地？之所以探讨这些问题，是因为我们知道胎儿透过心理生理联结体验着母亲的身体与心灵——可能是平静接纳和好奇的体验，也可能感受到母亲因为现实问题、意识和潜意识幻想而产生的恐惧与紧张感。父母感受到胎动是什么反应——喜悦或是对未来的忐忑？父母是否会因为婴儿期经历被重新激活而对分娩感到恐惧？他们会播放母亲喜欢的音乐，让胎儿在诞生后与生命有种音感的联结感吗？伴侣是否记得关注自己的关系，确保伴侣关系始终是家庭的中心，同时在心中抱持着未来的孩子、年迈的父母、自己的工作和社交生活？

先天和后天因素在子宫内已经开始相互作用。下面是儿童精神分析治疗文献中的两个临床案例。

皮翁泰利：治疗行为和声像图的比较

皮翁泰利（Piontelli，1992）通过研究胎儿的子宫声像图和孩童随后在治疗中的行为表现，展现了孩子从胚胎到出生后的经验连贯性。她提到一名男孩在心理治疗中表现得焦躁不安，反复拿取和摇晃物品，像在摇醒或复活它们。皮翁泰利的观察和想法与男孩出生前的经历吻合：母亲临盆前两周，男孩的双胞胎手足死于母亲腹中。皮翁泰利还举了另一名总是把玩治疗室的窗帘绳索的两岁女童的案例。她将此行为诠释为女童试图表达和掌控被脐带绕颈时自己惊惧挣扎的经验。

沃德尔：汤米的案例（3岁）

玛戈·沃德尔（Margot Waddell，1998a）描述了与3岁汤米的治疗。汤米表现出急性矛盾型分离焦虑。婴儿汤米一边想要吮吸乳房，一边却把奶水吐掉；他紧挨着妈妈，然后又会把她推开；他的安全小毯是一条破了个洞的毯子。在治疗室里，他惧怕治疗师。他的游戏以诱捕和瓦解为主题，并反复播放《彼得与狼》（Peter and the Wolf）的故事。

汤米的母亲是意外怀孕，没有另一半的支持。汤米是个近5千克的婴儿，卡在产道。母亲疼痛不已，而婴儿汤米也面临生命威胁。医生必须在高度紧张的情况下进行剖宫产。汤米从幽暗的产道突然进到明亮的手术室。这段出生史帮助我们理解汤米为什么总是忧心于受困、解体和惊恐的主题。在他的母婴关系中，子宫内和出生后的婴儿对母亲都是可怕的存在，而子宫内外乃至母亲的保护也都让婴儿感到恐惧。

气质

父母会形容宝宝的各种类型：易养、难养、慢热、多动、被动、蹒跚（floppy）、僵硬型等。对一个母亲来说难带的孩子，对另一个母亲来说可能容易带；某个孩子可能比其他手足与母亲的适配度更高。这些行为都是气质特征。气质究竟是什么？整体来说，气质指的是孩子与环境互动时的行为风格，这些特质在孩子出生后即浮现，一路相对稳定到童年早期，同时不断与环境进行交互作用。行为风格是多种因素的产物，包括儿童的体质、过往经验和发展水平（McDevitt & Carey，1978）。易养型气质更适合资源丰富的社会，而难养型气质则更适用于资源匮乏的社会，因其通常更能确保生存。

更准确地说，切斯和托马斯（Chess & Thomas，1991）提出"气质"

一词并以更科学的语言描述其术语内涵:
- 活动量;
- 生物节律:睡眠、进食、排泄;
- 趋避性:在新情境下探索/退缩;
- 适应性;
- 感觉阈值的高低;
- 情绪积极或消极;
- 情绪强度;
- 注意力分散度;
- 坚持度。

适配度

上述气质特征是通过婴儿观察得出的。切斯和托马斯还研究母婴关系,发现不同母亲适配不同的(易/难养)宝宝。他们研究得出的最重要结论便是,母婴协作关系是否成功、能否支持婴儿健康发展,取决于母亲和婴儿间的适配度。作为治疗师,我们与父母合作,帮助他们接受孩子的特质。

适配度欠缺的应对

适配度低下,我们能做些什么呢?我们将探讨孩子与母亲气质不适配的各种状况,提出几项应对策略。

对于高活动力的婴儿或孩子,如果父母过分要求孩子保持安静,可能有导致孩子多动的风险。我们建议家长给孩子更多活动空间,更多在户外有大型游乐设施的地方活动。

对于害羞的孩子,如果家长过分要求社会交往,可能会导致孩子回避和羞愧。我们建议家长给孩子时间热身,在开学前先和一两个孩子交流并提供大量鼓励。

如果家长过分要求注意力分散度高的孩子坚持不懈，或者过分要求学习力较弱的孩子提高课业成绩，可能会削弱孩子的自尊心。我们会建议家长和教师允许孩子休息，并接受适合其潜能的表现。

我们持续与家长合作，调整家长的期望值，使之符合现实情况，让孩子在认知和情感层面实现成长潜能。这让我们回到了本章开头，我们讨论了需要带出父母对孩子的潜意识幻想，转化幻想（而不是改变孩子）以将之与现实匹配。

7. 经典性心理发展理论和社会心理发展理论

吉尔·沙夫

弗洛伊德的性心理发展阶段

弗洛伊德（1905d）认为人类发展乃是由力比多（libido），即性能量，在口腔、肛门、性器、生殖器等不同动欲区（erogenous zone）移动所划分出的一系列阶段。生理性驱力（drive），或者说能量推力，会以获得满足为目标指向爱的客体（loving object）。埃里克·埃里克森（Erik Erikson, 1950）从社会心理角度，将儿童的个人欲望与社会要求两相冲突之间浮现的危机作为阶段的划分。各阶段冲突包括：口欲期（oral stage）信任与不信任的冲突；肛欲期（anal stage）自主与羞愧的冲突；性器期（phallic stage）和生殖期（genital stage）主动与内疚间的冲突。这些冲突若能被解决，个体便能相应地处理其社会心理危机。

口欲期：喂养，尚未学步阶段

出生伊始，婴儿即有求生和从吸吮中获得愉悦感的动机。口欲期阶段，目标是获得满足，任务是在快乐和挫折更迭中发展信任或不信任感。口腔黏膜是第一个敏感的动欲区，它会兴奋且热情地回应刺激来实现需求，也会因为得不到满足而以攻击行为（尖叫和施虐般地咬人）来表达挫败感。寻求满足的过程中，婴儿学会识别满足客体（satisfying object），即乳房和提供乳房的母亲，并据此开启依恋过程。弗洛伊德认为在此阶段，所有能量集中在口腔区，但他也非常清楚身体感官（如视觉、听觉、触觉和本体感觉）能给予婴儿空间方向感，它们也为达成口腔满足而效劳。

肛欲期：幼儿期，如厕训练

孩子断奶并开始摄入固体食物后，会开始留意硬状粪便通过肛管的过程，也会更加意识到尿液的流动。肛欲期的目标是控制满足客体，任务是掌控对自我控制的焦虑，或用埃里克森的话来说，就是自主对羞愧和怀疑。在尿道和肛门的生理刺激下，孩子开始发出排泄后的信号，再接着就能提醒父母什么时候该把自己带去厕所。如厕训练是此阶段的主角，发展议题是学会控制体内物质，以及什么时候忍住、什么时候释放。

性器期：学龄前阶段

现在，生殖器区域是能量所在的区域。排尿的器官是尿道，女性的尿道在阴蒂附近，而男性的尿道在阴茎内，都靠近生殖器刺激区域。该阶段的目标是体验和创造兴奋感，任务是发展主动性和有效性而不产生内疚感。排尿会产生生理兴奋感，必须通过身体动作释放。我们看到儿童想表现得英勇，展露生殖器官，对异性生殖器感到兴奋。对女孩来说，这是对自我价值的冲击，因为男孩有她所没有的东西；而她所有的，男孩和她自己都看不见，因而被默认为缺失。阉割焦虑从男孩和女孩身上探出头：女孩担心自己已被阉割，男孩则担心阉割到来。男孩和女孩都感受到了威胁，并通过自恋式的自我肯定来防御威胁。

8. 婴儿期：口欲期、整合和去整合

安娜贝拉·布罗斯特拉

在口欲期，口腔黏膜占主导位置。口腔是婴儿体验世界的途径。婴儿头几个月处于完全依赖母亲或其替代照顾者的焦虑状态（Klein，1958），此时婴儿和母亲毫无分化。饥饿或身体不舒服时，婴儿会通过哭闹、吐奶和排泄等身体途径来驱除飘荡的原始情绪（protoemotions；无以名状的不适反应碎片）。婴儿大部分时间都生活在混乱中，只能依靠母亲涵容他致命的焦虑感，包容与耐受他饥饿和愤怒的索取。如果母亲无法涵容，婴儿内在便会充斥着攻击性，会哭闹和感到愤怒。斯皮茨（Spitz，1952）的研究表明，持续得不到回应的婴儿会进入一种瘴气（miasmus）状态并逐渐死亡。在接纳度较好的母性状态下，婴儿能保持平衡、舒适的心理状态，并茁壮成长。

母亲的心智世界演变为接收器官，代谢并转化婴儿的感官意识信息。比昂（1962）称此母性能力为"涵容（containment）"（López-Corvó，2002），母亲是婴儿经验的"容器（container）"，婴儿则是"被涵容者（contained）"。比昂将潜意义经验碎片称为贝塔（beta）元素，当贝塔元素被转化为较具意义的碎片时，它们便成为阿尔法（alpha）元素。意大利分析师费罗（Ferro，2015）称之为"情绪字序化（alphabetization of emotions）"。换句话说，母亲接收婴儿的原始情绪体验，将其置于母性遐思（reverie）中，对其进行代谢，再以可管理、可思考的状态将体验返还给婴儿。

根据比昂的观点，母亲会接纳婴儿的痛苦，努力不为其所困，并在遐思中反复思量该体验。母性照护并非只是被动映射婴儿的体验，母亲是在心智中主动积极抱持和代谢婴儿的经验,提供"思考乳房(thinking breast)"(作为母性主要功能的隐喻)来理解婴儿的不适。对婴儿而言,任何躯体不适都伴随着骇人的、关于即刻毁灭的幻想,而母亲能够理解其痛苦程度,并将不可想象之事转化为可思考的元素。母亲的涵容功能在婴儿心智中形成管理自身经验和思考的工作能力,这奠定了象征形成(symbol formation)的基础。婴儿认同母亲的涵容,让自己的经验能得到表征,并在之后得以通过语言进行交流。

如果母亲未能接受婴儿对毁灭恐惧的投射,婴儿就会重新内摄惊涛骇浪的死亡恐惧,也就是比昂所谓的"无以名状的恐惧(nameless dread)"。与孩子情感适配度佳的足够好的母亲(good-enough mother)通过乳房、面部表情、说话语气这些物理性互动和照顾来传递涵容(Winnicott,1958)。涵容是建立在爱和信心之上的心智功能,好的涵容建构于爱、安全感和情感同调(attunement)之上。反之,非涵容(non-containment)则源于憎恨、不安全感和情感的不同调。

非涵容

婴儿若没能被母亲抱持在其心智世界中,便会因为害怕去整合(disintegration)而黏着母亲:他必须死命抓紧母亲,不能分心玩弄她的手或头发。孩子可能因此发展出抑郁、焦虑、困惑以及对去整合恐惧的防御,如同"早期干旱在树干主心烙下'环裂'标志"(Meltzer & Williams,1988,p.25-26)。沃德尔直白地形容道:"那棵树可能继续成长得枝繁叶茂,但其核心已经受到影响"(Waddell,2002,p.46)。

好的涵容

具接受性和回应性存在感的母亲所提供的良好涵容,能让孩子培养出成就感和自尊心。随着时间的推移,他能在千变万化的感受间分辨其中的异同。随着年龄增长,他发展出良好的自我意识,能视他人为不同于自己的个体并与之建立关系。这赋予了他认识和发展自体的机会。

当婴儿通过吐奶、分泌唾液和排泄等生理途径去除难受感时，母亲的乳房同时承接其潜意识幻想的投射，成为盈满不适之处。母亲作为容器，接收婴儿的投射，并为其赋予意义。我们将物理行动诠释为一种愿望、恐惧、不适等诸如此类的表达。我们可以说，理解能将恐怖转化为满足，也能将去整合转化为整合。

婴儿吸收母性涵容能力，融入自己的人格结构中。根据这种涵容功能的有效性，人格可能具有深层次的情感回应能力，或只具有浅层的情绪感受。在思考乳房的养育下，婴儿能够构建足以承载其情绪生命的"精神皮肤（psychic skin）"，如同包覆身体各部分的物理皮肤一样（Bick，1970）。若思考乳房缺失，婴儿会形成另外一道僵硬、不会代谢经验也因此无法构建人格的皮肤保护层，这层皮肤是对疼痛的防御（Waddell，1998a）。我们可以从婴儿为了独自应对不被牵挂和不被理解的痛苦，绷紧肌肉试图支撑自己的状态中，窥见这第二层皮肤。

涵容是治疗师的基础技能。就像一位好母亲，治疗师必须节制想知道更多、想让事情变好的欲望。我们关注儿童的联想和治疗干预带出的瞬息变化。我们需要等待，等待我们与来访者的相处逐渐萌发意义。治疗师应该有理解的愿望，而不是对于知道的需要（Bion，1962）。

有些家庭在寻找答案时，没能先停下来思考就直接付诸行动。这类家庭中的孩子多半不能等待，不能通过努力找到满意的解决办法。例如，无法忍受孩子哭闹的母亲，为了终结不确定感，在还没来得及弄清哭啼的缘由时，就匆忙判定孩子肯定是饿了。身为治疗师，我们要帮助母亲或家庭耐受不确定性带来的焦虑感。我们接收并共情来访者或家属的不适，对其进行思考，再以更可管理的状态返还给来访者。治疗师通过这种方式提供思考乳房，支持家庭发展涵容功能。我们用思考和回应代替行动，这是一种存在而非行为方式，是一种来访者、父母或家庭认同的涵容功能，使他们由此发展出理解能力。

9. 幼儿期：肛欲阶段

安娜贝拉·布罗斯特拉

从出生起，所有早年的分离经验都是日后离别和丧失体验的原型。断奶和分离的核心情感任务永远都在重塑（rework）。此后的每一次分离经历，都会重新唤起早年被断绝原初的爱、陪伴和食物来源的感受。我们或许记不起第一次创伤的体验，但残留记忆已被埋下，静候当前新创伤的发生重新将它激活。我们在断奶阶段或相似的生活转换期，会先经历惊恐，而后放松。焦虑和放松交替的节律，会在人生中的所有过渡期反复出现！被充满爱的大人所抱持并从恐惧中解脱的体验，会影响孩子成年后如何应对丧失。

照顾者的养育质量能帮助儿童理解世界。温尼科特（1994）建议，母亲应该一点点地向婴儿介绍世界（p. 40），过快地引入会让婴儿感到不知所措。当婴儿缺乏与母亲的接触或母亲在身边却欠缺存在感时，婴儿会暴露于恐惧、痛苦和悲伤之中，继而透过分裂将母亲拆分为好和坏的两个部分。婴儿会将所有愤怒投射到母亲身上。倘若母亲平静和充满爱地予以回应，孩子即可安全表达感受，而不必担心失去客体和她的爱。反之，婴儿则会筑起自我防御以逃避痛苦的感受。否认、全能感、投射和分裂是这个发展阶段的防御特征。倘若一切发展尚属顺利，婴儿便能获得某种整合感；反之，婴儿则会卡在焦虑和防御状态，此症结可能在下一阶段修复，也可能持续固着。不健全的环境反应会引发自恋防御，好比固着于肛欲期的成年人遭遇抛弃时会做出全能性否认反应："你不想要我，我也不需要你。"临床上，当儿童或成人来访者漠视我们的回应、诠释、缺席或错误时，也是此类早期情景的重现。

分离焦虑常见于弗洛伊德（1905d）所谓的肛欲期，大约也是断奶和如厕训练的阶段。孩子在学习如何控制和释放体内排泄物。孩子想取悦父母，投入如厕训练，但父母也必须尊重孩子括约肌控制能力的发展速度。对孩子的表现要求过高，上厕所的时间安排过于死板，会给孩子造成压力和焦虑。有时候这种压力，会让孩子在非如厕时间出现固执、控制僵化和失控的表现。与此同时，孩子也在学习必须在某些时刻放手，让照顾自己的父母离开。孩子开始明白，身边的人是独立于自己的存在，即使自己不在他们身边，他们的生活仍然继续。对孩子来说，认识到自己原来不总是世界核心，是极大的地位丧失。这一新现实会反映在孩子的象征游戏中。比方说，玩起小汽车的男孩，用玩具选择象征开车上班的父亲以及男孩失去父亲的感受；而同时，化身为控制汽车的司机的男孩，成为有能力离人而去的人。去/来游戏（fort-da，也称线轴游戏）是另一个以全能控制操纵坚持和放手的例子（Winnicott，1971）。在去/来游戏中，婴儿扔掉某个物件，父母捡起来拿给他。他再扔一次，父母再捡一次，仿佛抛扔物品的动作能控制父母的取物行为。

新经验和焦虑感可能会调节或加剧孩子希望一手遮天、专横跋扈的状态。当孩子无法化解母亲离去带来的威胁感，他就会困在此阶段的冲突之中。成年后，冲突会体现为人格特征和症状表现的根源——一毛不拔、控制他人去留、凌乱或强迫。当孩子在肛欲期意识到母亲是独立的、拥有其他重要关系的个体，新现实伴随的强烈情感就进入了孩子的生命。独占母亲的时代已经过去。母亲与他人在一起的想法带来强烈的爱与恨，推动孩子进入下一个阶段，承认家庭中第三人的重要性。他们共同构筑了三角关系。无论所谓第三人是母亲的丈夫、伴侣还是另一个孩子，孩子都必须放弃旧有的存在方式，哀悼失去，并拥抱新的体验。

一旦学步期儿童明白婴儿、母亲和父亲的三角存在，他就需要新的防御机制来抵御失去母亲的强烈情感。他爱母亲，同时也恨她背叛自己，将自己摒除于伴侣关系之外。婴儿嫉妒父亲，因为父亲取代了自己的位置，而且显然是足够强大才得以把母亲夺走。本该属于自己的母亲也能为第三个人所用，这个想法带来仇恨和背叛感。另一种三角关系是婴儿、母亲和兄弟姐妹三角。爱与恨、嫉妒与羡慕围绕着所有三角关系。如何处理这个阶段的情感，奠定了孩子未来处理忠诚和竞争议题的能力。母亲自身的需求——难以放弃自己是婴儿唯一所爱客体的地位，也可能阻碍孩子前进。第一次带孩子去上学，母亲可能会因为要与孩子分离而感到不安，导致孩子也很难处理分离。如果母亲能够理解并接受自己的焦虑，她便能为孩子树立应对分离的榜样，将分离当作安全和愉悦的发展。

丧失和收获两味杂陈。婴儿感受到母亲的态度变化，可能会发起全能抗议，否认需求并拒绝母亲。然后，在未来的伴侣关系中，当其中一方不允许对方自由选择时，同样的动力将再次重演。孩子需要重温与失去的客体相处时的快乐感。他们开始能够与其他孩子玩耍，与朋友分享快乐，这些快乐回荡着孩子与母亲或照顾者之间的愉悦时光，驱动孩子在生命中植入新的客体。游戏也是孩子掌握分离和调节分离痛苦的途径。

本来时常和爷爷玩耍的孩子，突然因为流行病盛行而无法与爷爷相见。突然失去情感纽带让孩子很难受，于是爷孙开始视频会面。孩子无法通过电脑屏幕给爷爷送吃的，于是难过得哭了起来。尽管如此，爷爷仍继续用不同方式与她联结，与她交谈，让孙女向他展示房间、玩具和她平时都玩些什么游戏等，以此帮助孩子应对分离与失去的困难。

每个过渡时期都伴随与当前阶段的道别和哀悼，以开启下一个阶段。孩子必然要经历"不再是母亲心中唯一"的失落，而当他终于能意识到母亲依然将自己放在心上时，孩子也成功地渡过了这段哀悼期。为了继续成长和实现情感发展，他必须放下对母亲的全能控制，将联结需求扩展至与他人的关系之中。人际关系帮助孩子悼念与母亲的原初纽带，并从依赖走向独立。

10. 学龄前期：性器－自恋阶段

吉尔·沙夫

男性发展及其问题

意识到两性生殖器的差异，男孩透过排尿宣扬阴茎及其英姿。他先是想象性器强大到足以吸引母亲与自己而不是和父亲配对，再是害怕它会惨断于父亲的复仇性阉割之手。贝尔（Bell，2004）以自己和3岁男孩来访者咨询的经验，阐述了她对此阶段的男性发展的想法。

贝尔的咨询片段：男性发展故事

亚当2.5岁时已完成如厕训练，只是3岁开始上幼儿园时，他又开始遗尿。亚当觉得自己天生就是坏孩子，一无是处。出生后，亚当的母子关系很紧密，母亲过分投入养育活动，也不多让父亲参与；虽然亚当会对母亲展现攻击性，但可以通过奖励抑制。游戏中，他呈现了好妈妈、龇牙咧嘴的恐龙，以及挺着枪可以伤害好妈妈的大象巴巴尔三种意象。亚当在幼儿园意识到男性和女性在解剖学上的生理差异，对此深感不安。他愤怒于母亲缺少阴茎，同时担心自己的性和攻击愿望会伤害母亲。亚当也担心所爱之人会像自己一样向他进行攻击。贝尔认为，分离焦虑、对于客体丧失的恐惧和阉割焦虑让亚当性器期的自我表征相对脆弱。对于身体遭受威胁和体验伤害的幻想，导致亚当的敌意攻击性攀升，进而再次出现遗尿。

女性发展及其问题

男孩恐惧的是突出于身体之外的生殖器被报复性阉割，女孩恐惧的则是身体被侵入和阴道受损。女孩将自己与母亲相比，发现自己既没有乳房也没能生养婴儿，因此感到自我不足的女孩可能出现抑郁性焦虑、睡眠困难和遗尿。健康的女孩享受与父亲相处的乐趣，与父亲角逐力量，并能感受到父亲欣赏自己的本色。

弗兰克尔的案例：埃丽卡（6 岁）

弗兰克尔（Frankel，1993）形容 6 岁的埃丽卡是违逆、好斗、被忽视、不讨人喜欢、带有性诱惑感的孩子。妹妹出生之前，20 个月大的埃丽卡本来是个易养型的婴孩。尽管中间困难重重，埃丽卡还是在 3 岁左右完成了如厕训练。结果一场极其创伤性的车祸意外导致埃丽卡头部受伤，并需要接受耳部手术。

埃丽卡的父母

埃丽卡的母亲抑郁、恐惧、功能失调（dysfunctional），对自己的女性特质感到内疚，并将丈夫理想化为一个无所不知的男人。女儿不受控的行为让她精疲力竭，她在女儿身上看到了自己坏的部分。埃丽卡的父亲更想要个儿子，不太接纳妻子和女儿，不过他愿意和埃丽卡打闹玩耍，也让她和自己一起睡。

埃丽卡的评估和治疗

埃丽卡喜欢娃娃屋，只是无论怎么摆设，她都感觉不太对。治疗师将娃娃屋诠释为埃丽卡认知中不完美的女性身体的象征，丢弃的玩偶表征着她被忽视的感受。她选择了一对双胞胎玩偶,让他们进行爱与伤害的宝宝游戏,似乎象征着被排除在父母关系之外的她。她再拿起一个断腿、被母亲抛弃的女玩偶——这象征着她对被阉割的身体的憎恨。她经常在家里和治疗中用自慰来释放性兴奋感,也在治疗中大量创作下半身为阴茎的绘画作品。直到后期,她才终于能描绘属于女孩的身体。

治疗片段:8岁女孩

8岁的卡拉因呕吐恐惧症而接受治疗。以下摘录了第二年治疗的其中一个片段,以展示治疗如何慢慢推进对症状意义的探究。

卡拉先讲述了某位表兄弟受伤的故事,随后跑去玩捉迷藏,捡起破盒子玩,接着在搭建一座塔后又亲手把塔拆毁。当治疗师提到卡拉如何频繁切换游戏时,卡拉会直接拒绝讨论。我猜测卡拉在处理阉割恐惧(受伤、倒塌的塔)、她对女性解剖学构造的疑惑(破掉的盒子)以及能以女孩的身份被看见的愿望(捉迷藏)。

随后,卡拉开始画画,画了个女孩。她小心翼翼地避开绿色和棕色,因为她说绿色像呕吐物,而棕色很恶心。她谈到自己经常想吐,但这个话题在卡拉要分享其中一个生活事件时戛然而止。画中的女孩戴着口罩,避免呕吐也屏蔽交流,同时掩饰她的饥饿。然后卡拉转向了女性主题:国标舞裙、化妆品和奢华的玩偶。她又画了一盒三色冰激凌,里面有一根黄色香蕉。口罩或许不仅是遮盖呕吐,也是在遮盖错置(displaced)到嘴部、裂缝内埋藏有阴茎(香蕉)的阴道。

抑郁性阉割焦虑在男女发展中的表现

对于健康的男孩而言,阉割是迫在眉睫的危险。对于女孩以及生殖器畸形或性别认同为女孩的男孩来说,阉割是既成之事。阉割焦虑会导致情感受限、自我感低下、抑郁性焦虑以及失去膀胱控制能力等其他生理症状。失禁症状若延续至潜伏期，就会越发棘手。有时焦虑来自需要处理的实际生理损伤，如身体畸形、用尿道扩张术矫治的尿道狭窄或阻塞、两性同体（hermaphrodite）和性别重置手术。

承袭弗洛伊德（1905d）的精神分析发展理论概念的儿童治疗师认为，人格天生是双性的。动欲区始于口腔黏膜，除了吃奶，婴儿也享受吸吮的乐趣。肛门黏膜和肌肉组织是下一个主要动欲区。尽管婴儿期和学步期儿童的自慰行为体现了生殖器感觉的存在，但直到进入学前班或游戏小组并得以接触其他裸身同龄儿童之后，幼儿才会意识到生殖器的生物学差异。在此20世纪早期的理论观点中，儿童是在认同同性父母和体验与异性父母相处的兴奋感的过程中，开始分化为男性或女性，进而产生异性恋的客体选择。在此理论之下，同性恋和非二元性是因为父母情感同调失误，导致孩子未能发生对同性父母的认同，从而产生的发展抑制（developmental arrest）现象。

理论修订

发展研究颠覆了许多早期理论，而社会也在多元接纳度上有了长足的进步。在某些国家和地区，同性伴侣既可以领养也可能抚育出异性恋孩子，因此传统的同性父母认同理论的立场也受到颇大挑战。在性研究和发展研究中，性（sex）与性别（gender）的概念已被拆分，性强调的是欲望客体的选择，而性别则关乎自我概念。性别并非取决于生理解剖学特征，也不局限于男、女或两性同体的定义，而是取决于个体对自我的感知。当代理论认为，性别不受限于二元框架，所有潜在的性别都是正常发展的认同。所有性别的人都可能享受健康，也可能罹患心理疾病，也都会经历童年苦难：客体丧失、爱的丧失、能力丧失（设想为阉割），而每一种情况都可能导致焦虑和抑郁性焦虑。

从性器-自恋阶段到俄狄浦斯阶段

这个阶段，孩子开始运用身体去吸引双亲中被视为欲望客体的一方，希望占有所爱的一方，并在情感上谋杀竞争的另一方。女孩（传统上是对于父亲）、男孩（传统上是对于母亲）都会对双亲中的某一方产生欲求，希望在家庭爱恋中取代另一方父母，成为首选的伴侣。本阶段的任务是认清自己是俄狄浦斯三角中的孩子角色的事实，接受勤奋对自卑的考验，准备好迈出家门去参与学校生活。只有充分解决了俄狄浦斯三角议题，孩子才能进入潜伏期阶段。潜伏期时，孩子在读书、学习和体育竞争上所投注的热情远大于性带来的兴奋感。我们终其一生——青少年期、同辈关系、婚姻和婚外情，从伴侣关系转换至家庭关系——都在不断修通俄狄浦斯情结。接纳自己在三角关系中的位置才能发展共情和客观的能力。基本上，弗洛伊德对于成人发展和神经症出现的理解都以俄狄浦斯情结为其理论基石。

在本章中，我们的讨论一路从经典的男性和女性发展走到俄狄浦斯阶段。在后续章节里，我们将阐明俄狄浦斯阶段的特征，再从当代角度展开对于症状表现的探讨（Saketopolou，2020）。

11. 幼儿园阶段：俄狄浦斯阶段

卡罗琳·塞洪

弗洛伊德（1905b，1924d）形容，俄狄浦斯情结感受和幻想的丛集（constellation）发生在约莫4岁或5岁，在儿童开始意识到父母是伴侣而自己被排除在伴侣亲密生活之外时涌现。孩子试图理解受孕和手足诞生的概念，双亲伴侣也因此成为性欲望和竞争的焦点。孩子将情欲渴望投向父母中的一方，拒绝并想消灭被视为竞争对手的另一方。如果婚姻关系轻易受到破坏，孩子就会产生胜利感和负罪感；当婚姻无法被拆裂，孩子会感到失败和羞愧。我将弗洛伊德的这一观点称为经典俄狄浦斯情结（classic Oedipus complex）。

克莱因（Klein，1928）则认为俄狄浦斯情结出现在1岁后半段（Bronstein，2001）。克莱因基于婴儿观察，发现宝宝断奶后会追寻父亲或母亲客体。这种建立在投射性认同和内摄性认同基础上的情结，我们称之为原始俄狄浦斯情结（archaic Oedipus complex）。毁灭焦虑、愤怒和渴望从婴儿那里投射给父亲或母亲，经过调整，由父母以更容易承受（通常也能为婴儿所认同）的版本返还给婴儿。在此心理机制中，孩子把不同情感分别投射给父母双方，分裂父母伴侣，借此摆脱被排除在伴侣关系外的矛盾和冲突的情绪状态。

埃德娜·奥肖内西（Edna O'Shaughnessy，1989）认为俄狄浦斯情结太具威胁性又难以应付，必须被否认和隐藏。孩子与任一方父母分离，都会因为加剧的被排斥感而感到精神焦虑（anguish）。学龄儿童也会因为学校里其他孩子成双结伴而感到被疏离，奥肖内西称之为隐形俄狄浦斯情结

(invisible Oedipus complex)。

治疗片段一：麦迪逊（6岁）

麦迪逊受日间遗尿和遗粪所苦。他的父母经常出差，母亲因为工作不时与麦迪逊分离。后来麦迪逊17个月大时，妹妹出生了，更加分散了母亲对麦迪逊的关注。麦迪逊主要由慈爱可靠的姥姥照料，可惜后来他接连失去姥姥和最亲爱的宠物狗。

麦迪逊在第一次治疗中画了自画像（图11.1）。

图 11.1　麦迪逊的自画像

麦迪逊告诉治疗师，因为父亲为他理发未果，自己必须去发型师那里"整理一下"。而且父亲因为自己对他"发脾气"（原因他现在也说不清楚）剥夺了他的零花钱。他想画出悲伤的脸，并补充说悲伤是因为妈妈又要出差，他想象自己苦着脸再次向妈妈挥手告别。下一张是关于麦迪逊和妈妈的画（图 11.2）。

图 11.2 麦迪逊和妈妈

麦迪逊说,这些是爱之箭,是给妈妈画的。"不是给你的!"麦迪逊跟治疗师说。第二节治疗,麦迪逊一开始便创作出这系列的第三张作品(图 11.3)。他得意扬扬地形容熊熊烈焰如何吞噬父亲。

图 11.3 麦迪逊的爸爸置身火海

麦迪逊的系列作品展示了孩子对母亲的俄狄浦斯向往（难过地挥手道别），希望将治疗师排除在母子配对之外（"这些箭不是给你的！"），以及对情敌的杀戮之情（"置身火海"）。

治疗片段二：罗丝（4岁）

罗丝患有先天性食管闭锁，恐惧进食或饮水。罗丝是早产儿，在新生儿重症监护室漫长的住院期间，她经历了许多诊断和介入性医疗创伤，主要依赖胃造口处的胃管吸收营养，而母亲因为需要照顾家中长子，无法长期在医院陪伴罗丝。胃部输液管已在罗丝离开重症监护室时一并取下。现在，罗丝是因为情绪扰动的缘故无法正常进食或饮水。

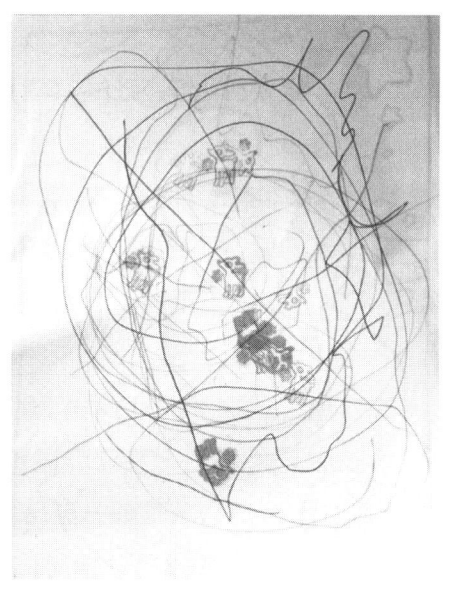

图11.4 罗丝的画：妈妈在找爸爸

父母通过转诊让罗丝接受密集性心理治疗，以处理创伤。尽管对于曾单独住院的孩子来说，与治疗师通过屏幕遥遥相望并不是最理想的设置，但考虑到家庭与治疗师办公室之间路途遥远，治疗是通过网络远程进行的。罗丝的心理困难卡在创伤发生的口欲期，因此画作呈现出许多大物体（一群驯鹿）被小物体（一只小蜘蛛）吞噬的场景，不算太出乎意料。随后，罗丝画了一幅名为"妈妈在找爸爸"的画（图11.4）。

罗丝：看！［她在屏幕前来回挥舞着画，我只能在毫秒间瞥到些许画面。我很开心她愿意画画、想展示东西给我看，但我也

感到有些被捉弄，因为我无法按她分享的速度看清楚。］

卡罗琳：我看一下。拿稳了。我看到几只驯鹿。［她继续画画。］我能听到你在素描和画画。

［过了一会儿，她抬头看着我，举起画。］

卡罗琳：我看到一些线条，让我想到蜘蛛网。

罗丝：我正要画蜘蛛！［她开始数数。］

卡罗琳：现在我看到很多驯鹿。

罗丝：还有一只蜘蛛。

卡罗琳：真的吗，我瞧瞧！指给我看看。［画面一闪而过。］啊，看到了。

［我好奇这种"给你看，不给你看"的活现（enactment）在传达什么？我的内摄性认同告诉我，我必须接受在疾速旋转、难以把握的世界。］

罗丝：你能看到它的腿吗？

卡罗琳：能，它的腿很长。

罗丝：它住在蜘蛛网里。下雪了，很多驯鹿可以吃雪花。它差点要接住一片，不，两片！

卡罗琳：哦！驯鹿要享受一顿好吃的大餐了。

罗丝：是啊。但是蜘蛛会抓走家长。

卡罗琳：驯鹿家长？

罗丝：对！

卡罗琳：噢，不！我们不能让蜘蛛吃掉父母！

罗丝：［罗丝打断我的话］……如果父母不在了，谁来照顾它们呢？它们出去了！

卡罗琳：谁出去了？

罗丝：妈妈和爸爸都出去了，所以我在这里打了个叉

卡罗琳：真的吗？在哪里？［她稳稳地拿着纸，让我看画叉

的地方。］哦，我看到了。那是妈妈、爸爸，还是两个人？

　　罗丝：蜘蛛已经把爷爷奶奶吃掉了！

　　卡罗琳：噢！爷爷奶奶。

　　罗丝：一个儿子出局！两个儿子出局！3、4、5、6、7、8个都出局了！9、10！我要给每个人都打上一个大大的叉！你可以看到吗？［她把纸举起来给我看。］

　　卡罗琳：那爷爷奶奶、爸爸妈妈和十个儿子都死了？

　　罗丝：没错，蜘蛛也快死了。

　　卡罗琳：真的吗？

　　罗丝：是他肚子里的驯鹿让他死掉的。但驯鹿还是死了。它们还是会死。［她给我看笔盖上的驯鹿印章。］假装那是妈妈。

　　卡罗琳：驯鹿妈妈还活着吗？

　　罗丝：是的，妈妈还活着。她得找个新爸爸，但她找不到任何人。

　　卡罗琳：听起来妈妈很孤单。而且她失去了所有的孩子吗？

　　罗丝：是，它们全都不在了。［罗丝惊慌失措地叫某个亲友来帮她。］

　　［与儿童进行网络咨询时，咨询师会请成人在邻近处待命，以防网络中断需要大人协助调整。我不知道罗丝求助的原因。］

　　奶奶：［奶奶很快出现。我看不到，但能听到她们交谈。］罗丝，请去趟卫生间。

　　罗丝：［大声、坚决又有点警觉地］看！

　　奶奶：你需要去厕所吗？

　　罗丝：［气愤地］不要！

　　［奶奶重新连上视频。］

　　罗丝：［罗丝的脸凑近屏幕，气冲冲地盯着我。］奶奶一直想说服我说我需要去厕所。才不是那个问题！

卡罗琳：你很清楚地表达了你的需要！

罗丝：奶奶坚持让我去厕所，但问题不在那里！我失去了你的视线，但我又连回来了！

卡罗琳：对。你让奶奶明白了你的需要，我们才能重新联结。你得到了想要的东西。

罗丝：我说了"不"！［她紧紧地盯着摄像头。］

卡罗琳：你觉得有点恼火，说不定还有点生气。

［我想知道，奶奶是否还在附近，这或许让罗丝无法完全自在地敞开心扉。抑或是她的"不"是要驱散丧失和毁灭的威胁。我有一种罗丝与我逐渐融合的印象，她沉浸于我的凝视，似乎希望能在其中获得慰藉，以逃离刚刚的情感不同调（misattunement）。我那时并不知道她与我的联结被断开，直到她解释说"我失去了你的视线"，我才明白她一直在通过注视我，将我稳稳地"抓住"。］

在绘画的序列中，先是大量进食的主情境，焦点再分别落在被吞噬的驯鹿父母、祖父母和孩子（口腔饥饿和攻击性）上。罗丝复活了驯鹿妈妈，又想到孤单一人的母亲以及无法被取代的父亲。当我从屏幕上消失时，罗丝多半觉得幻想突然变得过于真实，我这个表征孩子的局外人也可能轻易遭受她的攻击。

治疗片段三：莱昂（1989）

奥肖内西（O'Shaughnessy，1989）分享了11岁的莱昂（Leon）的案例。他看起来圆滚滚、软绵绵的，前来治疗是因为当他需要应对新情境或生活中微小的变化时，他都会感到抑郁和恐慌。婴儿期的莱昂哭闹不止。13个月大时，手足的出生对他是个创伤般的冲击。治疗时，他对自己的状况表现出一种沉默的无奈和强烈的焦虑感。只有当他进入稳定位置——把自己夹在两个靠垫之间，像婴儿安全地栖身于乳房之间，或成为一个被父母怀抱的男孩（同时也毅然地将父母分开）时，才稍微好一些。

在治疗室里玩耍时，莱昂喜欢让分析师扮演孩子的角色，而他则更喜欢扮演大人，通常是不屑一顾的母亲或咄咄逼人的父亲。有时，他把自己拧进沙发里，仿佛希望把自己塞进母亲的身体里，仿佛渴望成为母亲肚子里的孩子。他讨厌分析师成为他的父母，他也讨厌分析师提供诠释，将角色扮演与他的内心世界联系起来。因为这些诠释会触发他无法忍受的情绪，所以他拒绝了所有恋母情结的诠释。

这个案例描绘了"隐形俄狄浦斯情结"（O'Shaughnessy，1989）。情结的无形和不可触及是要隐藏孩子对父母结合及其摧毁性后果的恨意。从游戏中，我们可以观察到孩子对父母配对及其亲密结合的感受，这在莱昂的游戏中通过他将自己夹在双垫之间的位置得到了象征性的呈现。

小结

在俄狄浦斯阶段，个体内在充斥着极端的澎湃激情，爱、恨、性占有和谋杀的幻想，见诸父母身上。三角家庭生活的核心问题是置身于相互满足的配对之外。俄狄浦斯期的儿童试图通过重新确立全能感来解决问题，将父母分裂为好与坏、渴望与拒绝的对象，并试图与家长一方配对（以占有该家长）；相应地，另一位家长成为被排挤的一方，因此拒绝和痛苦都被放置在出局的对手身上（J. Scharff & D. Scharff，2005），也因此让孩子担心被报复。认知和情感的成熟使孩子意识到分裂策略的不稳定性，他意识到自己是被爱的，但不可能真的成为家长的伴侣。下一阶段，在学校学习和同伴交往的发展任务将孩子的能量从激荡的家庭浪漫中引导出来，转向课业和同辈关系的世界。

12. 小学阶段：潜伏期

安娜·玛丽亚·巴罗索
贾妮娜·万拉斯

弗洛伊德（1905d）认为，比起生命早年，潜伏期是焦虑卸除、压力也较少的发展阶段。事实上，跟随在前俄狄浦斯期和俄狄浦斯期之后的潜伏期是一段相对平静的时光。随着儿童的发展愈趋成熟、不再陷入俄狄浦斯期的担忧，加之学校环境会约束和压制儿童身上被认为不可接受的行为，儿童的情绪波动会逐渐平息。尽管如此，潜在的焦虑依然存在。潜伏的焦虑以恐惧症和心身症状的形式表达。潜伏期儿童通常被形容为热衷于取得成就的好公民（Erickson，1950）。大脑以及认知和情绪调节的成熟共同推动了学习的倾向、道德感的发展，以及对他人需求的更多意识，这使得潜伏期儿童乐于遵守课堂规则，从而在学校和家庭中赢得认可。父母的爱和赞赏依然是这个成长阶段里安全感形成的关键。

潜伏期紧随俄狄浦斯期/生殖期开始，在11或12岁青春期开始时结束。与充满激情和性欲望表达的俄狄浦斯期不同，激情冲动在潜伏期会得到抑制或升华，在已成型的自我和超我结构的帮助下保持一种平稳感。潜意识恐惧以及性和攻击幻想依然存在，依然可以被觉察。举例来说，美国儿童跳绳顺口溜的歌词在节律和韵脚以及绳子的重拍中就透露着性的冲动和禁忌。

> 不是昨晚，是前晚
> 24个强盗来到家门口

> 我的腕表和戒指被他们通通偷走
> 咿咿呀呀，他们全唱起了歌
> 警察，警察，快来行使职责
> 迎面走来美女玛丽亚
> 她婀娜，她多姿，她还能够劈叉
> 但是她不懂怎么把裙子穿到腰际上。

儿童通常相当害怕自然灾害，这既是对外在现实的恐惧，也是对内在动荡的不安。潜伏期阶段，自卑的恐惧支撑着儿童想要展示能力、生产力和掌握技能的愿望并使它们变得复杂，如同小男孩看着自己用磁铁片搭建的建筑意气风发，并更加相信自己的能力。在父母相信孩子、孩子依恋父母的基础上，潜伏期是建立自信和自尊的时期。安全依恋促进儿童融入同学和朋友圈。儿童也在此年龄段展现自我调节能力：烦乱时能自我安抚、接受慈爱的成人的约束，以及从攻击性中抽身。这时候，培养良好的人际交往能力与学业成功同样重要。

超我尚未认同家长调控的孩子，可能无法接受任何教养限制；超我认同父母的严格管教的孩子，则可能因为自己不够好而攻击自己。有些孩子发现自己的观点和朋友不同，因而意识到原来同一件事情可以有许多种看法——这就是同理心的重要基石。

许多儿童开始在学习阅读和简单数学运算时遇到困难，甚至完全拒绝上学——不过拒绝上学更常发生在青少年阶段。儿童可能因为失去至亲而感到沮丧，可能因为社交能力不足而难以建立友谊，或因为情绪调节困难而突然在课间发脾气，让同学感到不安。卡特（Carter，2012）案例中的男孩路易斯（Louis）即是因为对立违抗和攻击性行为进入治疗。叶梅林（Jemerin，2004）案例中的小男孩托德（Todd）则是曾与学校老师有过不愉快的经历——他进入了心理等同模式（psychic equivalence mode），幻想那名刻薄的老师被重新聘用为他的校车司机。此时托德的现实检验功能是停止运作的，但是对他来说，该幻想是针对特定人际关系而涌现的，并非如精神病性患儿那般泛化地生成。在幻想中，托德认为老师真的会成为他的司机，然而他依然明白现实，因此这并非伪装模式（pretend mode）。托德的现实检验只有在想起创伤中让他惊惧不已的老师时才会松动，而后进入心理等同模式。其他时候，托德并没有丧失其他生活层面上对现实的清晰感知。

治疗片段一：住院患儿（7岁）

小女孩出现了幻听和幻视，会看到不存在的人，听到别人听不见的声音。绘制家庭图时，她也画上非现实存在的儿童成员。她笃定坚持幻觉是真实的。小学阶段，某些儿童在正常变异（normal variation）范围内可能会有听起来挺有趣的想象朋友。但这名女孩的临床表现与一般假扮游戏不同，有种支离破碎的感觉。她无法辨别想象与现实的差异，让我们认为或许是极端创伤导致她发展出精神病性人格组织。

治疗片段二：中国女孩（11岁）

11岁女孩念叨着身上无人可见的伤口。这是她试图对外诉说内心伤痛和恐惧攻击性的方式：她能够如何表达伤痛和恐惧，他人又会如何接收这样的传达。仅凭这一点并不能确定女孩处于精神病性状态。目前她无自伤或伤人倾向，尚不需要住院治疗。心理治疗师为其安排心理测评以及一系列个案与家庭访谈，希望进一步了解女孩的躯体幻想所象征的潜在冲突。

治疗片段三：恐学症

一年级的男童出现恐学状态，他的恐惧显然与某次成绩不尽如人意带来的不安和焦虑有关。家长本以为这是孩子进入小学潜伏期突然出现的状况，然而进一步交流后，他们逐渐明白：之前送孩子上学前班，而孩子不愿父母离开时，他就一直怀揣着对于上学的焦虑。

潜伏期的常见表现

潜伏期的压力让我们不得不注意到问题所在。举例来说，认知逐渐成熟本身就是巨大而充满压力的变化。孩子从以行动为本的具体思考模式转向操作性学习（operational learning）模式，这一转变使他们在学习能力提升的同时获得学习回报，但也因需要探索崭新的理解领域和被期待能够调节情绪、集中精力学习而承受莫大的压力。

潜伏期的儿童喜欢规则，喜欢黑白对错分明，毕竟认知进步是构建在僵化和具体思维基础上的。儿童同时在经历身体的变化、家庭生活的变化以及思维过程的改变，生活主场景也从家庭转向学校。儿童往往会借助强迫防御、躯体症状、突发恐惧症和追随潮流饮食法（eating fads）等方式应对层出叠见的状况。学龄前儿童关注周围事物的运作，到了小学阶段，他们延展智力潜能，渴望认识天地之广袤。

潜伏期早期（6—8岁），超我能力尚不稳固，儿童可能重新表现出僵化的态度和自我关注的状态，并在后续几年逐步稳定超我功能。潜伏期晚期（8—10岁）的特征是提升自我调节能力以及拓展和同伴的社会化交往。年纪愈长，儿童愈有适应性，也愈能顾及他人的体验和需求。同时，宏伟的冒险性幻想无远弗届地扬发，他们时常沉浸于家庭罗曼史幻想，仿佛自己其实是另一对住在遥远国度的理想爸妈的孩子。儿童意识到父母不是什么超级英雄，只是凡人。随着认知能力发展，孩子认识到父母也会犯错，不再盲目崇拜；但这也引发了他们对于失去羽翼屏障的焦虑，而家庭罗曼史的防御能重新启动关于完美庇护的想象。

投注于学习的精力增加，阅读障碍和书写障碍等学习困难也变得更为突出。它们不仅扰乱学习体验，也影响儿童的自我价值、技能精进以及自主性和自我调节能力的发展。儿童也可能会因为其非规范性行为而被同伴嘲弄或排斥。治疗师应该要能进行神经精神评估、心理测评以及环境、生物和情感因素检测。我们透过一对一访谈、家庭访谈，甚至观察孩子在学校的状态，逐一进行情绪和认知发展评估工作。有些儿童并非学习能力受损，而是情绪发展没有达到潜伏期的常规水平。停留在俄狄浦斯阶段的儿童还是会以想象游戏为主。身为治疗师，我们自然会根据儿童的阶段加入他们，分析他们对假想游戏的需要，帮助他们向前开启潜伏期的游戏——棋盘游戏、纸牌游戏、规则和竞争。

同伴关系和社交接纳对于儿童的归属感十分重要。儿童希望融入群体，建立同性关系，以传统和绝对的态度看待性别角色：男孩群体以肢体运动、公开竞争和沙文主义态度为核心形成凝聚力；女孩们倾向于建立更亲密的个人关系，其中仍不乏对彼此或群体某个成员的攻击性。无论男女，自我功能的健全发展（如自我行为控制和情绪的自我调节）是奠定潜伏期友谊的基石，也是青少年期健康同伴关系的基础。

潜伏期也是儿童构建人格和内在世界意识的时期。这种自我意识在私密的空间状态内发展——独处时、与好朋友相处时或在同伴群体中。隐私与分离，即使只是刹那，都能给予儿童特别需要的独立感和控制感。治疗师鼓励儿童培养对待学习的热情和真诚的态度，并与儿童一起分析学习带来的压力，从而支持儿童独立思考、享受他正在成为的独一无二的自我。

13. 初中阶段：青春期和青春前期

莱亚·塞顿

青春期（puberty）是形容 8—14 岁间启动的、大约持续 4 年的生理变化期。男孩的生理变化包含体毛生长、肌肉发育加快，声线低沉，也开始有遗精现象。女孩同样伴随体毛生长，其他变化则包含乳房发育、脂肪组织增长并塑造女性轮廓曲线，以及月经来潮。

青少年期（adolescence）则是指伴随身体性成熟的阶段性（stage-specific）认知心理发展时期。10—14 岁是青少年期早期，此时认知功能尚未健全，抽象思维未完全发展：仍可见具体思维特征，同时开始测试界限。14—18 岁期间，青少年的身体继续发育，并对恋爱和性关系产生兴趣。18—21 岁期间，青少年越发趋近成熟的目标。

身体变化比认知和情感能力发展得更早、更迅速。身体在发育而心智还停留在孩提状态，是造成孩子和家长的沟通协商挑战的因素之一。我们把身体想象成装载心智、情绪、性和自我意识的房子。建筑物改变，意味着支撑自体的基础受到动摇，不再稳定。适应变化是很困难的。青少年因此可能情绪低落、易怒，或对自我身份产生不确定感，需要重新定位自我意识。

青少年从家长、老师和同伴身上寻找可以认同的榜样。如果家庭或学校环境不能提供健全的楷模，青少年就可能认同误入歧途的朋友或帮派。群体是寻找和定义自我的地方，健康的同辈群体对身份认同的助益有多深远，破坏性群体对其产生的负面影响就有多深刻。正因如此，生活从家庭内部过渡到外在世界显得既可怕又危险。

青少年追求独立。当他们从外在世界回望父母，其目光所及或许已与早年的理想父母大相径庭，新视线中的父母或许让他们失望不已。他们必须面对理想的幻灭和丧失。所有潜伏期的确定性甚至玩具都不复存在。社会期望他们能如成年人般行事，但他们还没能完全做到。在此背景下，青少年如何在个人欲望、个人能力与外在期望间协调，是他们培养自我调节能力和未来成年人格形塑的关键。

青少年期是迎接成年责任和性生活发展的关键时期，却也是常常被忽视的发展阶段。与青少年相处的挑战性的确让某些成人治疗师和儿童治疗师却步。弗洛伊德认为，随着性层面的爱和亲密感逐步发展，青少年期可以是重塑与整合婴儿期性冲动、想法、情感和感受的时期。幼儿早年的养育质量决定了个体整合爱、柔情和性欲的能力。父母的涵容能力愈好，意味着儿童被理解得愈深刻，个体在青少年期的自我调节能力就会愈强。弗洛伊德（1905d）认为青少年期主要有三大任务：（1）确认性身份；（2）寻找性伴侣；（3）对性与亲密关系进行整合。

青少年期早期，青少年倾向于与同性交友，会与最好的同性朋友形成紧密关系。友情中的特殊感也可能伴随浪漫的感受和性方面的探索行为。青少年依恋朋友们时，也会担心家长说不定不希望自己长大、不想让自己体验性的愉悦，因而变得易怒和充满敌意，并拉开与家长的距离。性冲动勃发所伴随的情绪张力，有时会透过诸如吸毒、酒后驾车、违法乱纪等危险行为表达，作为攻击性的宣泄渠道——这当然在很大程度上挑战了家长、教师和警察的权威。生殖器欲望的涌动则可能以强迫性自慰、观看情色影片和其他破坏性成瘾行为的途径释放。某些青少年回避冲突，自我孤立，这导致他们面临抑郁、自杀危机、学业不佳或校园欺凌的风险。

治疗片段

一个 15 岁的女孩在与母亲和老师几番协商后仍拒绝重返校园，因而进入治疗。女孩向治疗师分享了鲜血淋漓的画作，仿佛是要治疗师感受痛苦带给她的重击。她开始编写故事。故事中的女孩有超能力，而老师质疑女孩的能力，于是女孩出手终结了老师的性命，然后面临民事赔偿和刑事起诉。来访者针对学校老师的攻击性驱力以谋杀幻想叙事的方式直接表达出来；反之，在家时，母亲与她的紧密关系压抑着驱力的表达，正因如此，来访者才无法回归校园。仰仗深度分析工作，我们和女孩才终于理解了愤怒的根源、将体验心智化，从而使她避免以病态的模式应对青少年期的压力。

小结

身为治疗师，我们要帮助家庭尽可能地保持稳定，即使是在面对孩子的敌意对立行为的时候。我们也要让孩子相信我们跟他是站在一边的。青少年可能表现叛逆，或表现过于顺从却又神神秘秘。他们有时候会暴怒、发脾气或透过冲动行为来宣泄不知道如何化解的内心冲突。投射是他们的防御机制——把自己的情绪问题归咎于他人。青少年倾向于见诸行动：无法解决的内在冲突会以行为表现反映在青少年与父母的外在关系中。我们要帮助父母和青少年思考冲突、取舍和协商妥协。当青少年吸收心智化功能，他们内部的结构之间便能发展出更大的灵活性。这样，青少年开始有能力审视自身作为，为此负责，为此懊悔，并做出改变。青少年渐渐降低自恋程度，变得能够为他人着想，考虑对方的处境和他人的观点。抑郁心位的收获让青少年对他人的状态更加敏感，怀有更多的感激之情，并想修复所毁坏的人、事、物。

14. 高中阶段：青少年期

安娜·玛丽亚·巴罗索

要了解青少年期，先要了解婴儿期性特质（infantile sexuality）。在关于生命早期的篇章中，我们介绍了口腔黏膜及其肌肉组织通过吸吮刺激寻求满足；肛门黏膜及其肌肉组织通过憋便和排便获得满足；生殖器意识（genital awareness）通过尿流、自慰和展示等刺激来表达。随着婴儿的发育阶段往前迈进，口腔、肛门和生殖器动欲区依次占据主导位置。青少年期的身体变化和焦虑将再次让青少年对动欲区唤起变得极其敏感；与各动欲区密切相关的客体关系，同样可能受到青少年期去稳定性力量（destabilizing force）的影响而产生动荡。如同青少年期给予早年人格结构配置重新调整的机会，本章将首先回顾抵达青少年期之前各个发展阶段的内容。

亚伯拉罕（Abraham，1953）扩展了弗洛伊德的看法，提出各阶段的主要动欲区与各阶段的客体关系组织阶段相呼应。克莱因（Klein，1935）超越弗洛伊德对于性欲对发展的影响的认识，借鉴亚伯拉罕的研究，并加入了自己的见解。克莱因认为，为了抵御指向客体的强烈攻击驱力，防御机制将客体分裂为好客体和坏客体。如此的分裂必然扰动早年关系的质量并影响未来人际关系的发展。青少年与婴儿相仿，同样以分裂机制应对内在张力，客体被拆分为理想化的"好"客体和迫害性的"坏"客体。当客体（关系）纳入自体时，自体也会经历分裂。倘若分裂和理想化的过程进展顺利，青少年便能逐渐整合自我和他人的好坏意象，依循照顾者呈现的外在现实，学习牺牲和延迟满足。美德通过遵从规则萌生，能力从竞争关系中得到激发，成长的自豪感从耐受匮乏中油然而生。

内在客体

以下提问能帮助我们思考青少年的内在客体、客体源起以及客体与自体的关系。

1. 主要动欲区为何？（口腔、肛门或生殖器）
2. 冲动性的客体对象为何？（完整客体或客体身体的一部分）
3. 冲动性的目的为何？（内化、留存、驱逐、毁灭、填充或清空？简而言之，可以被视为"吸纳"或"传递"两类目的。）
4. 冲动性的特质为何？（爱、破坏或矛盾）
5. 主体预期收获为何？（缓解痛苦、减轻焦虑、欲望满足、发展成长）
6. 客体要承接的后果为何？
7. 主体在多大程度上在意其客体的命运？

发展阶段

口欲期早期

婴儿完全依赖于母亲给予安全与滋养，他的体验是全然的满足或全然的不满足。满足和不适更迭的节奏会影响青少年期乐观－悲观特质的平衡。

口欲期晚期

婴儿既渴望又拒绝乳房，对乳房的爱与恨混杂贪婪、野心、慷慨、依赖和嫉妒，交织而成青少年期人际交往的特征。

肛欲－施虐阶段早期

主体对待外在世界中的客体的方式通常极其矛盾和不稳定——以理想

化粪物进行奖励，以全能性粪物进行摧毁。孩子遗粪后将内裤放到家长床上来表达对父母关系的愤怒，其后，孩子又极其恐惧坏客体对其肛门施以报复性攻击。冲动和焦虑两股纠缠的力量，决定了处于青少年期晚期的个体对待工作、生产力、考试和诚实的态度。

肛欲-施虐阶段晚期

主体视外在客体为供应对象，执着于其占有和留存。在青少年期晚期，我们可以注意到青少年对物质财产的在意、对人和物的控制，以及顽固和顺从间的冲突。

性器期早期到生殖期晚期

此阶段的重点是从完全投注于生殖器和双亲客体乱伦幻想及对其的矛盾心理，进展到化解内在冲突、发展爱人的能力以及欣赏他人的独特性。当个体在青少年期与同伴形成健康的人际关系时，相关能力便得到确立。

青少年期晚期

青少年期的主要任务是建立身份认同。认同经验（experience of identity）一方面来自对客体的认同，另一方面是对于自体的体验（Waddell，1998c），结构复杂。认同经验并非独立存在，它是内在和外在客体世界的前景，受制于心理和外在现实法则。换句话说，身份认同构建在关系之上，囊括部分自体（part of the self）的体验以及对客体的内摄性与投射性认同。身份认同感的重心点会持续移转。分裂过程造就了情绪不稳定性，家庭的涵容功能不复存在。青少年躲入同伴群体生活来排解这种糟糕的心理状态。从使用大量呆板的分裂机制的潜伏期过渡到充满流动性的青少年期，意味着潜伏期强迫、僵化又具分裂性的结构被完全打碎。青少年对于内在和外在现实，对于自体各部分好与坏、男与女、成人与婴儿的区分存在不确定性。他们要从精神失整合状态走向能够独立发挥功能的成人整合状态（Harris，1976）。

治疗过程中，来访者重新经历早期发展阶段的冲突，从口腔、肛门和性器兴奋前进至自体整合的生殖期，逐渐具备表达和满足对非乱伦客体的欲望。我们从哈里斯（1976）的著作中摘录了杰拉德（Gerald）和罗斯蒙德（Rosemund）的案例。该章节极具启迪性，我们推荐读者全文阅读。

青少年期的治疗片段：杰拉德

12岁男孩杰拉德，因抑郁和情感平淡来接受治疗。在学校，他是个听话且表现优异的孩子。他的聪颖能帮助他用言语做出解释，却无法帮助他从中汲取意义。他能连续完整地交流，但其中少了一种自发性，仿佛他的话经过精心编辑，裁剪掉所有杂乱无章或带有情感的内容。杰拉德理想化了他的言语输出，他能将话语传达给分析师，却无法用话语来理解自己。就象征意义而言，言语输出是粪便的传递，而不是在创造可以被爱、被理解的新生命。

杰拉德在逃避什么？进入分析治疗之后，他一直不想正视的对弟弟的复杂情感终于涌现。日常，他不断担心有不速之客会闯入他家破坏家具。他在梦境中看到了《仲夏夜之梦》（*A Midsummer Night's Dream*）这几个大字：他读得懂所有单词，但不明白这个标题的含义。幸运的是，他的另一个梦境揭示了他的核心冲突，帮助推动分析的进展。梦里，有位女孩正和一名年长的男人聊天。杰拉德迫切地想和她发生性关系，只是当他终于带着避孕套回来时，房里已空无一人。这个梦出现在一次周五的会谈之后，当天分析师让杰拉德多等了一会儿。杰拉德想象，如同每次会谈后的周末，分析师也是因为和丈夫相处才导致治疗的延宕。梦的元素贯穿了治疗室和父母的卧室，揭露了杰拉德想从伴侣关系中夺取母亲并以自身的青少年性能量占有母亲的希冀。分析双方共同解析梦境的过程中，杰拉德能够直视自己对父母双方的嫉妒和对父母伴侣的羡慕。

治疗后期，当杰拉德将近 18 岁并面临分析工作的尾声时，出现了另一个科幻场景的梦境。梦中，他和家人面临一场世界末日级别的大爆炸，而他的父亲在努力拯救整个家庭。杰拉德意识到父亲是能够并且愿意帮助他的存在，此时他已进入抑郁心位，能够认识和接受内心的感激之情：感谢父母的支持性角色，也感谢治疗师帮助他更了解自己。

青少年期晚期的治疗片段：罗斯蒙德

罗斯蒙德 18 岁，即将上大学。从装扮来看，与其说她是青少年学生，不如说她更像是青春少女；高中最后一年，她邂逅了一位已经订婚的音乐家，并经历了短暂的夏季恋情。上述特征反映了罗斯蒙德的假性成熟。她贪婪地想占有捉摸不定的男人，而男人终究选择待在未婚妻身边。爱情落空，罗斯蒙德断绝与朋友的关系并出现厌食症状。哈里斯在书中报告了奠定治疗过程和揭示青少年期晚期少女内心世界的梦境。在一个梦中，罗斯蒙德教会后院的一只猫说话，受到众人激赏；另一个梦里，她兴奋地拉升飞机却又担心机尾失重下坠；最后，她梦见自己的诗歌作品获奖，颁奖人是一名年长的男性，但她不确定自己作品的作者。从上述梦境中可以看到，罗斯蒙德在全能幻想和冒牌担忧间摆荡。这三个梦的地形结构十分重要。罗斯蒙德认为猫代表婴儿，而猫身处后院；飞机可能从尾端坠毁；她的文学才华受到自我怀疑的攻击，然而她终究是被切实肯定的。

人际关系最早的参照点是母亲和婴儿身体的亲密接触，母婴关系提供了心智发展的环境和素材。我们通过观察梦境主干尝试确定来访者的内在冲突存在于哪个发展阶段。罗斯蒙德把猫看成自己的孩子，而后院意指梦者的后部通道——臀部，点出肛欲期冲突。关于飞机的梦代表的是她对飞行员父亲的依恋，也显示出她对父亲的生殖期爱（genital love）与尾部坠毁的自恋恐惧之间的困惑。第三个梦中，她能组合词语，评估自我价值，并承认自己缺乏安全感。做前两个梦时，罗斯蒙德还处于发展早期阶段；到了第三个梦，她的心境已然变得宽阔，可以用言语表达对父母关系的重视。停止与音乐家来往后，罗斯蒙德开始对弟弟怀有羡慕和嫉妒的心情。她记得弟弟的出生引发了她的难治性肠炎，但她一直没有意识到内在嫉羡的情绪。罗斯蒙德从这种联系以及后续的梦境分析中认识到自己内在婴儿部分的贪婪和破坏性，也对厌食症状有了新的洞见。

小结

青少年的任务是定义自我，建立"我之于世界"的自我意识，并放下对外部客体的依赖和依恋。青少年期晚期的分离难题在于如何安然度过错综复杂的群体生活。体验丧失和哀悼的能力能释放心智空间，让个体整合好与坏、团体与个体的经验，放下对自我、他人和幻想关系的贬低与理想化，转而追求真实状态，并奠定个体建立深刻关系的能力。这一切都考验着个体哀悼、感受悔恨、承担责任和体验内疚与感恩的能力。无论是美好还是不甚愉悦的经验，个体的应对方式都回归到投射和内摄过程的平衡上。实现自我认识与感恩之心需要努力和耐心。在投射被接收并被转化为可承受和有意义的状态的过程中，个体也逐渐趋向成熟。比昂（Bion，1962）认为内摄是学习的基础，个体在此基础上进一步拓展并达到更高层次的抽象思考。学习关乎为自己负责、从好与坏的经历中学习、与他人建立联结并理解经验的意义。在建立稳固而柔韧的身份认同的道路上，个体势必经历丧失。哀悼的能力、体验经历的开放心态，是精神世界安然度过从童年到成年的各种生理、情感、心理和性的变化的必要元素，也是青少年期的发展目标。

第三部分

关于儿童期的精神分析理论

15. 婴儿期：母婴关系

安娜贝拉·布罗斯特拉

婴儿部分（the infantile）持续存活在儿童或青少年来访者的内在和心智世界中。它在治疗中以移情反应现身，我们则通过相应的反移情感受和幻想去发现它的存在。母婴互动研究也能让我们窥见母婴关系中的婴儿元素，婴儿观察研讨班的深度反思则有助于我们理解婴儿元素如何在儿童和青少年（甚至成年）来访者身上展现。观察婴儿如何体验母亲的哺育、咕哝、凝视、环抱、对待和思量，仿佛是目睹精神分析发展理论在我们眼前构建成型的历程。

婴儿是父母的独特结合及其自恋的体现。卓越非凡和被爱的幻想在抚育可爱的宝宝时俨然成为现实。弗洛伊德（Freud, 1914c）以"婴儿陛下（His Majesty, the baby）"称呼享受身处核心地位、备受宠爱又颐指气使的婴儿。家庭围绕婴儿的需求生活，其乐融融地看着婴儿的反应和成长；爱与呵护同时有助于婴儿自我意识的发展。作为家庭的一员，婴儿不仅携带着父母的基因，还通过投射性认同和内摄性认同机制，在与意识和潜意识的内在客体关系的互动中表征着家长身上的各个部分。养育婴儿并不全然充满愉悦和怜爱。婴儿会通过肢体动作、黏人、撇头、哭喊尖叫等方式明确表达自己的饥饿、愤怒、悲伤和不满。在照顾婴儿的过程中，这些浓烈的情感可能会再度诱发父母自身的早年焦虑。

婴儿观察同样会唤起我们内在的强烈焦虑感。作为心理健康专业人员，我们借由自我审视来观察自己认同和不认同婴儿的地方。我们仔细观察家长与婴儿的互动——家长说了什么、怎么说的，以及透过触碰、眼神和声音向婴儿传递了哪些信息。尤其重要的是，家长如何描述自己的孩子，如何标记孩子的感受和行为，从而镜映孩子对自我的意识。

两种类型的母亲

类型一

一位 35 岁的离异女性最近搬到了巴拿马，她内心还有些不成熟，但她已是一位通过试管技术产下一对双胞胎女儿的全职母亲。从她注视孩子的方式和她朝共用婴儿床上的女儿们说话的轻快语调，我们感受到她拥有孩子的喜悦。我们也注意到摇篮里的女婴嘴里含着硕大的奶嘴——似乎是为了让她们保持安静。她们头上扎着大大的蝴蝶结，仿佛在昭告世界这对双胞胎是女孩，别搞错了。蝴蝶结一个粉色、一个蓝色，可能单纯是她辨识两个孩子的方式，也可能是在表达没有生儿子的失望。总之，装饰品看起来占据了比孩子们更多的空间，像是为了让孩子们看起来更加可爱，并让她们保持安静。比起倾听和了解婴儿的自我，朝着孩子们说话对这位母亲来说似乎更为重要。整体而言，她眼中有孩子，看到两个女儿似乎满足了她的愿望。

接着，我们听到这位妈妈说："你们好啊，两只带尾巴的小虾仁儿！谁让你们一起钻进婴儿床的？"她说话的语气透露着拥有孩子的喜悦，但她的话听起来像是在说，两个女儿出现在婴儿床里是淘气的行为。我们不禁思忖，母亲评判婴儿的自然行为的背后，是否认为自己一瞬间且一口气成为两个孩子的母亲有点"犯规（naughty）"。女儿们是带尾虾仁的意象，让我们感觉有些冰冷，不像小鸡、小狗或小猫那样毛茸茸、软绵绵的。虾仁的形态更像胚胎而不是婴儿，其尾部有鳞，形状带有更浓厚的雄性意味。

类型二

另一位同龄母亲也十分关注她的双胞胎孩子。她询问孩子们的需要，

"你们饿了吗？玩得开心吗？"，而不是判定她们的需求。她轮流交替地直视孩子们，让孩子摸摸她的脸和头发（妈妈的脸是孩子的第一件玩具），唤起她们的参与感。轻声询问婴儿"怎么了？发生了什么？"等问题，能引领婴儿思考身处世界中和自我存在的体验。这位母亲向两个婴儿投注大量的爱和分别的关注，勾起她们与妈妈联结的渴望。

理论背景

弗洛伊德

弗洛伊德的力比多理论是这样的：推动发展的本能源于性能量（被称为力比多），而性能量来自动欲区的刺激（Freud，1905d）。弗洛伊德所称的"本能"更适合翻译为"驱力（drive）"，驱力的目标是寻求满足（gratification）。内在需求带有张力，婴儿寻觅乳房来减缓张力，回归静息状态；这一过程不断重复，以保持稳态（homeostasis）。有时候，婴儿会退回自体内部，生动地想象所有的需求都已被满足，或者想象那些需求其实根本没受到触发。攻击性本能伴随性本能存在，其目的并非享乐，而是为了生存而战，因此被称为自我保存本能（self-preservative instinct）。后来，这两类本能均被归为"生本能"，与"死本能"相对。

首先是口腔黏膜占主导地位的口欲期。口腔是婴儿体验世界的途径，在此阶段，母婴之间全然没有分化。其次是开始进行如厕训练的肛欲期，愉悦感集中来自肛门部位。孩子学会说"不"，学会区分自己的意愿和父母的意愿。力比多在下一个阶段移动到生殖器区域，这个阶段被称为"性器－自恋期"。顾名思义，此阶段的快感来自生殖器区域，孩子更加独立于父母，开始坚持以自己的方式行事。这也是俄狄浦斯期的起始。婴儿开始意识到母婴关系受到第三人的侵扰——父亲侵入自己与妈妈的二人世界，同时又感觉自己被排除在父母的特殊纽带之外。孩子体验到强烈的带着占有欲的爱和竞争心理。父母一方被视为竞争对手，孩子萌发的恨引出想要消灭该对手的愿望，而愿望带来被报复的恐惧——无论男女，这种恐惧的体验即为阉割焦虑。两性解剖学的差异意味着：对女孩来说，阉割已然发生，自己既不如父亲一样拥有阴茎，也不似母亲一样拥有乳房；男孩则恐惧父亲会在盛怒之下阉割自己。一旦进入潜伏期，自我的发展将压抑所有原始性欲和攻击性，让孩子将精力集中于学习，养成勤奋工作的习惯。到了青少年期，激素骤升会增强生殖器的体验，而个体将再次应对俄狄浦斯阶段的挑战。

埃里克森对性心理阶段的背景分析

儿童尝试克服特定阶段的挑战时，可能会出现固着（fixation）和退行（regression）。例如，在口欲期，儿童的任务是建立信任，否则会固着在阶段任务中，陷入信任和不信任的两难困境。在肛欲期，阶段挑战在于忍耐和释放，而孩子要根据父母的指引，视情况憋住或排放粪便和尿液。在性器期，孩子若无法感到被欣赏，就会受困于羞愧之中。在俄狄浦斯阶段，孩子会对父母和异性同龄人产生强烈的恨、爱、竞争欲、焦虑以及阉割和死亡恐惧。能否迎刃解决俄狄浦斯期的冲突及其在青少年期的重现，决定了个体成年期的性格结构和人际关系方面的能力。成年期的任务是自由地给予和接受爱。从埃里克森的观点出发，我们转向客体关系的视角。客体关系理论认为，驱力的目的是从出生开始就建立对客体的依恋，过去20年的神经精神分析研究亦证实了寻求客体的驱力（object-seeking drive）的存在。

埃斯特·比克：婴儿成长过程中的皮肤体验

肌肤接触是婴儿发展中不可或缺的一环。父母借由自身的皮肤帮助婴儿发展对于皮肤边界的感知（Bick，1968）。奶水的气味和乳头作为联结母亲以及母亲的抱持的原初客体，能为婴儿创造美好的抱持体验。婴儿通过这种体验进行认同并将之内化为自我抱持的能力。皮肤的这种内在功能是否成功，取决于对外在涵容性客体的内摄。倘若成功，皮肤则具备凝聚婴儿未发展的自体的各个部分的功能。当婴儿与母亲摸索和把玩隔开两人的细微空隙，婴儿在该层皮肤内便逐渐发展出自体内在空间的概念。如果母亲功能不足或当婴儿的攻击成功降低了母性功能，假性独立便会取代依赖，长出所谓的第二层皮肤（次级皮肤）。在更大的孩子或成人身上，次级皮肤在移情中表现为分离议题。

比克的案例

案例中的母亲无法与孩子亲近。她不断激惹婴儿，而当婴儿做出肢体反应、拍打自己的脑袋时，她反而责怪婴儿的行为。母亲戏称婴儿为"拳击手"，婴儿用亢奋和反击来抵御被母亲攻击的感受。防御原是母婴相互构建的，然而在此戏称中，它被固化为婴儿的身份认同。次级皮肤在此案例中呈现为婴儿的肌肉紧张和多动，用于抵御丧失好妈妈的可怕体验（Bick，1968）。

长时间受到忽视的婴儿可能通过僵化躯体来保全自己。次级皮肤不仅会增加未来皮肤形成的难度，也是肢体动作混乱和心理功能碎片化的成因。在移情中，来访者多动、肌肉僵硬和心理功能分裂的表现便是移情中次级皮肤的痕迹，反映了背后的依赖和分离的情感问题。

治疗片段：如何在成人分析中触及患者的婴儿部分

一位患有厌食症的成年女性前来接受评估。出乎治疗师的意料，患者以一种类似于"头先身后"的方式进入治疗室，仿佛她的头和身体不是一体的。从小，母亲就会批评她的身材和体重，过多干涉她的生活。后来，她成为三个孩子的母亲，每次产后减重的努力让她最终患上厌食症。在治疗中，她能够遵循框架，稳定出席，唯独无法与治疗师建立联结。每当治疗师提出诠释，患者就会转头看向墙壁。这个反应让治疗师想起婴儿观察中撇头拒绝母乳的婴儿。识别出来访者行为中的婴儿部分，治疗师知道自己必须先针对来访者的信任感缺失进行工作，重新审视患者对母性客体的依赖和排斥，并建立治疗联盟。这样，患者才能放心地聆听治疗师的想法，接受治疗师的诠释性评论，并最终恢复健康的体重。

子宫在婴儿出生前提供抱持功能，自动满足所有需求。出生后，依恋系统会驱使受惊吓或孤独的孩子亲近依恋对象，寻求他们的保护和安慰，让他们帮助自己调节恐惧和烦乱。当婴儿或儿童内化调节功能后，他们就可以自由地探索世界。反之，关系的扭曲会干扰安全感的内化。只要依恋对象不在身边，孩子就无法自由地产生好奇心，无法在安全距离内自由地行动探索。婴儿需要将依恋对象的意象吸纳为内在依恋客体，以支持其未来的人际关系发展。

在研究设置中，研究者使用陌生情境系统性地观察重聚行为，以此衡量婴儿的依恋安全感。阿里埃塔·斯莱德（Arietta Slade，2008）指出，我们也可以在临床环境中观察眼前来访者的依恋风格或依恋障碍。儿童或成人前来就诊时需要面对陌生的治疗师，而首节治疗就如同自然发生的陌生情境测试。比方说，我们在前15分钟先与孩子和家长工作，接着请家长离开，并请她在咨询结束前15分钟返回治疗室（如果孩子需要也可以提前回来）。在这个过程中，我们观察孩子如何与家长分离和重聚，孩子如何接触或回避我们，以及如何与我们重聚。我们可以看到亲近寻求、亲子交流和恐惧调节的模式，以及分离前后孩子在游戏中是寻求安慰还是大胆冒险。我们想要了解依恋类型，更想确认依恋质量，并随之制订更细致入微的治疗方法。

16. 依恋

贾妮娜·万拉斯

依恋理论能如何帮助我们与年幼儿童开展临床工作？依恋在临床情境下是关系问题，也就是说，我们总是在思考儿童与其周围的依恋对象间的关系。我们在治疗过程中直接与儿童和家长工作，就是希望建立、加强或修补关系纽带。

那么，何谓依恋？依恋是关键发展任务，在婴幼儿阶段尤其重要。它也是发展途径，因为依恋阶段会决定往后的自体发展以及个体对自我的感知。我们借助依恋研究认识情绪状态、情绪调节和情感联系。纵然情绪失调成因众多，依恋议题依旧是其核心。依恋影响着成年后的同伴关系、亲密关系，影响人际关系的内在表征，也影响我们的心理状态。

父母自身的依恋史是影响儿童依恋风格的重要因素。成长在不安全或混乱的依恋背景下的父母，极有可能以同类依恋模式对待自己的孩子。当然，并非所有童年坎坷的父母都会经历依恋困难，但这毕竟是主要风险因素。我们鼓励父母寻求治疗，改善源自童年的议题。其他风险因素包含影响父母与子女互动的抑郁症、药物滥用、极度焦虑或创伤。孩子自身的风险因素包括早产、高需求气质以及疾病等。设想一下早产儿的家长会如何担忧孩子的生存和潜在发育问题。家庭中的风险因素包括持续带给家庭系统压力的伴侣关系问题、兄弟姐妹死亡、失业和长期贫困等。造成不安全依恋的最大风险因素是家庭成员对儿童的忽视、身体虐待和性侵害。儿童中遭受不当对待的最大群体是1岁以下的幼儿。另一个风险因素是频繁更换照顾者，如寄养儿童频繁转换安置机构或不断更换保姆。这与儿童在一天内的不同时间段由父母、托儿所和保姆分别照顾不同，后者拥有稳定的日常环境和稳定的照顾者群。

许多研究者探讨了依恋之于儿童发展的作用并试图识别其中的风险因素。鲍尔比（Bowlby，1988）认为孩子需要"安全基地"。儿童内化照顾者与自己的关系质量，发展出所谓的内在工作模型（internal working model）。当照顾方式发生变化，孩子会抗议，并寻求接触。当联结重新建立，孩子自然地得到安抚。假如联结的需求没能得到回应，婴儿便会陷入绝望，最终进入情感疏离（detachment）的状态。玛丽·安斯沃思（Mary Ainsworth）设计了名为"陌生情境（Strange Situation）"的研究范式（Ainsworth et al.，1978），以探究和观察婴儿与母亲分离及重聚时的状态。

安全依恋型婴儿在分离时会哭闹和寻找母亲，但与母亲重聚时能够被安抚，稳定情绪，并继续玩耍。

不安全依恋型婴儿在恐惧时以行为回应和组织自我，分为两类：回避型和矛盾-抗拒型（Ainsworth et al，1978；Ainsworth & Solomon，1987）（见表 16.1）。

表 16.1 依恋类型

安全型	分离时表现出痛苦和不适
	照顾者返回时寻求接触
	容易安抚，重新开始探索环境
不安全-回避型	分离时无明显不适
	照顾者返回时回避接触
	情感表现拘束
不安全-矛盾/抗拒型	分离时明显表现出痛苦和不适
	照顾者返回时寻求接触
	不易安抚，持续烦躁和黏人

资料来源：Janine Wanlass © 2023

不安全依恋：回避型

不安全依恋类型中的回避型婴儿鲜少外显地展现出不适，但你可以注意到婴儿将注意力集中在某个物体（比如玩具）上，以努力地维持稳定。研究者发现，回避型婴儿此时的测量心率上升，这说明婴儿处于恐惧状态。当母亲返回时，安全型依恋的婴儿会呜咽着要求妈妈抱起自己，而回避型婴儿的情感表达则较为拘束，即使注意到母亲也不急于重新建立联系。回避型婴儿学到的是要照顾好自己，让妈妈感觉不到他的需要，这样妈妈才会待在他身边。

不安全依恋：矛盾－抗拒型

婴儿在母亲离开房间时会明显地感到不安、焦躁，并四处移动。与母亲分离时，这类婴儿的表现看起来与安全型依恋的婴儿无异；不过两者的表现在与母亲重聚时则大相径庭。当母亲抱起安全型婴儿，婴儿会很快安静下来，并继续玩玩具。矛盾－抗拒型婴儿即使被妈妈抱起，也会继续大吵大闹。抵抗型婴儿学到的是，要通过不停地闹脾气，让妈妈不断抱起自己、不断安慰自己，从而维持依恋关系。

研究者将这两类不安全依恋风格称为"有组织型（organized）"，因为婴儿一贯地应用两者之一的策略来让自己回到母亲提供的安全基地。

不安全依恋（有组织型）：行为表现

此类婴儿普遍存在睡眠、喂养、情绪调节和自我安慰的困难，他们不擅长回应环境变化，因此过渡期对他们来说极具挑战。照顾者普遍认为他们较难养育。他们要么"过度提示"自身需要，非常黏人且索取不断；要么"缺乏提示"，退缩到与环境脱节的地步。年龄稍长的儿童表现出焦虑、缺乏灵活性以及应对能力和冲动控制能力薄弱。青少年则难以形成自我意识和身份认同，有分离和个体化的议题，罹患抑郁症和焦虑症的概率较同龄人高。青少年期本来就已经充满挑战，对于没能在安全依恋模式起跑的孩子来说，这个成长阶段要更为艰辛。

混乱型依恋

当有组织型依恋策略崩溃，儿童丧失满足需求的稳定策略时，就会发展出混乱型依恋。混乱型婴儿十分害怕身为施虐源的照顾者或害怕过于脆弱的家长无力照顾自己。在陌生情境实验的重聚环节，他们会出现不知道该靠近还是远离家长的奇怪反应。婴儿可能会爬向父母，然后蜷曲在地或转头爬向墙边，也可能原地木僵不动。近距离观察之下，婴儿可能带着茫然或惊恐的面部表情（Hesse & Main，1999；Main & Hesse，1990）。

混乱型依恋：行为表现

当儿童竭尽办法却无法在与照料者的相处中满足自己的需求时，就会陷入一种赫西（Hesse）和梅因（Main）所谓的"无解战斗（fight without solution）"的心态中（Hesse & Main，1999，p.484）。他们可能以木僵和趋近或回避的反应来应对恐惧和愤怒情境；或可能因为过度警惕，需要不断扫描周围环境、寻找潜在威胁源，而对其适龄性的从属关系和探索活动造成妨碍；或可能会爬向任何对他们表现出亲和力的人，却不是特别亲近照顾者。他们的身体完整感、自我内聚力和情绪调节能力都会受到影响。儿童和青少年会出现解离，并将对自体和他人的体验垂直分裂为非好即坏。我们还观察到焦虑、抑郁、注意缺陷/多动障碍、身份认同混乱的问题，各类儿童心理疾病风险增加，青少年期甚至可能出现边缘型人格和药物滥用现象（Main & Hesse，1990）。

许多与幼儿工作的临床专业人员对这些依恋分类进行了批判。泽纳（Zeanah，2000）和"从零到三（Zero to Three）"团队尝试用不同视角思考依恋分类，认为依恋困难存在于以中断（disruption）、扭曲（distortion）和无依恋（non-attachment）三类别划分的连续体上。无依恋指的是因为照顾者不断变动等情况，儿童缺乏可认同的依恋对象，无法形成重要关系纽带。泽纳（2000）注意到，家庭暴力或忽视会扭曲儿童的安全基地，引发自我危害、黏人和探索抑制、警惕威胁、为回避威胁而屈从，以及角色逆转（由婴儿来照顾父母）等典型行为。位于连续体中较不严重的一端的儿童拥有安全依恋关系的基础，但可能因为家长生病、部队派驻海外或其他原因而经历分离危机。相比之下，由于这些儿童拥有可靠的依恋对象，依恋中断带来的干扰也较为容易修复。

治疗片段一：经历早年丧失的青少年症状

一个婴儿刚刚满月时，他的父母离婚了，其中一方自此从婴儿的生活中消失。假设父母都善待孩子，亲子两方有着安全依恋关系。失去一位家长本就是重大丧失，而当另一方因悲痛而减少对孩子的情感投入时，孩子的丧失体验便越发明显。如果留下的家长把婴儿视为离去配偶的替代者而过分与婴儿融合，那又是另一个叠加的问题。伴随离婚而至的难题因家庭情况而异，但其中的共同点在于，不仅是这个家丧失了离去的一方，婴儿同时也丧失了一部分的自己。有些家庭将离开的人视为坏人，这可能令婴儿也产生不好的感受；有些家庭给予婴儿足够的支持和爱，让婴儿即使经历父母离异也能良好发展。这个案例中，母亲在很早离婚后变得抑郁。当年的婴儿如今已经 17 岁，他不愿意上学，不想和妈妈分开，也不想以任何形式预示自己最终会离开家的现实。他可能担心母亲会像婚姻破裂时那样崩溃。他可能觉得自己是母亲的伴侣，离开母亲就如同父亲抛弃她，让她自顾自生活。早期的依恋和丧失议题会在青少年期或成年后以症状呈现（Delker et al., 2018）。幸运的是，这名青少年在治疗中表现出合作态度，我们因此有机会重新审视他的早年创伤，以及创伤如何影响他、母亲以及母子间的关系。

治疗片段二：混乱型依恋

迈克尔一出生就被一对夫妇收养，是他们唯一的孩子。他们很高兴迈克尔加入这个家庭，也待他很好。在迈克尔约 7 个月大时，这对夫妻的婚姻开始出现摩擦，随后母亲有了外遇。由于母亲的情人与日托机构发生争执，这个情况被报告给社会服务部门。由于收养关系尚未确定，收养机构便先将孩子从养父母身边带走另行安置。养父母完全无法与迈克尔联系，而 7 个月大的迈克尔经历了多次安置转移。等待新的收养家庭期间，机构工作人员还会偶尔把他带回家照顾一两个晚上。这一连串糟糕的决定意味着迈克尔遇到了一系列不同的照顾者。他不快乐、难以安抚和难以入睡的情况似乎在试图表达："我想念爸爸妈妈了！"在他终于放弃希望后，这股躁动也让步给严重的抑郁状态。

迈克尔终于进入新的收养家庭时，他的情感已经变得相当淡漠。他不会提示他的新父母来抱他。他的耳朵因感染而疼痛，但他也毫无特殊反应（新父母事后才发现）。当家长带迈克尔接受评估时，迈克尔与评估员的互动几乎与相处了 5 个月的新父母无异。评估员注意到迈克尔在游戏中鲜少寻求帮助，好像知道没有人会帮他，所以最好自己照顾好自己。尽管迈克尔的养父母充满爱心且细心，但在评估过程中，迈克尔靠近陌生的评估员的概率和走向养父母的概率相当。迈克尔很少表达不适，但一旦烦躁起来就会很难安抚。养父说："迈克尔看我的眼神好像在说：'哦，你们是现在照顾我的人。'失去第一对养父母对他来说就像死亡一样。他凭什么要指望这次会有什么不同？"

结果

评估人员建议进行亲子心理治疗,透过家庭游戏治疗促进亲子联结,同时搭配亲职指导以帮助家长回应无法自主表达需求、痛苦和感受的孩子。迈克尔和新的养父母对治疗回应良好,现在迈克尔明确视他们为自己的父母亲。若缺乏密集治疗的干预,成就目前的亲子关系的概率微乎其微(Goldsmith et al., 2004)。

17. 比昂：涵容

戴维·沙夫

比昂（1962，1970）提出了许多前沿理论。在对于母婴关系和心理治疗的理解中，他的"涵容"概念尤为突出。让我们先在非常经典且重新定向精神分析领域的英国客体关系思想的脉络下，展开介绍比昂备受推崇的这一概念。英国传统客体关系学派，特别是费尔贝恩（1952）和克莱因（1946，1952）两人，认为婴儿发展是以关系建立为导向的。费尔贝恩认为婴儿会吸收对周围人物的体验，将其以内在客体的形式保存，以帮助自己控制和管理不愉快的情绪。此历程也是心智组织的过程。其后，婴儿会将内在客体再投射到外部，看看内在客体结构是与外部相匹配还是有所不同。如同自我会压抑不愉快的客体，将其投射给他人来寻求理解，内在世界也不仅是与外部世界相连，自体内部的各个客体也彼此关联，处于持续动态的关系中。克莱因（1946）以投射性认同和内摄性认同来说明母亲与婴儿分别接收并认同对方的投射，循环进行潜意识交流。有意识的沟通承载着潜意识的交流。举例来说，当婴儿心心念念的母亲终于外出归来时，碍于不知道如何表达思念，婴儿不但没有热情地迎向母亲，反而像是索求精神赔偿一般地回应母亲。母亲能读懂婴儿难过的非言语表达，去回应婴儿在自己离开期间经历的被拒绝和想念的体验。

由此，我们联系上比昂的涵容概念。母亲运用涵容功能接收、认同婴儿不成熟的体验，并通过对婴儿体验的认同来理解孩子的心智状态并回应他的需求。婴儿通过各种交流形式表达对关系的渴望和躯体的不适体验。他把未经处理的原始体验放置在母亲的心智世界中，既是希望与母亲建立关系，也是因为他需要家长的心智来帮助自己的心智变得成熟。母亲借由潜意识梦境般的遐思，在潜意识过程接收、认同、转化和加工后以一种可管理、可思考的形式将体验返还给孩子。比昂将此称为阿尔法过程（alpha process）。孩子心智中未经处理的元素则是被涵容（contained）的元素或贝塔元素（beta elements）。涵容（α 功能）是母亲心智世界的转化功能，将未经处理的经验碎片（β 元素）转化为可思考的形态，将不可思考的经验转化为可思考的经验，再喂给婴儿的心智世界。母亲的成熟心智是培养孩子心智的容器。容器功能，在于母亲尝试各式各样的回应、坚持不懈地猜测，直到猜对，直到婴儿放松；也在于母亲调整语气和身体去回应婴儿对于喂食、清洁、温暖和被紧紧抱住的需求。因此，转化不只关乎调节不适感受，也体现在母亲与孩子躲猫猫、堆积木等享受玩耍的过程中。交流从未间断，母婴双方都在努力寻找共同的节奏。母亲努力理解孩子，而她与孩子心智的互动也会让年幼的心智逐渐趋向成熟。

有时候母亲可能因为疾病或抑郁而情感缺席，无法稳定一致地涵容婴儿。尽管孩子会竭力善用资源，但依恋关系毕竟会受到影响，婴儿可能将需求反转，去照顾母亲或者退缩进入自我照顾状态。若是被遗弃，毫无稳定母爱涵容的婴儿甚至可能陷入成长迟缓的危机中。同理，有物理性存在却无涵容功能的母亲也让婴儿感到煎熬。如果母亲总是粗暴地拒绝婴儿，婴儿会将其内摄为拒绝性和迫害性客体，并加深被拒绝的内在预设值。

温尼科特（1960）的观点与比昂相关，但不尽相同。温尼科特认为婴儿有被抱持的需求。他所设想的是母亲双臂环抱婴儿，透过身体联结提供保证婴儿安全的必要环境。在此环境中，母亲得以涵容孩子。

治疗中，治疗师也在提供涵容。治疗师接纳病人的痛苦、困惑和受伤，在治疗遐想中对其进行加工，然后以可处理的形式将其还给婴儿。治疗的工作之一就是涵容。除了有意识地接收外，更重要的是通过潜意识的投射性和内摄性认同，理解来访者的沟通。

18. 温尼科特：抱持、照料和精神－躯体伴侣关系

约兰达·瓦莱拉

何谓婴儿能茁壮成长的好环境（good environment）？温尼科特说："每个人的发展过程中，心智都有一个（或许是最重要的）根基，那就是根植于自体核心的对于完美环境的需求"（1949，p. 246）。然而完美是不可能实现的理想。温尼科特还认为，婴儿要长大成人，只需要一个足够好的母亲。母亲日常足够好的照料细节使婴儿能够实现"精神安住于躯体（psychic dwelling in the soma）"，温尼科特称之为个人化（personalization；p. 245）。婴儿在这些经验中认识到身体即为自己，也认识到自我意识存在于身体中心。

起初，好环境是物理性的：子宫之于胎儿，怀抱之于婴儿。随着发育进行，好环境逐渐涉及情感、心理和社会方面。所谓坏环境（bad environment）的坏在于它无法适应婴儿的需求，反而成为婴儿不得不回应的冲击。这导致婴儿的心智和躯体分裂，丧失自我与身体的联结，发生所谓的去个人化（depersonalization；Abram，1996，p.197）。我们可以说精神疾病是发展环境缺陷性疾病（Winnicott，1945）。

温尼科特（1949）使用精神（psyche）一词来描述人对躯体各部分（somatic parts）、感受和功能的精心想象之创作（imaginative elaboration），也可以说是对幻想、现实和自体的创作。解离（dissociation）则是描述在理性功能层面，个体感觉心智实体（mind as an entity）并不是自我意识的一部分（Abram，1996，pp. 263-264）。在发展的最初，躯体和精神没有区别，精神是在身体生命性（physical aliveness）上对躯体各部分、感受和功能的创造性阐

释。到了发展早期阶段，精神和躯体之间开始相互关联——即所谓的精神－躯体伴侣关系（psychosomatic partnership）。在后期阶段，个体认为这副有局限、有内外之分的生之身体（live body）乃形成想象性自体的核心。

温尼科特（1949）认为，健康的早年发展必然涉及存在连续性（continuity of being），它也是稳固自我意识和信任他人的必要元素。新成型的精神－躯体伴侣关系需要一个能适应它们需求的"完美环境"，只要存在连续性没受到干扰，精神－躯体就会沿着发展路线前进。反之，存在连续性中断会引发毁灭恐惧，使婴儿焦虑并对环境冲击产生"反应性（reactive）"回应。要修复持续存在感，需要敏锐和敏感的母性呵护。

为了回应婴儿的不适和对环境的依赖，平凡的好母亲借由比昂（Bion，1967）所称的遐思，通过认同和对情感体验进行心智加工来共情与理解婴儿的需求，发展出能积极适应婴儿需求的调节能力。抱持能力在此阶段也极为关键。回到温尼科特的理论，抱持的功能性概念包括：保护婴儿免受生理伤害；顾及婴儿的皮肤敏感性；理解到婴儿不知道除了自己以外的其他任何事物的存在；整体的日常照顾习惯；关注婴儿生理与心理层面每分每秒的成长和发展变化（Winnicott，1965，p. 49）。

平凡的好母亲已经足够好。她不仅能满足婴儿的本能冲动（instinctual impulse），也能满足婴儿所有最原初的自我需求（ego need）。拥有足够好的母亲的婴儿能通过心智活动来弥补母亲的不足，将足够好的环境转化为完美的环境，相当于把母亲相对失败的养育回应转化为成功的调适。

婴儿逐渐整合与理解客体母亲和环境母亲，母亲也逐渐放下需要成为近乎完美的母亲的自我要求。足够好的母亲会尽可能维系婴儿世界的单纯性，尽量避免带给婴儿超出他适应能力范围的体验。

时间、空间和精神－躯体

温尼科特的精神－躯体伴侣关系概念源自斯科特（Scott，1955）关于身体意象和图式（schema）的文章的启发。斯科特引用了康德（Kant）和黑德（Head）对于图式的定义。"图式是个人身体在空间和时间上持续变化的'可塑模型（plastic model）'"（Kant，1787）；海德和霍姆斯认为"图式是意象和行动间的第三类状态，具有连续性（continuity）而非毗邻性（contiguity）"（Head & Holmes，1911）。斯科特根据上述观点将图式区分为时间和空间两个维度。温尼科特则在斯科特的基础上，进一步论述了个体对身体的感知与体验如何随着时间的推移，以及身体所处空间的变化而不断转变。

出生前，孩子由子宫自主抱持和滋养，这个环境基本为全生理环境。出生后的发展初期，躯体和精神具一体性。我们可以把精神理解为一种创造性阐释，是对身体具生命性的躯体部分、感受和功能的创作。渐渐地，环境纳入情感、心理和社会元素。当婴儿开始能够相对独立地控制身体机能，母婴间的精神－躯体伴侣关系就从生理转向以心理为主。精神和躯体也在此时开始相互关联，只要存在（being）维持其连续性，精神－躯体就会沿着发展路线持续前进。然后，生之身体在其局限和边界内成为想象性自体的核心。

适应性环境

精神－躯体关系势必需要助益性环境才能健康发展，也就是一个能够适应刚萌芽的精神－躯体关系的需求并且不至于中断存在连续性的环境。温尼科特相信，存在连续性是早年健康发展的必要因素。不是婴儿适应母亲，而是由母亲适应婴儿的喂养需求和睡眠模式。诚然，疏忽或消极照顾的情况确实存在，但有时没有受到虐待的婴儿也会在某些更微妙的层面上——比如环境未能共情性地关注和适应婴儿的需要——认为自己身处坏的生长环境中。非适应性环境会促发婴儿的反应并扰乱其存在连续性。而在头几个月中，如果婴儿处在足够好的环境条件之下，通过令其满足的互动，伴随着原初幻想的、令人满足的身体联结便会逐渐产生。

温尼科特认为足够好的母亲是能供养孩子健康成长的必要环境。什么是足够好的母亲？当平凡的母亲通过内摄性认同适应婴儿的需求，满足婴儿的基本驱力和最原初的自我需求，她即为足够好的母亲。她无须完美，只需要足够好：因为她足够可靠、足够全心全意地陪伴在婴儿身边。假若她因为疲惫而睡去或因为处理另一个孩子的危急状况而偶尔需要让婴儿等待不至于过长的时间，婴儿可以运用心智活动，可以依靠以前的满足经验，透过母亲的意象来适应与耐受母亲偶尔的微小不足和照顾的延迟。追求完美的母亲的婴儿没有机会练习耐受，结果每一次非预期的养育适应缺失反而成为创伤。

有些母亲真的试图做到尽善尽美。但在照料婴儿的历程中，完美是不可能实现的幻想。然而，有些母亲或祖母会被完美幻想所控制，而照顾者的强迫性焦虑对婴儿也是一种冲击。某种程度的失败是不可避免的。当出现母性适应缺失时，婴儿会脱离发展中的精神－躯体关系，并需要加倍努力地应对。完美母亲的婴儿没能学习耐受和整合对于母亲的体验，只能将母性适应缺失封印在自己的心智之中。

环境母亲和客体母亲

温尼科特将母性养育分为两个层面。在婴儿的世界里，两种养育功能代表两个不同的母亲。环境母亲负责照顾和保护婴儿免受环境性冲击影响。客体母亲负责承接婴儿的原始焦虑。孩子会通过尖叫、吐口水或胡乱排泄来投射焦虑，客体母亲则借由充满爱的生理照顾来帮助婴儿克服焦虑。慢慢地，婴儿开始能够耐受照顾的延迟和不满足，并且意识到原来两个母亲是同一个存在。当母亲的好坏部分逐渐整合，婴儿自我的好坏部分也逐步获得整合，全能感便随之退场。当婴儿能够整合客体母亲与环境母亲，完美主义的母亲也能卸下对于完美的追求。

母性养育的另一个重要功能是根据婴儿的能力发展，逐步降低养育适应性，例如通过延长需求反应时间，让婴儿使用心智活动应对缺失并理解自己的存在独立性，从而逐渐能够耐受自我的需求和本能张力。温尼科特所说的"耐受（tolerance）"与比昂所谓的"涵容（containment）"在概念上存在差别。耐受是关于婴儿等待和信任的心智活动，涵容是母亲将婴儿的痛苦转化为可思考的经验的心智活动。温尼科特侧重于母亲的抱持和照料，以及婴儿逐渐形成的整合身体和情感体验的心智能力。比昂则关注母性遐思、婴儿对遐思的认同，以及婴儿将焦虑转化为思维的能力。

现实生活中，确实可能存在由于母性创伤或精神疾病而导致的忽视或消极照顾的情况。养育环境缺陷可能导致婴儿人格组织紊乱，发展出双相或边缘特征，甚至是精神疾病，或者导致心智功能过度发展，认为照顾母亲是自己的义务。此时心智功能成为实体，取代好母亲的位置并使她变得不再必要。个体的精神受到"诱惑"，脱离原本与躯体的亲密关系，转而与心智发展出病理性的精神－心智关系。温尼科特观察到，这类心智功能反而会矛盾地让个体更加依赖母亲和自己的假我。个体到了成年依然通过关注生理疼痛来防御情感痛苦，那便是心身疾病了。此类成年来访者通常无法理解生命经验的意义。在健康的情况下，心智不会篡夺环境功能。心智能够理解环境的局限性，并能利用相对的照顾缺失来激励成长。

小结

在足够好、足够具有适应性的环境中，在理解孩子、联结良好的家长的支持下，精神－躯体伴侣关系便能持续在发展轴线上前进。然而，即使在具备天时、地利、人和的条件下，生活也总可能有出其不意的冲击，挑战着足够好的母亲和她的婴儿。但是，只要照顾者根据当前和后续发展阶段的需要，足够细心地关注孩子的感知、感受和表达方式，伤害就可能被消化和修通，并被纳入身心和谐的、整合的人格之中。

19. 温尼科特：过渡性空间和过渡性客体

安娜贝拉·布罗斯特拉

过渡性客体和过渡性空间

我们在这一章中继续探讨温尼科特的发展理论，并将重点放在过渡性空间和过渡性客体的概念上。过渡性客体是孩子的第一件"非我（not-me）"的物品，表征着孩子所获得的父母的关怀与爱。它是孩子选择用来安抚自己的特殊物品，可能是柔软的，也可能是坚硬的；当家长不在时，孩子会把它带在身边。我们称其为过渡性客体，是因为它代表婴儿与母亲从亲近到逐渐分离的历程：从与母亲黏在一起，到吮吸自己的小拳头，到拿玩具、紧抱玩具、扔掉而后再拿回玩具的过程。温尼科特（1951）区分了"过渡性客体"与"客体"：客体是建基于外在客体经验的内在精神结构；而过渡性客体是外在的"非我"的所有物，其具体质量和材料并不重要，关键在于孩子"如何使用它"。过渡性客体由儿童控制，它既非内在客体，也不受母亲的控制。男孩和女孩都会经历过渡性发展阶段，无性别之分。儿童在此阶段与过渡性客体培养紧密关系，并在未来应用于和朋友乃至亲密伴侣的亲密关系中。

过渡性客体打开了母亲和孩子自体间的游戏空间，即过渡性空间。它是内在与外在世界、现实与幻想间的中间地带。

过渡性客体的必要性

母亲必须理解过渡性客体的必要性，允许婴儿使用过渡性空间与母亲分离。孩子只有在无迫害性而足够好的母爱中才能创造过渡性客体，并徜徉在过渡性空间里。语言同样可以成为过渡性客体，例如，婴儿用咿呀学语的方式安抚自己。亲子关系融洽时，我们可以看到孩子在晚上睡觉时用过渡性客体安抚自己，允许母亲离开。在过渡性空间中，思维直接从前象征（presymbolic）跳跃到象征性模式。

每个孩子都有各自使用过渡性客体的方式——吮吸拳头、抚摸软毯、眷恋毛茸茸的泰迪熊、随身携带硬邦邦的轮子等。尽管该物体其实是他人提供给婴儿的真实物件，但在婴儿的心智中，他才是过渡性客体的创造者，是他赋予了物体意义，物体乃由他所掌控。我的一名儿童来访者在初期总是背着整兜书来接受治疗。当时他还无法安全地与我共处，需要紧紧抓住书本和背包来支撑自己。一旦治疗关系足够安全，书包就不再是治疗的必备品了。另外一名 10 岁儿童因其保姆突然离世而被转介来接受治疗。他依恋保姆更胜于母亲。第一次治疗时，他特别带着婴儿期的过渡性客体来到治疗室。虽然他不再需要它陪着睡觉，但它代表着他与保姆之间美好快乐的回忆。在经历丧失的时期，这个过渡性客体也是儿童来访者展现给治疗师的第一件物品。

足够好的母婴关系奠定的基础

观察足够好的母亲喂奶时，我们会发现她十分平静而温柔。这份平静感被婴儿内化，成为母亲不在身边时婴儿也可以回归的安静中心点。成年的我们在经历焦虑事件后也依然会回到这个安静中心，重新调整自己。母亲的眼神能穿透母婴之间的空间。她专注地凝视、微笑并说话，这为婴儿创造了一种安全感。母亲帮助婴儿从母乳过渡到奶瓶时，奶瓶便成为过渡性客体，象征着婴儿所需、所摸和所汲取营养的乳房。有些时候，婴儿轻抚母亲拿着奶瓶的手；其他时候，他自主地抱着奶瓶。婴儿接收母亲的奉献，感受到自己的重要性和被母亲爱着的感觉。

幻象与幻灭

母亲要足够好，同时不给孩子带来过多的挑战。婴儿则需要全能幻象：以为送到嘴边的乳房是自己根据饥饿感创造出来的，安然地认为饥饿感总会得到满足。虽然供给是母亲带来的，但婴儿幻想自己有能力让它来到自己面前，如同成年的我们设想并实现某个计划。理论性概念可能很难理解，但我们可以观察到家庭如何承载婴儿的全能感，围绕着婴儿的节奏生活，并愉悦地陪伴他发展和成长。一方面，婴儿需要用力吸吮才能尝到乳汁，他认为满足是靠自己努力而挣得的；另一方面，母亲享受哺乳经验，也让婴儿认为自己有能力带给母亲快乐。因此，婴儿的全能感幻象终究是建立在他对现实的感知之上的。

知晓过渡性客体的特殊重要性的母亲，会努力确保它无时无刻都可被取用。孩子支配它，掌控它，炙热地爱着它，随身携带它又扔得远远的。又爱又恨，可以说是至死不渝的爱！母亲能够理解，客体需要一直在场。必须清洗或更换过渡性客体时，孩子会恼火不安。哪怕它又臭又破，他还是想要原来那个他选择并拥有的物品。

婴儿与环境的关系从魔术般的婴儿全能式联结转变为操作式（operational）联结。全心投入养育的母亲会让孩子以为乳房是他自己创造的，也就是，外在现实让婴儿相信他有创造的能力。最终，当孩子准备好理解原来这一直都是自己与环境联结的方式，原来自己不是宇宙中心，原来环境并非由他所创时，母亲便会敏感地根据孩子的发展进程，逐渐、逐步地引入幻灭并向孩子介绍真实的现实。慢慢地，孩子撤离对过渡性客体的投注：移除所有投注于该物体的能量，不再需要它。被弃置的过渡性客体腾出了游戏、创造、乐趣、喜悦和做梦的空间。成人后，同样也是在这个空间中，我们发展出建立亲密关系、欣赏宗教和艺术的能力。

不足够好的母婴关系

如果母婴关系不足够好，那么过渡性客体的象征意义不复存在。婴儿无法完整地看待母亲，因此只能固着于母亲的某一部分。例如，婴儿可能会揪弄母亲和自己的头发，以一种暴力的方式与母亲相融。过渡性客体必须是"非我"的物体，因此孩子的头发无法成为过渡性客体，反而可能变为某种癖好。另一种情况是孩子缺乏安全依恋而无法安心地与母亲分离，此时现实母亲反而占据过渡性客体的位置，阻碍孩子的自主性和想象力的发展。

举例来说，母亲若处于抑郁状态，她可能无力读懂也无法满足孩子的需求。她甚至可能会向婴儿释放某种"帮我振作吧"的信息。孩子可能因为没能或尚未准备好回应而陷入抑郁状态，也可能在竭尽甚至超越现有能力照顾妈妈的同时发展出假我。母亲的需求凌驾于孩子的需求之上。孩子学会隐藏真我，否认自我的需求，压抑自发举动，并做出满足他人期望的行为。母亲不必完美无缺，她只需要能陪伴，能与孩子的情感保持同调，能欣赏孩子的全能感并认识到发展中的自我的脆弱性。孩子需要母亲的力量来感知现实。

当母婴关系因为根本性的养育缺陷而不足够好时，婴儿会转而寻求其他陪伴和抚慰。这种行为在成年人身上可以观察到，例如，偷窃其实源于一种潜意识中想从母亲那里获取某些东西的想法。同样，酗酒者和吸毒者亦是在用自己的方式绝望地寻求慰藉。缺乏安全母婴关系的婴儿等同于被放置在孤立的状态中，他只能不断寻找替代品或者干脆放弃寻觅的希望。在这种情况下，过渡性客体无法发挥作用。

早期母婴关系缺陷的后发效应在临床上有许多表现形式。我们可能会看到一个女孩刻板地做出"正确行为"以试图取悦治疗师。例如,没有治疗师的许可而不敢自行使用画笔和玩具的儿童来访者,似乎在表示她很确定治疗师并不希望自己自由地使用治疗空间。另一个孩子坚信治疗师无法接纳她被抛弃的感受,因此坚决不显露她对治疗师休假的不满。

身为儿童治疗师,我们期许自己能赞赏儿童的自发性表现,鼓励他们表达真我。在治疗中,我们期许自己能提供轻松有趣的治疗环境。在这个环境中,我们也享受游戏,表达对儿童的好奇,接纳他们的想法、感受、幻想和烦恼,以便他们能够自由地玩耍和表达,从而触及真实的自我并让其茁壮成长。

20. 费尔贝恩：人际关系在内在精神结构中的作用

戴维·沙夫

费尔贝恩（1952）在 20 世纪 20 年代开始从事精神分析工作，成为忠于弗洛伊德思想的学生和教师。不过，受过哲学论证训练的他对弗洛伊德理论中他认为不符合逻辑的地方提出了一些异议。20 世纪 30 年代，在与遭受创伤的儿童工作时，他提出了一些新观点，认为儿童诞生于关系之中，被成长历程中的各种人际关系所塑造，终生无法脱离关系。人际关系是形成"内在精神情境（endopsychic situation）"（即心智结构）的核心。费尔贝恩认为，心智世界是由各部分自我（parts of the self）与不同客体的关系及其情感所组成的动态系统。客体是自我与各照顾者的相处经验内化后的意象，每个客体皆带有对应相处经验的情绪感受。其后，内在客体及其相关情感会继续与应对当下内在客体的部分自体结合，在数百次互动和时间的推移中，客体意象（与照顾者的相处经验的痕迹）与情感和部分自我相连，建立起所谓的内在客体关系。慢慢地，心智世界成为外部世界经验的储存库，发展出各种内在客体关系丛集，也逐渐形成人际关系的模板。

弗洛伊德（1923b）知道人际关系会被内化至心智世界之中，即儿童经历了口欲、肛欲、性器和生殖期这些性心理阶段后，会在俄狄浦斯阶段根据性别梳理与父母的关系。但弗洛伊德没有考量家长对待孩子的方式是否影响儿童在以上阶段的体验。弗洛伊德发现俄狄浦斯阶段后，其论点才发生重要转折，从原本的本能和性心理阶段理论转向精神结构的形成。至此，弗洛伊德开始从关系角度看待儿童，并据此构建了一个三部分的心理结构（本我、自我和超我）。对弗洛伊德而言，这一结构始于俄狄浦斯冲突的化解。在"哀悼与忧郁（Mourning and Melancholia）"一文中，弗洛伊德（1917e）谈到哀悼者会将丧失的至亲意象内化为客体，并调整自体组织。

内在客体关系

费尔贝恩表示，孩子与父母相处本来就会不时受挫。婴儿会在挫败感过强时将其纳入内在，以控制"坏"经验带来的感受。无法给予满足的父母意象过于痛苦，不能留存于意识层面，因此婴儿通过分裂和压抑以重新组织令其不满意的客体意象并掩埋它。在幼儿期，解离是防御不愉快体验的正常机制。靠着分裂和压抑机制，心智逐渐组织为意识和潜意识层，自此至生命终点，费尔贝恩所谓的六部分结构（不同于本我、自我、超我的三部分）不断地组织和再组织。这六部分分别为核心自我（central ego）与理想客体（ideal object），力比多自我（libidinal ego）和兴奋性客体（exciting object），以及反力比多自我［antilibidinal ego，也称为内部破坏者（internal saboteur）］和拒绝性客体（rejecting object）。

费尔贝恩认为，核心自我与理想客体在意识层相连（理想客体表征着和父母的美妙满足的相处体验），后者嵌套在前者之中。自体中心（center of the self）载有核心自我、客体和满足性情感，它们共同引导自体组织与再组织的过程。核心自我也会吸收来自父母的要求和管束期望，并借此能量控制与父母相处中不被接受的体验。

兴奋性客体关系和拒绝性客体关系

无法管理的不愉悦经验会被婴儿规整分类。拒绝需求的父母被内化为拒绝性客体，过度刺激需求的父母被内化为兴奋性客体。核心自我将拒绝性客体和兴奋性客体从位处意识层的好客体中分裂出去，连同反力比多（被挫败）或力比多（被痛苦地挑逗）的自我部分，以及被其煽动挑起的情感，一起压抑至潜意识层中。可以说，是核心自我构成了内在拒绝性客体关系和内在兴奋性客体关系。费尔贝恩最初把反力比多自我称为"内部破坏者"，因为它攻击和侵蚀核心自我的信心。后来，他将它改称为"反力比多内在客体关系（antilibidinal internal object relationship）"，因为它的源头其实是缺乏安全的爱。相对地，内在兴奋性客体关系（用来控制过度刺激和撩人的客体，这类客体带来对于满足的强烈渴望，反而造成不满足的感受）源自对安全的爱的向往，费尔贝恩称之为"力比多内在客体关系（libidinal internal object relationship）"。

拒绝性客体关系和兴奋性客体关系都是由于某种体验对婴儿来说过于痛苦，无法停留在意识层而产生的。拒绝性客体关系之所以形成，是由于婴儿认为母亲没有提供爱和安全感，这引发了他痛苦的愤怒和挫败感；而兴奋性客体关系之所以形成，是由于婴儿认为母亲无穷无尽的爱没有任何边界或分离，母亲排山倒海的爱让他总是渴望更多，永不餍足到令他痛苦的程度。正是因为它们唤起太痛苦的体验，核心自我才会压抑拒绝性和兴奋性内在客体关系系统。拒绝性客体丛集还会进一步压抑力比多系统。例如，我们可以想象一对亲密伴侣，他们对彼此充满怒意，以至于甚至没有意识到自己对爱的渴望。

图 20.1 展示了这种内在关系的构建。

目前为止，我们都在谈论驱动分裂和压抑机制的极端经验，当然其中也有不过于痛苦、可以留存在意识层的拒绝性客体和兴奋性客体的某些方面，它们与自体的中心部分保持交

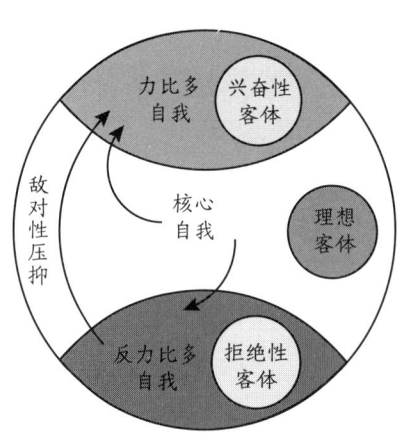

图 20.1 内在精神情境
（David E. Scharff © 1982）

流。儿童需要一个可管理的拒绝性客体以学习如何设立边界，如何有效地说"不"，以及如何与父母分离并独自入睡。同理，儿童也需要一个可管理的兴奋性客体以体验与人相处的愉悦和兴奋，而非以痛苦的方式被激发需求（见图 20.2）。

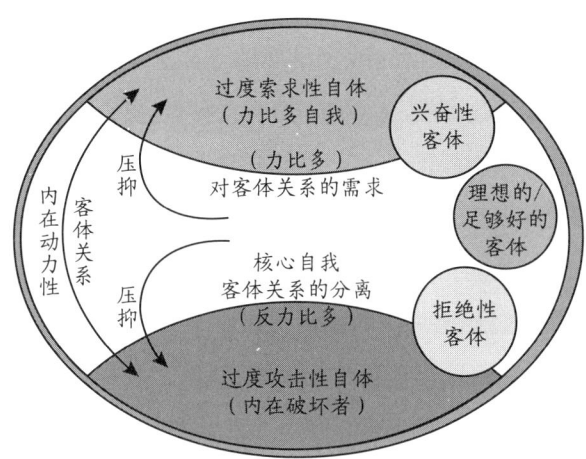

图 20.2 扩展版内在精神情境（David and Jill Scharff © 1998）

总体来说，费尔贝恩的心智模型（1952）内部是复杂且总处于动态中的客体关系系统，被压抑的部分不断寻求再整合，也会因为新经验而不断被重新组织。费尔贝恩的理论所认为的"人际经验会具现化于心智结构中"的观点，也受到里佐拉提和克拉伊盖罗（Rizzolati & Craighero, 2004）的镜像神经元活动与结构研究的支持。萨瑟兰（Sutherland, 1963）强调了核心自我－理想客体丛集（central ego-ideal object constellation）的核心和主要作用，它源自温尼科特（1960）所称的"足够好的母性养育"。沙夫夫妇（D. Scharff & J. Scharff, 1998）认为，力比多客体关系同样可能压抑拒绝性客体系统。举例来说，某对看起来如胶似漆的伴侣，可能是在不自觉地以亲昵感掩盖双方都尚未意识到却不时暗中侵蚀关系的不满与恨。沙夫夫妇（1998）进一步结合混沌理论补充提出，心智是持续在自体之内成就复杂整合、在自体之外持续根据既有心智结构进行人际互动的控制论（cybernetic）

系统。成熟的人在面对新的经验时，能够保持开放态度，以调整心智结构并发展新的联结和适应方式。

创伤情况

费尔贝恩认为，战争创伤源于早期的分离焦虑（1952）。我们现在不再认为早期的分离焦虑是唯一因素。然而，费尔贝恩在对于退伍军人的研究中发现，因创伤而引发的解离会导致自我碎片化。他将此观察应用至受虐儿童和被忽视的儿童的研究中。当儿童被暴露在极痛苦的创伤经验中时，其核心自我会丧失功能，心智变得碎片化，内在只剩下几部分整合的孤岛飘零。在中国，儿童治疗师正面临着一个被称为"脆弱儿童综合征"的新挑战，症状通常发生在由父母和两对祖父母一起（或交替）养育的孩子身上。如果六名养育者能在父母的主导下始终和谐协作，孩子便能内化众养育者既整合又多元的视角。反之，有些父母学习心理学，为孩子制订了相对自由的管教规范，而祖父母仍保留着上一代的价值观；或者，想设定规范的父母一方屡屡遭逢溺爱的配偶或祖父母的抗衡。如此一来，想管束孩子的家长反而设下更严厉的惩罚，宠溺的家长反而给予更多的兴奋性刺激。自体建构在以母性养育为基础的客体之上，因此母性基础过于发散即可导致孩子的脆弱性。

当成人之间存在外显的或被否认的冲突时，这些喧嚣会被儿童吸收，成为内在客体之间关系的标志；儿童再将之分裂为交战的拒绝性内在客体和兴奋性内在客体关系，并进一步压抑至潜意识中。核心自我的理想客体可能被大幅削弱或变得荡然无存。潜意识区块负荷过重，虚弱的核心自我将所有能量用于压抑和固定坏客体。被压抑的内在客体关系反复尝试入侵已然精疲力竭的核心自我，再度加剧了自我的脆弱性。

健康情况

在健康关系中成长的儿童能够进行适当的自我调节，既不过度恐惧也不过度渴望人际关系。心智世界具备有效的压抑功能，即压抑不会严重到阻碍与核心自我的交流。在健康的情况下，当个体与家庭外的他人以及在后续发展阶段与既有或新出现的重要人物产生新经验时，被压抑的内在客体关系可以回到意识层中被重新加工。个体是外在与内在关系的复杂系统中的一部分，不断重组，不断从经验中学习，不断努力实现整合。

21. 克莱因：早期焦虑和投射性认同

安娜·玛丽亚·巴罗索

弗洛伊德认为，从生命之初就存在促进生命的生本能（原为性本能）和与生命力量对立的死本能（1920g）。如今，弗洛伊德所使用的德语"Trieb"一词更精准的翻译是"驱力"而不是"本能"，不过在实践上，本能和驱力仍然时常被交替使用。起初，弗洛伊德认为两种本能相互压制以保持控制。但到了1923年，他意识到压制两种本能力量的是现实；而必须应对本能之战所引发的焦虑，正是心智结构发展的驱动力（Freud, 1923b）。

一些精神分析师并不认同死本能的概念，但克莱因忠诚地遵循了弗洛伊德的理论。克莱因（1932a）指出，在口欲期的发展阶段，生本能驱动吮吸的快感，紧接着的咬的快感则是一种死本能的表达。因此，若本质上死亡驱力占相对上风，口腔施虐性便会异常增加，孩子便无法享受吮吸的快乐。此时，自我必须更快速地发展，以涵容施虐性和破坏性冲动。情感剥夺会激发施虐反应，依次反映在口腔、尿道和肛门层面。这一情形所引发的焦虑则可能进一步抑制或促进发展。

对弗洛伊德而言，焦虑来自对于内部或外部危险的感知，并且这种危险让我们感到束手无策。在克莱因看来，焦虑来自指向母性客体的破坏性冲动。这种冲动除了引发焦虑之外，还会激起愤怒。怒意威胁着要摧毁母性客体，而这进一步唤起对于丧失母性客体的焦虑。我们因此内化好客体，将之纳入自体并与自我融合。好客体支持自我利用分裂和压抑，将死本能放置在潜意识层以防御死本能。弗洛伊德将这个部分称为本我。其后，原本指向外在客体（即个体在不同发展阶段、不同时刻所体验到的不同版本的母亲）的大部分焦虑和恨就被转而指向内化了的客体。

坏客体

内在心理状态充满焦虑又如此扑朔迷离，难怪我们会对其感到恐惧。婴儿试图将它驱逐至外在客体身上（仿佛外在客体才是威胁来源），而后再将其内摄以获得控制。同样的机制循环往复。

好客体

婴儿充满好奇，设法获得新体验，想要探索和学习。克莱因将这种倾向称为"求知本能（epistemophilic instinct）"。婴儿求知和愉悦的欲望最初集中在母亲的身体上，因为母亲的身体是安全和营养的源泉，也是婴儿与外部世界和现实的基础联结。在生本能的作用下，婴儿逐渐感受到现实客体对自己的和善与温柔，爱的客体也在他的心智中逐渐成形。

儿童如何处理焦虑

儿童如何处理焦虑呢？他们将本能的（因此也是危险的）恐惧驱逐到外部世界中，以避免自体受到威胁。这个过程又是如何发生的呢？对破坏性的焦虑通过排泄粪便与尿液被驱逐（expel）至体外。克莱因将投射机制与弗洛伊德的排泄/排除（expulsion）概念联系在一起。冲动带来的精神痛苦迫使婴儿寻找方法来面对和克服它们所产生的恐惧。在与客体的关系中，破坏性冲动和积极倾向都被调动起来。客体虽然被视为危险的来源，但倘若客体温暖包容，它也可能成为帮助孩子抵御焦虑的庇护所。由于内在危险被置换到外在世界（也就是母亲的身体）中，婴儿想要了解母亲身体的内在构造。婴儿可以测试他所采取的防御机制是否有效。他继续在现实和幻想之间摆动。随着现实客体的本质和存在帮助婴儿对抗真实或想象的恐惧（客体丧失、爱的丧失、自体毁灭，以及后续的阉割恐惧），他逐渐发展出可以应对现实的自我。

我们可以想象，对于完全依赖他人提供安全、食物、营养和意义的婴儿来说，未知的外在世界会带来多大的危险。但除此之外，生物学所决定的死本能多寡及其所携带的破坏力，让婴儿也面临着来自内在的危险。婴儿需要一种遏阻结构来抵御真实客体和内在客体的破坏性，让他能继续依赖给自我带来安全感的外在客体和内在客体。这种遏阻结构就是超我。

破坏性冲动所引发的焦虑及其处理方式如下所述。

1. 死本能引发自体的湮灭恐惧，恐惧引发焦虑；
2. 驱逐死亡焦虑，保护自体免受其威胁；
3. 焦虑被投射给外在客体；
4. 外在客体被视为焦虑来源，是坏客体；
5. 通过内化并压抑坏客体来控制焦虑；
6. 自我逐渐从被内化的客体中成形，并开始管理这些客体；
7. 自我进一步处理与外在客体的相处经验；
8. 超我强化自我对焦虑的处理。

克莱因认为，超我从出生之初就受到破坏性冲动引发的焦虑的刺激，婴儿通过投射性认同将破坏性冲动和力比多冲动投向外在客体。下一道防御就是吸纳和认同该客体（J. Scharff, 1992）。在早期阶段，真实客体和内摄客体都由器官表征。与母亲的相处经验由好乳房和坏乳房标记，与父亲的相处体验则由阴茎表征。

游戏在焦虑处理中的作用

当儿童能够进行象征性游戏时，他们便能通过游戏化解不愉快的体验，让痛苦的经历也能有快乐的结局。

学龄前期

女孩喜欢玩偶游戏，通过游戏想象拥有宝宝的情景。照顾玩偶让女孩安心，让她们不必担心自己是不是缺少了某一部分，才会在生理构造上与男孩不同。照顾玩偶让她们相信身体的完好，也相信她们可以有自己的宝宝。女孩抚育和打扮玩偶，同时也在创造一个充满爱的母亲。这减少了女孩对于被遗弃的恐惧，带来了安慰和安抚。对男孩来说，汽车和火车玩具象征着触及母亲身体的途径；战争场景象征着与父亲的搏斗。打败父亲，男孩就能确信自己拥有强大的阴茎，而且由于这只是一场战斗游戏，他更不用担心自己的力量具有实际破坏性。通过这个复杂的过程，女孩与男孩在游戏中倾注了自我的所有能量，将焦虑转化为快乐。

潜伏期

已然增强的自我加入超我，一起努力达到现实世界的行为标准。潜伏期的儿童认为，要成为"表现优良"的"好"孩子才会得到爱。他们同样试图通过游戏来克服不愉快的体验，让痛苦的经历有快乐的结局。他们热切渴望学习、探索世界和读懂现实，但如果他们没能在早年解决死本能所带来的威胁和挑战，破坏性能量便会攻击心智的功能和结构，从而阻碍自我的探索功能。当自我没能成功发展出应对焦虑的能力，就可能出现恐惧症、强迫行为和疑病等症状。

通常情况下，潜伏期儿童会减少想象性游戏，更多地投入在学习和功课中。掌握细节和手工活动，像是写生词和数字——将它们组成句子和故事以及学习算术——具备整合孩子和父母的躯体意象的功能。

在此阶段，赢得现实客体（父母、教师、亲戚和邻居）的赞赏和爱也变得非常重要。然而，如果过分依赖现实客体的认可，儿童就无法相信自己能够处理好焦虑，因此无法体验到兴趣的萌发，当然也无法从中获得乐趣。之后，儿童通常会将对得到成人认可的渴望置换为对融入同伴群体的追求。

青春期

对于男孩来说，一个崭新的、理想化的父亲形象和新的原则出现，使他开始认同父亲的力量和助益。借助机灵、力量、勇气和主动性取得成就变得非常重要。对于女孩而言，此时照顾好学业比照顾玩偶更为重要。学习、活动、打理自己和装饰房间都重新证明了她能够应付危险情况。对孩子们来说，所有活动、兴趣和升华都是在帮助他们控制焦虑，减轻他们在幻想中伤害客体的负罪感，并因此修复内在客体以及恢复对自己的身体和生殖器的信心。内在固有的破坏性（受死亡驱力影响）和自我的修复能力（受生本能影响）之间是否平衡，决定了青少年会在学校和社会生活中取得成功，还是陷入抑制和停滞。这种平衡也决定并反映了自我的力量及自我对现实的适应性。

22. 家庭群体中的儿童：代际遗传和比昂的三个基本假设

卡尔·巴尼尼

带孩子与家庭治疗师会面时，整家人内心都可能是极其矛盾的。他们不知道能不能信任治疗师，不知道治疗师会支持还是评判他们。他们既需要又害怕改变。家庭可能寄希望于某个无远弗届的神灵能拯救和解决他们的问题，或者可能认为治疗师对他们知之甚少或根本不关心他们。他们可能会与治疗师争辩，或者在"以身试治疗"前就中断咨询。某一名家庭成员可能会与治疗师配对（pair），将其他家人排除在治疗关系之外。比昂（1962）在对工作团体（work group）的心智功能的研究中提出，团体中会出现亚团体（sub-grouping），我们可以根据此概念去理解不同家庭成员在如何对待外来者的问题上所持有的不同假设。比昂指出，团体在关于依赖、战斗－逃跑以及配对的不同假设下形成亚团体，这些团体假设可能促进团体任务的完成，也可能完全颠覆任务目标。如果我们把家庭看作工作团体，而团体任务是代表社会照顾家庭成员和抚育子女，我们就可以套用比昂的基本假设（basic assumptions）理论来理解家庭如何应对这项终身团体任务。

比昂的三个基本假设

依赖

家庭成员依赖彼此以获得养分、亲情和幸福感，并依赖家长（们）主导和分配基本资源，直到家庭成员学会自己做这些事情。可是，万一家长没有能力以可靠的方式"照顾"这个团体呢?万一家长总是滴水不漏地管理,追求被崇拜而不是相互合作呢?万一家长独揽大权,不鼓励孩子们为自己的幸福发声和选择呢?如果孩子为了得到照顾,大量放弃自我表达或自主权呢?以共情的态度为家庭中暗涌的议题命名,可以体现出治疗师带着专业知识和同情心在积极倾听,也是证明团体中的困难可以被命名和讨论的第一步。

战斗-逃跑

当亚团体假设他们所依赖的带领者并不可靠,便会出现战斗-逃跑的潜意识动力。团体可能通过战斗来获取关注和关怀,也可能逃离团体去寻找更好的带领者。在家庭中,这种情形的表现形式可能是家庭成员偏爱其中一位家长,或者某个子女被家长化,家庭转而依赖那名孩子。当团体寻求或受制于全能领导者,成员要么会群起反抗敌人,要么会一同逃离专制的约束。非现实的幻想破灭,可能会导致恐慌或对父母的憎恨。未经修饰的挫折感也可能引发攻击,比如与父母争执或对兄弟姐妹等替代者进行言语或身体上的虐待,以宣泄痛苦情绪,并让大家正视需求未得到满足或资源竞争过于肆无忌惮的情况。逃跑则是为了回避问题或其后果。举例来说,不去正视自己对疾病的恐惧,好像就能逃避死亡。面临减少依赖的压力时,个体可能会逃向独立。

配对

希望是配对的动机。家庭成员希望其中一位父母、子女或朋友,甚至是治疗师,会比整个家更好。使用配对防御的家庭成员,尤其在焦虑时,可能会用排他性依赖纽带紧紧依附于另一个人。家庭也可能推派一个成员表达对于独占治疗师的关注的渴望。但治疗师要能看到,孩子是家庭瞄准治疗师的矛头,试图让治疗师偏离以家庭为中心、以团体诠释为方法的轨道,并掉进个人领域中。父母的性排他(sexual exclusivity)则是创造性地运用配对将重要纽带维系在家庭中心。孩子可能会憎恨并尝试攻击父母的性排他，以夺回独有的亲子关系。根据父母各自对于孩子的好奇心和俄狄浦斯竞争心态的回应，孩子有时候会战胜父母伴侣，尽管这并无好处。此时，配对变成了防御，阻碍了家庭生活的和谐。

联结理论和生命周期

我们可以应用比昂的团体生命理论，将家庭视为塑造个体与团体功能的意识和潜意识动力系统。有其他理论可以补充我们的理解吗？让我们转向皮琼·里维雷的联结理论及其著作（Losso et al., 2019）。家庭是我们与文化和上一代的联结，孩子诞生于斯。孩子因进入既有的家庭系统而改变，并在理想情况下能通过建立新的联结来改变家庭系统。每一代人都由上一代人塑造并用在其中学到的内容养育下一代。我们了解家庭的文化背景，以及家庭适应和应对当前与未来环境的能力。我们运用自身所学，以潜意识团体动力学及其代际传承的视角，审视教养方式、手足关系和亲属关系网络对索引儿童的诸多影响，以及儿童对家庭的影响。

在促进儿童健康发展的道路上，每个家庭——包括儿童和成人——都面临独有的挑战。所有成员皆是从出生到死亡的生命周期的参与者；所有成员，无论年龄大小，都有意识或潜意识层面的需求并因其感到焦虑。焦虑可能导致家庭瓦解或使家庭固守于一个封闭性防御系统，这个系统限制着所有成员的好奇心、协商沟通和成长。事实上，成长可能会带出与过往纷争、丧失、创伤事件或危险（关乎过去人身安全或自由思考被攻击的经历）相关的担忧或恐惧。情绪紧绷或情感屏蔽可能导致家长无法投入关于家庭生命的工作任务。例如，青少年虽然学业优异、符合追求完美的父母的期待，却似乎无法交到朋友。我们有可能在家长工作中得知，父母从前生活的农村发生过数起青少年绑架事件。他们的父母担心悲剧重演，不让孩子接近村里的其他同龄青少年。尽管今非昔比，家庭也现居大城市中，这股代际恐惧却没有消散。

比昂指出，潜意识冲突会以许多形式干扰高级功能（high level functioning）。家庭中有多代成员，各有其发展需求、独特的创伤、忽视或成长史，以及在特定时间和地点与外部世界中的人和机构发生的行为及关系。在基本假设的运行下，家庭缺乏足够灵活性来适应各代成员及其各自的发展阶段。例如，有些家庭恭从处于主导地位的权威，期望孩子乖巧被动地顺从指令，很少有享受的余地。也许上一代的历史中充斥着太多冲突和混乱，因此下一代形成了"规矩与秩序是防御混乱的必要条件"的观点，却也压抑了孩子们体验快乐和自发性的能力。上一代为了生存而习得了严苛自律的生活方式，与享受家庭生活实在太不一致，因此老一辈人很难接受更适合当代社会的成年子女的生活方式，以及子女所接触的儿童心理学和现代的儿童养育方法。

比昂的三个基本假设：案例材料

以依赖为基本假设的家庭

一位治疗师报告了她与一名患有注意缺陷/多动障碍（attention-deficit/hyperactivity disorder，ADHD）的中国女孩的工作情况。治疗持续了5年，从女孩7岁到12岁。这名女孩冲动、多动，无法管理行为和情绪，也无法与同学相处。爷爷十分溺爱她，总是喂她吃饭，不让她自己动手。从团体的角度来看，我们不禁好奇，家庭中是否有其他影响因素支持这种养育模式。当父母出手管教时，女孩就马上把爷爷当作挡箭牌。这自然在很大程度上影响了她在家里和在学校与同学相处时的行为。

治疗师邀请孩子采访爷爷，以便更多地了解爷爷的背景，看看是否能理解爷爷为何如此重视孙女的饮食方式。爷爷是否经历过饥荒或集中营的生活？幸好，爷爷没有类似的严重创伤。他想要的是通过溺爱儿子的女儿，补偿自己对儿子的漠不关心。在家庭会谈中，治疗师帮助这个家庭意识到，祖辈介入亲子关系、抵消家长的教养功能仍是在延续对儿子的伤害。家庭治疗师可以选择与父母单独工作，以帮助他们重拾亲职权威。

家庭在不知情的情况下受潜意识动力影响、受僵化的行为模式所支配，因此孩子无法做自己，并表现出症状。他们在活现一种与专制领导者的关系，这可能源于上一代的社会政治文化氛围。家庭治疗师有机会通过观察运行中的动力作用和探索与权力相关的家庭历史，帮助他们解决这些问题。

以战斗－逃跑和配对为基本假设的家庭

梅茜是一名 8 岁的女孩，因为总把自己挠出血而前来接受治疗。她受困于 ADHD，但她并不承认。她父母的婚姻因父亲的外遇而破裂。父母离婚后，梅茜和姐姐由母亲单独抚养。父母依然吵得不可开交，常常忘记接梅茜放学。在如此混乱和冲突的生活环境中，梅茜找不到可以依靠的母亲，于是她与姐姐和自己的皮肤做斗争，努力不依赖任何人。梅茜的母亲安妮，把所有精力都用在发展事业和供养孩子上。她强迫自己坚强独立，不允许自己有丝毫软弱。梅茜也是如此，尽管 ADHD 对她的学校生活造成了很大影响，但她不愿意承认这个弱点。母亲偏爱大女儿，并与其配对。在治疗里，治疗师可以明显观察到梅茜很纠结于与姐姐的关系。

梅茜的冲突与母亲的冲突如出一辙。安妮一直与已婚妹妹玛丽较劲，而玛丽是父母最爱的女儿。身为单亲母亲，安妮更需要经济支援，但父母没有帮助安妮，反而送给玛丽一套房子。安妮想通过偏爱大女儿来扭转原生家庭的动力，结果却将过去的被排挤感投射在小女儿梅茜身上。安妮和大女儿的配对既是一种战胜造成剥夺和背叛的敌人的幻想，也是对离婚带来的不安全感和失去爱的体验的逃避。然而，这股动力让梅茜承受着其中的痛苦。

家庭治疗可以帮助家庭共同面对冲突，允许家庭激烈甚至愤怒地交流，同时坚定地探索家庭议题及议题对下一代发展的影响。家庭治疗提供了安全的环境，让家庭释放因为丧失而累积的攻击性。这能够腾出空间，让家庭可以思考伤害性的配对动力如何在潜意识中反复发生，也让家庭能够吸收好的、新的经验，以帮助他们在更轻松的氛围中重建家庭生活。

小结

家庭本身也是一种团体。治疗师可以应用比昂的基本假设亚团体理论，探索家庭生活、个体潜意识动机、客体关系与代际影响所造成的病理性产物及其背后的动力基础。它很好地提供了一个诠释性焦点，帮助我们不仅关注索引病人，而且与整个家庭建立联结和工作，从而加深我们的理解。

23. 潜意识交流：梦与游戏

卡罗琳·塞洪

成年来访者一般知道分析性心理治疗师认为梦是触及潜意识的方式之一。小患者们不见得知道我们对他们的梦境内容感到好奇，因此我们需要告诉他们，梦就像治疗室里的玩具一样。我们能一起玩玩具，也能与他们一起"玩梦"——这样，他们能够知道梦在治疗工作中的价值。对儿童来说，分析梦境也是一种游戏。我们相信，在评估阶段向来访者表达我们也关心梦的内容，等于邀请他们把梦境材料带入治疗中。治疗师与孩子一起讨论、一起"把玩"梦的内容，就是在传达治疗师对梦的重视，让孩子知道分享梦境是重要的贡献，同时再次强调了梦的普遍价值。梦的材料帮助我们接触潜意识幻想、情感、内在客体关系和移情。

首先，让我们回到弗洛伊德研究梦境和发明精神分析的时代。弗洛伊德总结道："《梦的解析》（*The Interpretation of Dreams*）……即使按我今日的判断，也包含了所有我最有价值的发现。这种洞察，有时候一生也只出现一次"（Freud，1900a，p. xxxii）。弗洛伊德因此说释梦是"通往潜意识的康庄大道"。

梦境也具有诊断目的，它们指出反复出现的防御组合、重复的行为模式以及人格结构。来访者讲述梦境的当下与我们联结的方式与其梦境内容同等重要。梦揭示隐藏冲突，指引我们理解冲突的核心。当来访者分享梦境时，梦境内容和来访者讲述梦境的方式都会让我们产生相应的反移情。我们很高兴来访者将梦境带入治疗中，让我们能由此感受移情和反移情。我们注意到梦的结构、内容和呈现方式随着时间的推移会发生转变，这有助于我们发现其中的变化并监测治疗进展。

梦有显梦和隐梦两个层面。顾名思义，显性层面是梦的表层、外显叙事和梦境人物。弗洛伊德认为，显性内容就像一套等待被解译的象形文字；偏偏治疗师没有密码本。我们聆听梦境，跟随联想，与情感保持同调。我们知道造梦机制既能掩盖梦境，又能透过凝缩（condensation）、置换（displacement）和象征形成（symbol formation）来揭示梦境，让我们触及初级过程的材料。

凝缩将各种恐惧、愿望或冲动和其他内容载入一个想法或意象之中。梦像是一种速记法，短短篇幅中裹藏了许多意义。过去、现在和当前在治疗关系中的所有经历被融合在一起。

置换意味着，甲的意象在梦境中被转而用在梦者和乙的冲突中，也就是将强烈的情感从一个人置换到另一个人身上。治疗师并非在搜捕梦境意义，而是要松弛地融入梦境，与孩子通过游戏探索梦，跟随孩子的故事，活进梦境中，并停留在置换情境下，直到意义浮现。

有些人认为，梦中的意象作为象征表征[①]，具有普遍性的意义。但我们认为梦的符号以独特的方式表征着来访者的经验、心理结构以及与治疗师之间的关系。我们先停留在梦境材料的显性层面，进入梦的叙事和意象，让儿童的联想引领我们。自由联想是解锁独特意义的关键。我们不着急寻找意义。我们共同努力，等待意义浮现。我们停留在梦这个置换情境中，直到我们感觉时机足够成熟，可以提出诠释；直到来访者准备好接收梦境信息，并思考梦境揭露的潜在冲突。

临床材料是学习梦境解析的最佳途径。以下案例改编自我之前的一篇文章（Sehon，2015），分享的是乔纳森的梦境片段。这个片段揭示了乔纳森的愤怒、嫉妒、与父母的关系以及对治疗师的移情反应（还有治疗师的反移情）。

---

① 同前文所称的"象征形成"。——译者注

临床案例：乔纳森

乔纳森 11 岁时，他亲爱的姥姥离世了。他本来就饱受分离焦虑的困扰，但直到姥姥离开后，愤怒和内疚的强烈感受才驱使他正式接受治疗。他无法走出悲恸和哀悼的阴影，对母亲充满愤怒。母亲自己也在消化丧亲之痛，无暇更好地回应乔纳森。乔纳森和父母选择一周进行一次视频咨询和一次地面咨询。乔纳森意外地想起很小的时候做过的梦。线上工作时，他回忆起更多的梦，也做了更深刻的联想。他把梦记在手机里，并衷心享受着与治疗师一起理解梦境和解密梦境的过程。

乔纳森：这是两天前的梦。我在房间，外面天还是黑的。我看到一点绿光。我下床，走出房间。我走路像丧尸一样。我往楼梯下一看，绿光非常、非常亮。下楼走到一半的时候，我看到我爸妈站在楼梯口。他们跟我说他们抓到了金刚狼——你知道吧，那个恶狠狠的，会突然非常、非常生气的超级英雄。我看到它的脸，它没有什么表情。我看了看之后对他笑了笑。

卡罗琳：嗯，它的脸看起来不生气？是沮丧的？有点麻木？

乔纳森：对，有点。

卡罗琳：这让你想到什么吗？

乔纳森：没有什么想法。

卡罗琳：你本来是跟着绿灯走。

乔纳森：对啊。你知道《绿灯侠》(*Green Lantern*) 吗？他会用戒指射绿光。

卡罗琳：知道。

乔纳森：我就是那样想的。我没想太多就跟着它走。

卡罗琳：漫无目的，漫不经心。你很好奇它会带你去哪里。

听起来你好像在梦游。

乔纳森：是，我有半梦半醒的感觉。

［治疗师在乔纳森的置换情境中稍做停留，想更多地了解他的感受。］

卡罗琳：不知道你做梦的时候是什么感觉。

乔纳森：没什么感觉，还行吧。我不太明白他们为什么要抓金刚狼。

卡罗琳：听起来你好像想弄明白这个问题。好，这可能是帮助我们了解你的梦的一条线索。

乔纳森：啊！可能是和愤怒有关！金刚狼脾气很坏。我以前也常常对我妈发脾气。我想我爸妈抓住了我的金刚狼。就像我积压的很多愤怒都消失了。金刚狼愁眉苦脸的样子就是愤怒的表现。

卡罗琳：嗯，这个想法很有帮助。我们不时讨论到你有时候会用担忧掩盖或者掩饰你的愤怒。

乔纳森：对！对！

卡罗琳：超级英雄的面具后面藏着一个真实的人，就像担心有时候会掩盖愤怒。

［治疗师走出了置换情境，询问绿色的金刚狼如何象征着乔纳森的脸和感受。他率先发言，讨论到自己无法停止看见绿光。］

卡罗琳：那我们一起来思考这个问题。当父母抓住金刚狼的时候，我记得你是说金刚狼看起来很悲伤。金刚狼是愤怒的化身，所以也许愤怒并没有消失，只是藏起来了。我们怎样才能回到乔纳森身上呢？金刚狼的表情可能是告诉我们，当愤怒被困在心里时的状态——有时你对自己感到悲伤或愤怒。

乔纳森：我一直在想那道绿光。金刚狼在厨房里，所以我看不到它，但我能看到它发出的绿光。

卡罗琳：绿光照亮了金刚狼。嗯。绿光，你会想到什么？

乔纳森：绿光代表前进！让我去追它。

卡罗琳：就好像你可以在安全距离内追击金刚狼，又不会真的撞见它。［停顿］绿光让我想到"嫉妒的绿光"这个说法。也许金刚狼又生气又嫉妒。

乔纳森：我不觉得我会嫉妒金刚狼！［他开始吃东西。］

卡罗琳：你在吃东西。

乔纳森：对，我把爆米花都吃光了，只剩下里面的玉米粒。

［治疗师看到他内心的金刚狼在啃食玉米粒，他的行为好像是梦境的联想，是一种突然出现的噬咬般的渴望。这也证实了愤怒、嫉妒的金刚狼是他的一部分。］

乔纳森：我还想告诉你一件事。我今天知道我是县里鼓乐比赛中的第三名。我是同龄组的第一名，结果比赛只有第三名，我真的很失望。我从来没有得过第三名。

卡罗琳：你没办法享受全县前三的成就。你对自己的表现很生气。

乔纳森：我的朋友都没有我努力。我要比他们更努力，很不公平。我没办法对自己的表现满意，这也让我很生气。

［现在，治疗师觉得自己准备好做出他们共同得出的梦境诠释了。］

卡罗琳：我们看到你内心的某一部分就像金刚狼，对于别人通过努力所得到的相应回报感到愤怒和嫉妒。

乔纳森：对。

卡罗琳：也许你希望有人捉住那一部分的你，这样你就不会对自己那么苛刻了。

乔纳森：是的。他们看起来比我轻松多了。

小结

在治疗师与来访者一起审视和回应梦境的过程中,梦的含义也慢慢被揭露。对于显性内容的自由联想让治疗师和来访者得以触及梦的潜在意义。成年人用语言表达自由联想。青少年以语言或行动表达联想,比如在治疗师反馈时吃东西。儿童则通过言语和非言语信息以及游戏来表达自由联想。治疗师会关注儿童分享时对梦的情感,并揭示潜在意蕴。"在幽暗神秘的梦境中,情感是将现实之光引入幻想世界的灯塔"(Roth,2000,p. 189)。

24. 人际潜意识和代际传承的精神创伤

卡罗琳·塞洪

潜意识的基本定义

弗洛伊德（1900a）提出了动态潜意识的观点，认为潜意识不断寻求表达，也不断被压制。它是心智的其中一层，而其他精神力量和结构会阻止潜意识内容进入意识层，借此让身心恢复到静息状态。因此，动态潜意识是心智的一种属性。与此相对，戴维·沙夫和吉尔·沙夫（David and Jill Scharff，2011）认为动态潜意识是一种人际潜意识，在伴侣、亲子或咨访双方共享的互动经验中构建而成。它在人际关系矩阵中发展，随着儿童与环境的互动而演变。它也在治疗中成长，给予治疗预后积极的希望，是治疗行动的基础。

梦与个体潜意识

弗洛伊德在早期的癔症研究（Breuer & Freud，1893a；Freud & Breuer，1895d）的基础上探讨梦境时（1900a）提出了动态潜意识的想法。他认为梦是潜意识的愿望实现，以及性心理发展阶段的显露；而癔症症状是身体在表达禁忌的情欲欲望带来的潜意识冲突。弗洛伊德提到家庭环境在冲突形成中的作用，但他认为潜意识属于个体。根据弗洛伊德的观点，治疗师可以在无父母工作的情况下，单独进行儿童治疗。

人际潜意识

家庭成员可能在家庭内传递创伤心理状态，而不同家庭有不同的健康或者破坏性的回应。戴维·沙夫与吉尔·沙夫在《身体与性创伤的客体关系治疗》（Object Relations Therapy of Physical and Sexual Trauma，2014）和《人际无意识》（Interpersonal Unconscious，2011）中提出了理解创伤代际传承的基本概念：潜意识是互动的产物，也是联合携带所有物（jointly held property）；它在家庭和社会矩阵中发展；它在个体精神内在和人际间被体验；它在伴侣、家庭和治疗关系中得到表达并根据文化的不同有所变化，从而决定家庭的复原力（D. Scharff，2021）。

个体潜意识在各个阶段的人际互动中形成和塑造。在婚姻和育儿过程中，个体潜意识在人际关系中得以表达和调整。当情感、心理状态和创伤未能得到表达和表征，它们就可能会传递给后代。未被代谢的历史创伤可能猝不及防地拜访，以新版本的样貌呈现。这种情况可能表现为父母冲突、某种丧失，或者某个尚未与过去未解决的创伤相联系的创伤。有时候，儿童是浸泡在自己所内摄的父母冲突、被潜抑的创伤领域中成长的。父母也会在与孩子的互动中与自己的冲突重逢。举例来说，有细菌恐惧症的孩子可能在用心身症状表征父母的创伤史。治疗可以帮助他们解开与原始创伤（来自上一代）的纽带。"潜意识在人际关系中构建"的概念可以帮助我们理解创伤传承。

治疗行动

各理论取向的临床工作者都认为（研究也表明）治疗关系是改变的催化剂和基石。治疗关系使创伤疗愈成为可能。在互动矩阵中，来访者和治疗师通过交谈与游戏投入一个潜意识联想的网络中，治疗因此得以实现。

代际创伤：儿童治疗片段

布里特妮

布里特妮是家里的"问题儿童"。她 10 岁，聪明、有创造力、特别戏剧化，在家和在学校都表现出焦虑、悲伤、喜怒无常和孤独。她很难调节自己的情绪，经常发脾气，并且有性欲亢进行为，经常在家人身边或在独处时自慰。治疗师想知道这些情绪表达模式是不是从父母或莱昂内尔（她那散漫、反叛又多动的弟弟）那里（通过投射）传递到布里特妮的内在世界中的。布里特妮说，她和莱昂内尔组成了一对"小情侣"。他们有浪漫的拥抱，也有各种激烈的争吵。姐弟爱恨交织的配对是经过置换的父母伴侣。儿童的行为是人际潜意识和潜在家庭创伤的线索。

加布丽埃勒（母亲）

布里特妮的母亲加布丽埃勒是一名兼职的房地产经纪人。她直率、善于表达，有心理觉察能力。她让布里特妮的父亲几乎没有发言的机会，用话语填满了父母会谈的所有时间。她和女儿一样，焦虑、悲伤、喜怒无常和孤独，同时有情绪失控和性欲亢进的情况：母女的症状明显遥相呼应。

马多克斯（父亲）

马多克斯是一名体格健壮的监察军官，负责处理突发和灾难事件。他暴躁易怒的脾气时常吓到孩子们。他知晓自己的童年创伤和痛苦，但不认为它们会影响当前的婚姻和家庭生活。

马多克斯和加布丽埃勒都没有觉察到症状、过往经验或家族史之间的关联。要识别这些关联，我们可以有效地运用皮琼·里维雷的联结理论。这个理论探讨了儿童的人际联结内的横向和纵向维度。横向维度指的是当前的社会层面，即布里特妮与家人、社区、学校和同龄人的互动。纵向维度指的是家庭和文化史，来自上一代的影响。代际的力量可能是潜移默化的渗透，也可能是突如其来的暴力冲击。布里特妮和莱昂内尔都受到这些纵向力量的影响，同时与之相互作用。不过，由于莱昂内尔的大部分症状通过多动症药物得到了控制，而布里特妮的症状十分明显，因此父母带她来接受治疗。

布里特妮的治疗凸显了人际潜意识的重要性以及深入开展父母工作的必要性。在伴侣会谈中，这对父母透露他们已没有性生活。他们通过争吵与彼此联结，孩子们受到惊吓，并因此不得不在内部处理父母的冲突。会谈显示，父母的冲突来自未代谢的童年创伤。父母在伴侣关系中活现了过去的手足创伤，而布里特妮和莱昂内尔则重现了这些冲突。

布里特妮一家的阻抗表现

布里特妮家由加布丽埃勒当家做主。在此家庭模式中，父亲被"扼杀"，不被允许参与。祖辈世代里，男人是被理想化和被牺牲的对象；而现在，这种对父亲和兄弟的愤怒与仇恨在潜意识中传递。这对夫妻接受治疗前，马多克斯从来没聊过自己的童年创伤。当莱昂内尔以违抗的方式见诸行动时，父母会强硬地约束他，传达家族世代对男性的恨。布里特妮也以类似的见诸行动传递对弟弟的恨。另外，马多克斯不时会离开婚床并睡在沙发上。布里特妮经常在睡不着时出来和爸爸一起躺在沙发上。布里特妮的性欲亢进行为可能是这一模式造成过度刺激的结果。

总而言之，这个案例勾勒出家庭中对男性的攻击模式、伴侣之间压抑的性欲以及传递给孩子的性和攻击性冲动及冲突。

布里特妮的游戏

布里特妮用乐高积木搭建房子，房子中央有棵树（图 24.1）。

房子中央的树，让我们联想到家庭之树位于家庭生活的中心位置。在构建方式上，内部和外部几乎是融合状态，也指出家在布里特妮心中缺乏界限——也代表了家庭中坍塌的内在生活空间。此外，建筑平面聚焦在两个相互连通的卧室空间上，父母卧室没有单独的隔间。

后来，布里特妮重新调整了乐高建筑的平面图。

图 24.1 父母卧室和子女卧室相连

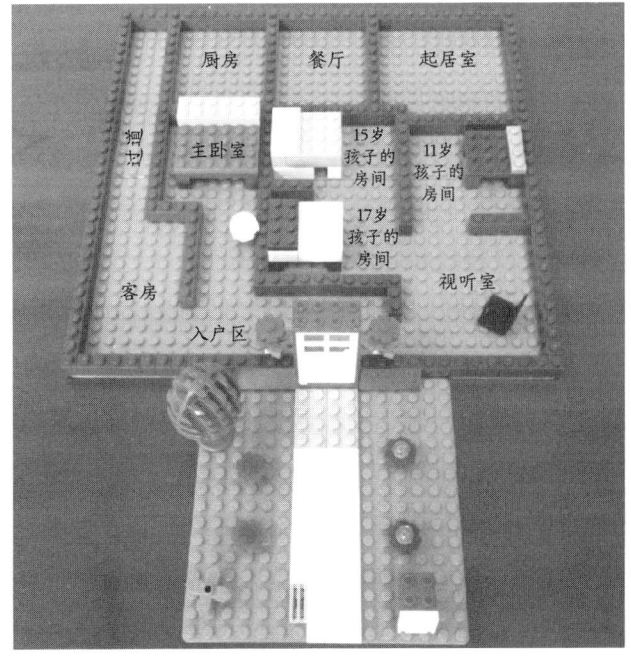

图 24.2 父母卧室和子女卧室各自独立

在图 24.2 中，树被移植到室外。父母卧室不再与孩子的卧室连通，意味着孩子逐渐独立于父母，以及逐渐不受父母过往创伤的影响。

梦境中的人际潜意识

布里特妮的梦

"我不断看到这些巨大的狼蛛。到处都是。不管我走到哪里，都有狼蛛。我背上、窗户上，到处都是。我醒来的时候，爸爸睡在沙发上，弟弟也还在睡觉，于是我上楼找妈妈一起睡。过了一会儿，只要闭上眼睛，我还是会看到狼蛛的轮廓，所以我不停地睁开眼睛。后面这部分不是梦，但还是很重要。"

根据客体关系理论，这些"无处不在"的外来威胁性生物象征着带有侵犯感的迫害性内在客体。梦境捕捉到攻击性情感联结，它以狼蛛为载体，横越时间与空间，冲破世代屏障，并强行闯入家庭的心智世界。同时，狼蛛似乎象征着有毒的、未消化的、无法被任一家庭成员所涵容的情感内容，让大家动弹不得，恐惧着明天将迎来更多悲剧。我还没来得及理清狼蛛之梦，布里特妮又马上分享了另外两个梦，细节之多让我一下子感到脑子发蒙。它们让我感受到布里特妮在家里的处境，有一种由于缺乏对边界的尊重而引发的被侵入感。我们在这节治疗中，再次体验了狼蛛入侵的感受。在反移情的引导下，我才得以破解梦境的含义。

治疗策略

治疗不是纯然揭开创伤的工作（像考古学家在遗址中尝试挖掘文物，以增加对古老文明的认识）。治疗发生在交互的潜意识矩阵中，来访者和治疗师在其中共同搭建联想网络。某种程度上，治疗创造了让冲突再现的机会。不同的是，这次家庭体验到一个允许冲突浮现的容器，使他们得以与早期创伤建立有意义的联结，并促进创伤表征以进行思考和恢复。

25. 手足关系与身份认同的形成

安娜贝拉·布罗斯特拉

概念：手足情结

弗洛伊德认识到，"孩子在家庭中的地位对其后来的生活形态极为重要"（Freud，1916—17，p.334），但他并没有像重视俄狄浦斯情结中的亲子关系那样重视手足关系在人格形成中的作用（Laplanche & Pontalis，1996）。多年后，路易斯·坎西佩尔（Luis Kancyper，2004，2014）进一步发展了手足情结的概念。坎西佩尔是阿根廷精神分析师，也是阿根廷精神分析协会和国际精神分析协会的正式会员。直到2018年离世前，他一直投身于与拉丁美洲和欧洲的精神分析学会的合作，也因在经典精神分析与当代潜意识理论之间架起桥梁而获奖。坎西佩尔撰写了大量关于临床实践、元精神分析和精神分析技术的文章和著作，其中不乏国际译本。由于拉丁美洲家庭普遍希望至少有两个孩子，坎西佩尔有颇为丰富的手足经验。相反，诞生在独生子女年代的中国治疗师，可能不那么容易理解手足关系对于发展和人际关系的影响。因此，了解手足概念可以帮助治疗师更好地与多子女家庭沟通和工作。

兄弟姐妹之间会激荡出一系列从充满关爱到怒目相向的情感。坎西佩尔认为，这些情感不仅代表手足关系，也标记着非俄狄浦斯但与俄狄浦斯动力互补的手足情结。西班牙诗人佩德罗·卡尔德隆·德拉巴尔卡（Pedro Calderón de la Barca，1600—1681）曾说："王者之路，手足皆敌。"更成熟的立场，是兄弟姐妹都能意识到彼此的联结性。手足情结让孩子得以逃离聚焦于亲子关系的俄狄浦斯情结——与其与不情愿的一方家长战斗，不如向兄弟姐妹宣战，争夺主导权。

手足情结的功能

替代功能

兄弟姐妹在一定程度上替代或补偿了失职父母的功能。由于无法得到父母关注，儿童持续受困于手足竞争之中。

防御功能

手足引发了源自亲子关系的情感和冲突。例如，弗洛伊德注意到男孩用姐姐代替母亲。家长可能因为自身的手足情结而偏爱某一个孩子。任一方家长都可能不自觉地在重复童年创伤，偏爱与自己最相似的儿女。

阐述功能

由于被排除在关系之外而对自恋造成的未解决的伤害或愤怒，因打败对手和俄狄浦斯式的胜利而感到的内疚，以及因在斗争中失败而招致的羞耻感，都会终生存在。但兄弟姐妹的存在，让俄狄浦斯冲突得以在手足关系中获得不同的处理和阐述。换句话说，手足情结在俄狄浦斯情结的基础上进行阐述，让孩子可以在不那么焦灼的位置上，体验和解决被父母排斥以及"自己并非父母的唯一"的感受。

结构功能

手足关系终生影响着儿童与他人的相处模式，同时会被内化为构建内在世界的基础之一。手足情结影响自我、自我理想和超我的形成，因此也影响着我们对爱的客体的选择。

玛格丽特·拉斯廷（Margaret Rustin，2007）解释说，兄弟姐妹之间的情感发生在竞争领域之外。竞争范围内，燃烧着各种手足阋墙的幻想。这引发了诸如被逐出家庭的衍生性幻想：例如，幻想自己是被领养的，以此解释自己不被家庭接纳的感受；幻想离开家并被另一个家庭收养；幻想自己与某个兄弟姐妹是双胞胎，两个人共享同一时空；或幻想加入帮派和团体，目的不是在团体支持中探索自主性和性别认同，而是对抗有害的第三方（Rustin，2007）。

手足抗争

未解决的手足情结可能以各种抗议形式表现。一种是以拒绝的方式表达直接攻击和被动敌意。另一种是对被偏爱的手足的愤慨，视其为竞争对手和入侵者。坎西佩尔（2007）引述弗洛伊德（1916）的观点并指出，出生顺序进一步使得手足冲突的体验和处理变得复杂：他解释道，儿童在家庭中的位置是影响儿童日后人生的重要因素。

长子和次子

家庭欣然欢迎长子降临，他是首个体现上一代繁衍能力的孩子，也会以合法继承人的身份得到栽培。若首胎是儿子，父子间会建立某种自恋契约。自恋型的父亲对儿子施加永恒的权力，他可能拒绝认可长子为继承人，或者不承认他希望（同时也不希望）儿子担任家族传承者。家庭会对第一胎寄予厚望，尤其是对儿子。许多孩子最终只能活在家族阴影下，只能成为前人的效仿者。反之，没有背负家族期待或没有领地继承的次子，必须历经更蜿蜒的认同之路，去探索，去征服，去耕耘自己的领土，并最终收获属于自己的身份认同。

半人马关系

坎西佩尔借鉴希腊神话半人马（Centaur）的意象来描述父亲与长子间的半人马关系。他观察到许多父亲与长子有着共生关系，基于此，他想象父亲是神话中半人马的头，儿子则是将意象变得完整的下半身。有些父亲将自己的名字赋予儿子，期望他高举家族大旗，以父亲之权强行要儿子活在父亲的世界里并实现父亲的抱负。

长子的诞生也宣告着父亲不朽神话的破灭（Kancyper，2004）。倘若父亲内心过于恐惧，父子关系则通常会充满矛盾和竞争。父亲视儿子为对手和入侵者，感到内疚、憎恨、嫉妒、怨怼和羡慕。两人也可能为了从共生意象中找回部分自我而完全疏远彼此。

但这种动力影响的远不止是父子。拉斯廷（Rustin，2007）从母婴在家庭场景下的互动中观察到母亲的纠结。因为无论孩子处于哪个家庭位置，母亲都会在每个孩子身上感受到强大的认同拉力，而她又必须在心智世界中为每个孩子保留空间。

儿童也时常幻想有想象手足（imagined sibling）。他们可能会渴望拥有兄弟姐妹——或想在对手出现前先动手消灭对方。儿童同时也在各种教室、游乐场、邻里间的同辈关系中成长。儿童无法选择出生的家庭，但可以选择自己的朋友，而朋友关系又会反过来调节既有的手足关系。

手足情结对日后人际关系的影响

成人个体希望在亲密伴侣身上找到自己未曾拥有的父亲或母亲。他们必须调整表征（使其不再是对完整客体的认同），选择性地认同父母一方或双方身上的某些品格特质，再将其打磨成新的理想客体。否则，他们会寻觅却找不到那名未曾拥有的父亲和母亲，因此转而寻找一个与兄弟姐妹相似的伴侣。"手足化"的伴侣关系充斥着竞争，也对伴侣的性生活产生消极影响。成年个体自我必须脱离这种手足认同（dis-identify with sibling identifications），才能在伴侣关系中做回自己。

手足移情与反移情

要能发现和分析手足移情，分析师必须先回顾自身与兄弟姐妹相处的经历，否则容易卷入活现和竞争反应中。以一位女治疗师与一位男来访者的治疗为例。这位来访者总是想坐治疗师的椅子。他拒绝治疗师所有的诠释，回头却赋予自己相同的诠释，仿佛那都是自己的想法。来访者抹杀了对治疗师作为有用的独立个体的所有认可。这触发了治疗师自己的手足情结。她出生在哥哥之后，是家里的第三个女儿。家人赋予她与祖父和父亲相同的名字，而哥哥总是通过彰显自己知识更渊博来与她竞争。在治疗过程中，她必须回顾并涵容被激活的手足情结，才能更好地回应来访者的竞争性攻击。在手足移情之外，我们也可能体验到友谊移情（Kancyper，2004）。友情移情，是信任和忠诚以及更深层次的关系联盟。我们希望友谊移情不是为了回避隐匿的手足情节而出现的防御性产物，而是鼓励揭示隐藏冲突的创造性产物。

小结

手足情结可以带来新的视角，帮助我们理解来访者的内在结构、内在关系、移情反应以及我们构思诠释的方式。

26. 离婚对儿童和家庭的影响

凯特·沙夫

20世纪70年代，美国开展了首个与离婚相关的重要研究。研究人员发现，离婚是儿童出现依恋障碍和发育受阻的风险因素，因为儿童需要一个主要的依恋对象和主要的家。当时，那名依恋对象毫无悬念地被认定为母亲，因为人们认为这最符合孩子的利益。此后的新研究对发展的可能性更加乐观，认为个体可能从巨大冲击和丧失中恢复，发展也得以继续。有一小部分经历家庭暴力和混乱的儿童，将父母离婚视为一种解脱。另一些孩子会因为丧失和干扰而感到十分不安，但终究可以克服并继续生活（Scharff & Herrick，2010）。

风险因素

接下来的部分首先介绍了一些风险因素，其次是保护性因素——这些因素帮助父母将离婚创伤转化为悲伤的记忆，不至于影响儿童发展。治疗分居或离婚伴侣和他们的子女本身就是一项特殊的挑战。最后，这个部分以案例和治疗要点收尾，为如何与离婚家庭的儿童进行有效治疗提供指导。

高度冲突

最大的风险因素是孩子在父母分居和离婚之前、期间和之后直接暴露在高强度冲突中。高强度冲突的主因通常是在潜意识驱动下结合的伴侣，无力从混乱的婚姻动力中抽身。早年创伤越重，个体越有可能在配偶身上重复创伤，或者因竭尽全力回避创伤而引发其他问题。关系比较健康的伴侣最终能够理解：童年期依恋对象没能给予自己的，配偶也永远无法提供。婚姻可能会继续，可能会结束，但无论如何，他们都能够把孩子放在首位。而创伤更重的伴侣会更绝望、失意和愤怒，指望孩子重新创造他们从来未曾拥有的稳定感，从而发展出不健全的亲子关系。孩子被当作伤害另一半或与另一半维系关系的武器。孩子会认同父母双方，因此一方对另一方的攻击，会被体验为对孩子的攻击。迫切需要安全感的孩子，试图通过传递父母一方的负面消息来确保获得另一方的爱。

与一方家长关系不良

第二个要考虑的风险因素是儿童与一方家长关系不良所带来的影响。带有毒性内摄物的父母可能令人害怕、在养育方面缺席、患有精神疾病或不甚了解孩子的发展需求。毒性内摄物的投射与传递正是导致亲子关系不良的原因。然后，一方家长可能会指责另一方带来有害影响，或控制孩子与另一方的相处时间。家长可能会在两个家庭抚养交接的时刻制造焦虑。最糟糕的情况是，孩子为了抓牢自己偏爱的一方家长的爱，完全与另一方断绝联系，即所谓的父母离间（parental alienation）。

相处时间不足

第三个风险因素是孩子与父母一方或双方的相处时间不足。以前，孩子的抚养更多依赖于母亲，而现在，人们普遍认为父母双方都应与孩子有足够的相处时间。这种预期的变化是一个重要进展。只是，平等养育权利走得太远，反而没能将孩子的发展阶段和阶段需求纳入考量。决定因素不在于谁赚更多的钱或住更好的房子。好父母所在的地方就是家。我们希望，即便离异，每位家长仍致力于成为好父母。

祖父母的干扰

祖父母可能会诋毁父母中的一方或指责其忽视和抛弃孩子,从而离间亲子关系。或者,他们可能通过强行搬来同住而占有孩子。母亲可能不得不疏远孩子的祖父母。姥姥甚至可能为要求取得探视权而起诉自己的女儿。祖父母对家长的特定攻击可能反映了他们对年轻一代、其养育方式及其婚姻与离婚观念的贬低,也可能体现出祖父母在重现自身童年时被攻击的经历。

案例

一位父亲试图炸毁孩子们与母亲居住的房子。由于这对母亲和孩子们造成了巨大创伤,他只能在监督下有限制地探视孩子。奶奶不断要求他争取孩子的探视权,仿佛他无须为自己的行为承担后果。假设治疗后,父亲的状态有所好转,法庭可能会考虑延长探视时间。奶奶对儿子失望透顶,持续诋毁孩子的母亲,并声称一切都是孩子母亲杜撰的故事,她儿子是无辜的。她把希望寄托在孙子身上,并且把所有精力用于诽谤孩子的母亲。

保护因素

好在离异伴侣依然可能成为更好的父母。他们可以保持友好,相互尊重,保护孩子免于遭受离婚的全面性影响。他们可以避免相互指责和诋毁彼此。他们能基于孩子不同年龄阶段的不同发展需求,合作设计足够好的养育安排,让孩子有足够时间(不一定完全相等)与父母双方相处,并在孩子的不同成长阶段灵活调整养育安排。他们为孩子提供治疗资源,帮助孩子探索丧失、从中复原,最终适应并受益于两个新的家庭环境。

治疗师面临的挑战

当收到转介,要为离异或正协议离婚的家庭的儿童进行评估和治疗时,治疗师需要留意家长是出于孩子的需要而将孩子带入治疗,还是另有目的。我们必须先与父母会谈,评估家庭背景,并关注孩子适应新家庭环境的情况。我们必须认识家庭,但最好是先与孩子和父母一方工作,再与他们和另一方父母碰面,表示我们理解这个家现在是双核心家庭(binuclear family)。一开始就与所有成员共同会谈,容易混淆成员对新家庭结构的理解。有时,父母会把孩子视为问题中心,实则是利用孩子来维系与彼此的联结。我们会自问:"这究竟是谁的治疗?"与双核心家庭工作可能会为我们的治疗中立态度带来压力,让我们从治疗椅上跌落。

案例

这对家长看起来是真心关心儿子。类似的故事通常极具说服力,但治疗师必须先听取各方面的意见才能给出评估和建议。

第一节治疗中,儿童来访者看似在用积木和乐高表达家庭状况。他把乐高积木连成一列火车,然后又把两节车厢之间的车钩弄断了。我依此假设孩子很投入工作,他在告诉我问题所在,并且治疗能顺利展开。然而,进入第二节治疗时,他完全无法做游戏。治疗结束前,他突然告诉我:"我在生爸爸的气。"但他不肯详述原因。类似情况反复出现,直到我终于体会到,我期待他玩耍和说话对他来说是一种折磨。我需要探究是什么阻隔了我们之间的工作。

我再度将目光转向父母。与他们的个别会面中,我得知两人仍然经常发生性关系。母亲既持续勾引前夫,却又对他愤怒至极。母子纠缠融合(enmesh)是为了离间父子关系。基本上这是一段施受虐关系。家长带孩子接受治疗原来不是为了孩子好,而是要证明另一方家长的不是。男孩不愿多加说明的"生爸爸的气"其实是在帮母亲表达内在感受。他在第一节治疗中确实尝试表达想法，但当他表达出喜欢治疗工作时，母亲立马发动对治疗的攻击。她才应该是孩子的唯一，治疗师反而像孩子父亲一样成了敌人。

这个案例说明，当离婚夫妻把孩子用作维系两人联系的武器和黏合剂时，治疗师必须避免落入共谋。我们要能承认当前状态并不足以构建成功的儿童治疗。我们要能挑战父母，要求他们重新聚焦于为何他们希望孩子接受治疗。有时候，治疗根本不是目的，而是设法让治疗师在监护权听证会上提供证词。与来自离异家庭的儿童工作，可能会让治疗师不自觉地卷入混乱的家庭系统，干扰治疗师的思考能力，让她难以保持中立。我们可以在治疗开始前与家庭签署一份协议来保护自己，这份协议规定我们不担任专家证人，以及涉及我们的所有沟通必须让父母双方知情。离婚不是孩子造成的，孩子也无法阻止父母离婚，但孩子往往是离婚过程中受伤最重的人。无论在做父母工作还是治疗离婚家庭的孩子，孩子的最大福祉永远都是我们的首要考量。

27. 自杀

瓦利·马杜罗

自杀行为

自杀本就是心理健康领域从业者共同关注的议题，而全球大流行病导致的人际隔离愈发凸显出讨论自杀的重要性。2020年和2021年来自世界不同地区的三项研究一致发现，承受心理创伤（因全球大流行病而引发的焦虑和抑郁）和长期处于不安全的家庭环境（家庭暴力）中的儿童、青少年和年轻成人患者自杀身亡的比例明显增加（Clemente-Suarez et al.，2021；Lawrence et al.，2021；Manzar et al.，2021）。

自杀行为和风险评估是复杂的课题，必须综合各方观点才能更好地理解。一些理论家认为，我们必须关注有自杀倾向的患者的内心世界：客体幻想，以及其中真实或臆想的与客体的关系。其他专业人士更专注于如何辨识自杀风险和危险信号。实际上，大多数专家都使用外部数据来识别、评估和治疗自杀倾向。戴维·贝尔（David Bell）从精神分析角度撰文，认为风险信号是重要但非完整的数据。个体的内在世界能够提供更完整、更有助于治疗和公共政策制定的方向（Bell，2001）。

与自杀相关的精神分析概念：弗洛伊德、克莱因、贝尔和阿尔瓦雷斯

弗洛伊德和对恨之客体的认同

弗洛伊德（1917e）认为，有自杀风险的人，与童年重要人物之间存在真实或想象的无比矛盾的关系：爱、恨、愤怒、怨恨同时存在。患者把这些感受转向自己，纳入并认同客体。自体俨然成为攻击客体。可以说，自杀是对认同恨之客体（hated object）的自体的攻击。用弗洛伊德的话说就是："自体责备其实是在责备爱之客体（loved object），控诉从客体身上转移到来访者内在的自我上（p. 248）"。简单来说，本来指向丧失客体的批判情绪转向自体，变成一种自责、自我批评和忧郁的情绪。身体因认同丧失客体而蒙受攻击，并因此代替原始客体成为仇恨指责的标靶。

梅兰妮·克莱因谈分裂心位和抑郁心位

克莱因（1935）谈到两种交替出现的心理位置。她认为，当个体处于好坏分裂的偏执-分裂心位，且意图通过杀死自体内的坏客体而去除其存在时，自杀就可能发生。在元心理学中，父母被称为外在客体。亲子关系里的痛苦与伤害都被投射给父母，在投射性认同的作用下，父母成为充斥着坏感受的存在。为了应对痛苦，孩子通过内摄性认同将迫害性的家长客体纳入自体并对其进行认同，从而控制它。因此，外在客体被转化为惩罚自体的内在客体。极端的投射和内摄过程塑造了内在的迫害性客体，进而提高了自杀风险。个体处于抑郁心位时，自杀情绪来自内疚感——由于意识到自己的攻击对客体造成了多大的伤害而感到内疚。当个体无法承受内疚感招致的痛苦，就只好对引发内疚感的内在客体以及造成伤害的自体发动攻击。

戴维·贝尔论自杀

贝尔（2001）结合克莱因学派的观点，尝试理解人们为什么会自我攻击至死。他提出，精神痛苦可能出现在三个不同的心智组织水平上——偏执－分裂水平、抑郁水平和综合型水平。

偏执－分裂水平

迫害性客体的追击导致了精神痛苦。当被投射而载满攻击性的迫害性客体回头攻击自体时，个体就可能出现自杀想法。

抑郁水平

个体意识到对客体的伤害，产生了修复的渴望，同时产生了痛苦的感受。

综合型水平（偏执－分裂和抑郁水平）

纠缠性精神痛苦（tormenting psychic pain）源于偏执－分裂和抑郁水平的综合机制，也是最高风险的源头。解离通常伴随精神病性症状出现，此时患者通常会自我攻击。受损客体（damaged object）的责备导致内在产生如此痛苦的被迫害感，让个体想以自杀来摆脱痛苦。治疗师需要深入地倾听患者的内心世界，才可能触及这种综合型水平的精神痛苦。

想惩罚客体的动机，也会表现在患者与治疗师的关系中。自杀倾向、自杀尝试和自杀身亡的情况对临床工作者身心消耗极大，我们建议相关工作者寻求案例咨询和个人治疗。

阿尔瓦雷斯谈具自杀倾向者

阿尔瓦雷斯（Al Alvarez, 1974）认为有自杀倾向的个体无法承受自己的破坏性幻想，他们想象自体中坏的部分死去后，纯洁的部分会继续存在。他写道：

"……人，当认为自己再也无法承受其内在的破坏性元素时，可能会结束生命，借此摆脱……却留下幸存者，让其承受内疚和困惑……然而，他［逝者］所希望留下的，是自己那已然去芜存菁、理想化的形象……自杀其实是用最残忍的方式确保自己不被遗忘。"（Alvarez，1974，p. 129）

治疗片段一：大学生

本尼聊起酗酒和用药。他参加派对、尝试各种东西，到了无法正常上学的程度。他会用言语攻击自己："我不好，我一文不值，我配不上我优秀、重要的父母。"我们能听出他把所有的好投射给父母，所有的坏都投给了自己，并将自己的内在状态见诸行动。在后续治疗中，他开始谈论自己对父亲的愤怒。他认为自杀是他能给父亲带来的最大痛苦。他想毁灭父亲的心情变得越发强烈。父亲也是本尼的内在客体之一，试图自杀即是表达对现实父亲的恨，也是在谋杀内在父亲客体。尝试自杀后，本尼对自己的攻击性感受感到自责，也内疚于自己伤害身体之外，还伤了家人的心。在治疗后期，他修复了对父母和自己的看法。他相信自己已经稳定下来，准备好回归大学生活，而治疗也可以告一段落。整体看来这固然是很好的治疗成果，但治疗师担心，他不自觉地理想化父亲的倾向仍然可能是他内在的脆弱点。本尼突然决定终止治疗，也让治疗师倍感震惊。他结束的方式，对治疗师来说是一种非预期的丧失，可能也呼应了他想通过突然死亡来伤害父亲的希望。

自杀倾向：内在和外在考量因素

自杀的外在层面：风险评估

风险信号可以通过特定问题进行评估，然而具体的评估任务嵌套在关怀和心理动力学理解的矩阵之中。我们将对来访者内在世界的分析性理解和治疗中的移情－反移情情境结合起来，同时关注具体的风险评估考量。我们认为，要应对自杀挑战，整合内在与外在的方法和理解非常重要。我们需要倾听和寻找风险因素，并评估保护因素。

风险和保护因素

自伤、同伴关系淡漠、物质滥用、意外频传的青少年属于自杀风险群体。每个人都有风险因素。女性尝试自杀的概率更高，而男性因自杀而身亡的风险更高。保护因素就是在这里发挥作用，能够减轻风险。托马斯·乔伊纳（Thomas Joiner）及其同事（2007）强调，我们每个人都至少有一个保护因素，那就是生存本能。他们指出，有自杀风险的个体已经发展出违背求生本能的能力。频繁的自杀尝试可以看作反复突破生存本能的练习。我们评估个体的身体受伤程度和自伤频率，从而判断自杀冲动的致命性。我们根据公认的标准进行临床风险评估并制定最佳治疗方案。

治疗片段二：自杀风险评估

一个孩子在治疗中不时会提到自杀想法。和治疗师会面时，孩子的母亲谈到，这些年孩子摔断了不知道多少根骨头。说完她笑了。我们知道，受伤史本身就是一个风险因素。在这个案例中，母亲否认骨折伤害的严重性，这加重了风险的危险程度。

若评估风险较低，治疗师尚未需要采取具体行动。我们可以从内部工作，通过分析性方法来理解来访者的痛苦。

若风险水平很高，我们必须立即回应，通过密集治疗、寻求家庭和朋友支持、安排辅导员谈话以及提供对药物治疗和医疗照护的转介以确保来访者身处安全环境。

风险等级与征兆

我们使用治疗风险管理模型（therapeutic risk management model，

TRM）所列举之风险因素和警示征兆，帮助我们评估有自杀倾向的患者的风险程度。表 27.1—27.6 展示了低、中、高自杀风险下的急性和慢性征兆。

表 27.1　急性 – 低自杀风险

- 目前无自杀意图
- 目前无具体自杀计划
- 无自杀准备行为
- 来访者及其支持系统（医护人员、亲友等）对来访者独立维护自身安全的能力有高度信心
- 自杀意念几乎或完全没有伴随意图或具体计划；如果有自杀计划，该计划是笼统和模糊的，并且没有任何相关准备行为
- 来访者能够采取适当的应对策略，且在危机时刻愿意也能够使用安全计划

表 27.2　慢性 – 低自杀风险

- 没有或几乎没有精神健康或药物滥用的问题
- 患有严重精神疾病，但拥有相对充足的力量或资源
- 对压力源有痛苦反应，但无自杀想法
- 存在慢性精神疾病、药物滥用、健康和疼痛问题
- 存在保护因素、应对技能和生存理由，心理社会状况相对稳定

表 27.3　急性 – 中自杀风险

- 存在完全成型的自杀意念
- 不需要外部支持和帮助也能维护自身安全
- 缺乏意图，有活下去的明确理由（如照顾孩子）
- 有能力遵守安全计划和维护自身安全
- 无准备行为

表 27.4　慢性 – 中自杀风险

- 存在慢性精神疾病、药物滥用、健康和疼痛问题
- 具有保护因素、应对技能和生存理由，心理社会状况相对稳定，能在不诉诸自我暴力的情况下较好地承受未来的危机

表 27.5　急性 – 高自杀风险

- 有自杀意念并意图通过自杀结束生命
- 无法在缺乏外部支持和帮助的情况下维护自身安全
- 有明确的自杀计划、日期和方法，曾经多次尝试自杀
- 短期内曾尝试自杀和（或）进行自杀准备
- 患有急性重度精神疾病，如重度抑郁发作、急性躁狂症、急性精神病、近期或当前再次出现药物滥用行为
- 人格障碍加重，如边缘症状明显增加
- 存在急性心理社会压力源，如失业、关系破裂和酗酒复发

表 27.6　慢性 – 高自杀风险

- 长期存在自杀意念
- 患有慢性重度精神疾病和（或）人格障碍
- 曾（多次）尝试自杀
- 有药物滥用或药物依赖史
- 存在慢性疼痛
- 患有慢性疾病
- 应对技能有限
- 心理社会状态不稳定或受到扰动，如居无定所、关系动荡、就业不稳定
- 欠缺辨识生存理由的能力

自杀的内在层面：心理动力学

随着关于自体的潜意识幻想被投射到躯体上，年轻人可能通过自残、服药和尝试自杀来表达扼杀躯体的幻想。个体可能有一种极具破坏性的幻想，以为杀死躯体能保障世界安全。与此同时，他们怀揣着某个坚定信念：尽管躯体死亡，但自体将以崭新、美好的面貌继续存活。显然，自体中与理想化客体和迫害性客体相关的不同部分之间壁垒分明。理想化是一种心理机制，用于保护好客体免受自体因薄弱的挫败耐受力而萌生的谋杀幻想的侵害。受挫的欲望或对于安全和被珍视的需要会引发精神痛苦，给予自体坏的感受。躯体化被用于将自体中坏的部分封存在身体之内。如此一来，身体表征的是原初恨之客体（hated primitive object），对身体的攻击旨在停

止对愿望和需求的体验。缺席（absence）会引发迫害感。由于自体并不愿直面外在客体的缺失甚至是彻头彻尾的坏，并且身体让我们意识到自身需求以及匮乏的自体（needy self）面临的现实体验，因此迫害仿佛来自体内。正如克莱因所说，"自杀是试图杀死坏客体以拯救好客体"（Klein，1935，p，276）。自体感觉无力抵抗破坏性的骇人拉力，绝望之余企图消灭自己以拯救世界。

治疗

在急性的风险情况下，我们首先要评估风险程度。我们必须率先处理风险，提供针对强化治疗、日间病房或住院治疗的转介来保护患者。我们知道自杀尝试后的康复期（recuperation）依然属于风险期，因此我们持续提供支持，同时持续关注来访者的内心世界，留意是否有分裂机制在运作。来访者、家人和治疗师都有责任共同为来访者的生存提供支持，并建立一种有助益的关系。这种关系能够加深共同理解，并促进各方为出现自杀症状的家庭背景承担责任。自杀是亟须处理的家庭问题。换句话说，自杀者是症状承担者，承载着来自上一代的未曾被识别的家庭冲突或创伤。在工作中，我们运用反移情理解家庭动力，理解为自杀来访者的生存而焦虑所伴随的压力。寻求案例咨询和在个人治疗中讨论内在焦灼紧张的感受会大有帮助。

28. 神经科学与精神分析

卡罗琳·塞洪

神经科学和精神分析曾经是两个独立领域，现在像兄弟姐妹一样通力合作，帮助我们了解患者。弗洛伊德原本是神经科学家，从事精神分析工作后依然强调神经科学的重要性（Johnson & Flores Mosri，2016）。神经科学家和精神分析师马克·索尔姆斯（Mark Solms）整合了两个领域的交叠之处并创建了神经精神分析学（neuropsychoanalysis；Solms，2018）。神经科学家收集可测量数据，根据数据对儿童的感觉状态提出假设。精神分析师和精神分析取向治疗师探索潜意识幻想及它们如何呈现在临床情境中，从而对其意义进行推论。临床工作者利用神经科学假设来理解大脑如何影响儿童的想法和情绪。神经科学可以帮助我们解释和确认结论。

神经科学的研究成果提供了一个组织结构，帮助我们思考大脑在不同阶段的发展和机能。对青少年神经可塑性和大脑生长的研究证实，治疗提供了一个在大脑结构上实现发展的机会。神经科学为思考来访者焦虑的本质和抵御痛苦的防御结构提供了一个框架，使治疗师的心智与患者相调和，并思考精神分析技术及其各种要素的有效性（Cozolino，2002）。例如：

> 一位患有遗尿症的 5 岁女孩的父母在治疗中沮丧地抱怨女儿不配合如厕训练。他们希望女儿能像其他同龄孩子一样学会控制膀胱。治疗师利用自己对大脑发育的理解，帮助父母认识到在这个神经生理学发展阶段，女儿无法感知到生理感官的信号，因此无法察觉膀胱充盈与否。

弗洛伊德认为婴儿是张白纸，生理兴奋的目的是满足和平息躁动感。如今，我们认为在有爱的关系中，婴儿自身有生存和发展驱力以及满足驱力的能力。驱力会给心智世界施加压力，带来（满足时的）愉悦或（受挫时的）不愉悦的体验。当需求以愉悦或不愉悦的状态出现时，这些生理驱力以情感的形式被表征和体验。愉悦的情感能增加安全和依恋的机会，长远来说也支持着繁衍后代的任务。不愉悦的情感则会破坏安全、依恋和繁衍。

神经科学发现了人类的七种核心情感系统：探寻（seeking）、恐惧（fear）、愤怒（rage）、情欲（lust）、关爱（care）、恐慌（panic）和游戏（play）（Panksepp，2012）。探寻、恐惧和愤怒是非社会性生存系统（non-social survival system），而情欲、关爱、恐慌和游戏则是互动社会性系统（interactive social system）。当社会性互动发展为亲密关系时，坠入爱河的感受会激活个体对所爱之人的探寻；关爱，体现在爱人的爱抚中；情欲则是对于性联系（最终是繁衍）的追求。

激素和神经化学物质等神经调质向神经元发送信号，传递信息到大脑结构。心理治疗师就是在这些信息没有被命名、没有被涵容时（例如，仅仅表现为身体上的恐惧或愤怒反应）发挥作用，将信号重新组织成可以被理解的系统。我们将前额叶皮质借给来访者，通过思考和言语表述他们的感受，帮助他们理解自己的情感。心智化和情感命名也有助于我们处理羞耻、不信任和内疚等次级情感，这些情感来自大脑皮质下结构或本能系统。

儿童接受治疗时，可能会惧怕治疗师，或对于因为治疗而必须放弃与小伙伴相处的机会感到生气。用神经科学的术语来说，他们的恐惧／攻击本能情感系统处于激活状态。遇到害怕分离或无法信任环境的儿童，也会激活我们的本能关怀系统，旨在帮助儿童恢复安全感。接着，在治疗师游戏系统的共振下，儿童的本能游戏系统被启动。在儿童治疗中，我们运用关怀和游戏的社会系统，为儿童提供一种治疗性环境和体验，以软化他们被激活的恐惧或愤怒系统并满足他们的探寻系统，从而让他们开始期待未来与治疗师之间的积极体验。

虽然神经科学与儿童治疗的方法和目标完全不同,但这两个领域是有所交叉的。分析取向儿童治疗师根据临床材料提出假设,神经科学家根据测量结果和脑成像建立神经系统模型。治疗师与不确定和模糊性工作,学习耐受不知(not knowing)的状态,并逐步收集材料以了解潜意识。我们利用反移情接触儿童的内心世界,而神经科学则为我们了解儿童的心智功能、生理唤起和情感提供框架。

第四部分

儿童健康状态与症状的
临床表现

29. 儿童期的症状表现

吉尔·沙夫

我们遵循《心理动力诊断手册》[第二版；*Psychodynamic Diagnostic Manual*（*Second Edition*），PDM-2]中描述的诊断类别分组，从健康的反应到焦虑障碍、心境障碍、行为障碍、与事件和应激相关的障碍、心理功能障碍、心理生理障碍、发育障碍和性别认同障碍（Lingiardi & McWilliams, 2017）。我们先从心理韧性（resilience）的概念开始，然后对一部分儿童与青少年的心理评估和治疗进行阐述。这部分儿童和青少年的诊断（在表29.1中以楷体字显示）在PDM-2的诊断分类中具有代表性。不过，我们发现许多症状类别之间其实存在重叠。例如，某个描述强迫症的案例可能同时勾勒出来访者的精神创伤反应。厌食症虽然被归类为心理生理障碍，但患者可能伴有自伤倾向，而这既指向抑郁症，也涉及品行障碍的一些特征。在接下来的章节中，我们将对表29.1中以下划波浪线突出的障碍的评估与治疗进行阐述。

表29.1 儿童期症状表现

健康的反应	发展性危机和情境性危机
焦虑障碍	广泛性焦虑症，恐怖症，强迫症，躯体形式障碍
心境障碍	延长的哀悼，抑郁障碍，双相障碍和自杀倾向
行为障碍	品行障碍，对立违抗障碍，与物质滥用相关的障碍
与事件和应激相关的障碍	精神创伤，创伤后应激障碍

（续表）

心理功能障碍	运动技能障碍，抽动障碍，精神病性障碍，视觉处理、语言和听觉处理的神经生理障碍，记忆障碍，注意缺陷/多动障碍，执行功能障碍，严重认知缺陷，阅读、数学运算、书写、非言语和社交情感障碍等学习障碍
心理生理障碍	暴食症，厌食症
发育障碍	调节障碍，喂食问题，排泄障碍（遗粪症和遗尿症），睡眠障碍，依恋障碍，广泛性发育障碍（孤独症、阿斯伯格综合征和其他广泛性发育障碍）
性别认同障碍	

30. 情境性与发展性危机：健康反应

约兰达·瓦莱拉

许多人都可能因为突如其来的变化和意想不到的问题而面临危机，这些问题甚至可能导致创伤。心理韧性能够帮助我们健康地应对发展性和情境性危机，而不是被创伤性压力或适应障碍压垮。

心理韧性

健康反应取决于儿童和家庭的心理韧性水平。心理韧性是一种坚毅的性格特质，对冲击具有极强的抵抗力。心理韧性强健的儿童或青少年，具有从逆境中迅速恢复的人格力量。对有些人来说，创伤会压垮和削弱他们的自我力量，但对具备心理韧性特质的人来说，创伤会让他们变得更加强大。多年临床经验和研究表明，经历过创伤、遗弃、忽视或父母离婚等复杂情况的儿童，成年后更容易出现情绪冲突。然而，我们也发现，这群儿童中有很大一部分人具有复原和自我修复能力。

福纳吉等人（1994）在论述心理韧性理论与实践的文章中引用了许多重要研究，这些研究界定了具有心理韧性的儿童的特质和心理特征，以及保护他们免受逆境影响的环境条件。他们引用了拉特（Rutter，1985）的一句话。这句话解释道，心理韧性不能被视为与生俱来或在成长过程中习得的属性：婴儿的安全感完全是由特定照顾者传递的，不是体质、脾性或选型婚配下的产物，更不是从一个照顾者转移给另一个人的结果。西吕尔尼克（Cyrulnick，1999）说过，多灾多难的童年并不一定会决定往后的人生轨迹。创伤发生前的早年安全依恋模式，以及创伤发生后具支持性的人物提供的暂时性安全依恋（以帮助个体渡过创伤），是心理韧性的关键。简而言之，心理韧性是发生在困难处境下的正常发展。

心理韧性和依恋

福纳吉等人（1994）回顾了不同的依恋模式研究后发现，与亲近对象的安全依恋关系奠定了受创伤的儿童心理韧性发展的基础。像物理学材料一样，原材料越坚韧，抗压或抗冲击的能力就越强。儿童在童年期发展的其他能力，如读写能力和自我反思能力，也对心理韧性的发展有积极影响。具备心理韧性的儿童理解心智状态，也懂得应用此概念来理解社会情境。

福纳吉及其同事认为养育敏感度（parental sensitivity）会从两个层面影响母婴依恋关系：（1）很好地关注并回应婴儿的生理需求（呼应温尼科特描述的"环境母亲"概念）；（2）将婴儿视为有独特心智、意图、欲望和情感的个体（呼应温尼科特描述的"客体母亲"概念）。母亲必须首先具备反思他人心智状态的能力，才能发展养育敏感度，支持儿童自体结构的发展（Winnicott，1949）。福纳吉及其同事也区分了前反思性自体（pre-reflective self）和反思性或心理自体（reflective or psychological self）：前者是基于与身体属性相关的行动，属于生理属性；后者则以对儿童心智、经验和信念的理解为基础。

自体在主体间过程（intersubjective process）中进一步发展。母亲给孩子传递了一种创造性社交镜像（creative social mirror），使得儿童能够发展出一种有意图的立场（intentional stance），即理解和预测他人的情绪状态的能力。婴儿观察照顾者的心智状态和照顾者对自己的感受，从而获得属于自己的心智体验。

相反，如果母亲对婴儿的需求或感受视而不见，或把自身的心理状态投射到婴儿身上，照顾者便没能提供必要的精神装备来帮助婴儿建立反思性自体和抵制这种影响的能力。当母亲能够反思婴儿的心理状态时，婴儿自然会降低对防御行为的需求，建立心理韧性的能力也会相应得到增强。

温尼科特（1971）认为，儿童到达某一发展点后开始能考量情感、想法和客体，可以暂居在自己创造的假想世界中。能够暂缓现实环境的要求而思考其他感知视角，同时保持区辨幻想与真实世界的能力，是应对生活逆境的一大优势。当依恋关系和内在工作模型无力帮助个体时，意图反思能力能给予个体建立心理韧性的空间，同时在个体与新的重要他人相遇时，推动内在模型与关系的调整。

内在精神防御的影响

心理韧性依赖于不回避现实的健康防御机制。阻碍心理韧性形成的防御机制包括：抑制思考和感受的严重压抑，否认明确的认知和感受，以及拒绝承认阉割的威胁。

父母内在工作模型的影响

父母自身的内在工作模型的特点，极大地影响他们在给孩子传递安全感方面的倾向（Main et al., 1985）。依恋过程测量方面的新近进展提出了一个可能性指标，可以帮助我们评估内在工作模型的功能：玛丽·梅因设计的成人依恋访谈（Adult Attachment Interview，AAI），运用一系列看似简单直接的访谈提问，勾勒出成人被试者的童年依恋经历（George et al., 1985），并据此推断成人的依恋过往史及其对成人依恋功能的影响，从而评估他们在依恋方面的心理状态。随后，访谈材料分别被归类为安全依恋或不安全依恋型，后者再细分为回避型（dismissing）、疏离型（detachment）和混乱型（disorganized）。

根据访谈材料，安全型被试者表现得自主、自由、重视亲密关系，并且能够连贯而不失真地讨论自身经历。如果他们成长在整体上积极的早年家庭环境中，那么他们依然能看到父母的不完美之处；如果他们成长自相对艰难的童年，那么他们能坦然承认生活的困顿，在一定程度上接受自己的不足，并感念经历如何造就了今天的自己。具有安全依恋风格的父母较可能养育出具有安全依恋风格的孩子。这种安全感的体验使孩子未来面对挑战时更容易表现出心理韧性。

关于成人依恋风格和儿童与特定照顾者的依恋风格的研究，以及关于内在精神防御功能的分析性研究，共同将注意力集中在内在工作模式的传递上。接收了来自不安全依恋型父母的不安全感的下一代，心理韧性相对薄弱。幸亏内在关系的工作模型十分精巧复杂，不安全依恋型父母并不总是将同样的模式传递给孩子。父母传递的安全感是孩子内在的安全基地，滋养孩子应对创伤或日常逆境的心理韧性。

情境性危机

一个即将上大学的 18 岁高中男生得知女友怀孕，非常震惊。他们从高一开始交往，彼此相爱。他们保持着单一的恋爱关系，也会使用避孕套避孕。从精神分析角度，我们可以假设，意外怀孕反映了两人潜意识中想要孩子的愿望。他们即将因为大学生活而分隔两地，也一直很谨慎地采取性保护措施，结果因为一次避孕失误而意外怀孕。情侣两人都很烦乱，花了不少时间讨论目前的状况，以及怀孕对他们个人和双方未来的影响。他们希望未来一起生活并养育孩子，但事情发生得太快、太突然。他们告知了自己的父母，两家人也分别与小情侣碰面，共同商议可能的选项：堕胎、送养、抚养孩子并放弃上大学；或如果父母能在他们找到兼职工作前提供经济帮助，那么母子也可以跟随男生一起开始大学生活。双方家庭都支持他们在两家所能分担的现实基础上共同做出决定。他们没有等到选择余地耗尽时才面对现实。在协商过程中，双方都充分表达感受，深思熟虑地参与决策过程,也一起哀悼因怀孕而丧失的自由。无论最终的选择如何,他们都对当前境遇做出了健康的反应。

发展性危机

生命中的某些事情可能会对儿童造成重创,但儿童也可能在心理韧性的帮助下逐渐恢复,并继续健康地发展。以下是一个医疗创伤案例:受益于优秀的医疗团队、医院的儿童医疗支持计划和足够好的家庭支持,案例中的儿童得以健康存活。同时,这个案例也展示了创伤会带给婴儿何等程度的冲击,以及心理韧性在其中的缓解作用。

治疗片段:伊丽莎白

怀孕第 22 周时,年轻夫妻得知胎儿心脏大动脉转位,他们的女儿需要在出生 4 天内进行手术。夫妻有足够的时间消化医生的通知,适应未知前景引发的情绪冲击,寻求家庭和夫妻咨询的支持,并安排治疗计划。

在同行家人的陪伴下,这对父母选择在一家大型儿童教学医院进行手术。祖父母是年轻父母面对挑战时的靠山,他们帮助孙子应对这段时间的巨大家庭压力。母亲的健康回应是与腹中胎儿建立联结,对她说话和唱歌。婴儿伊丽莎白出生时身体健康,体重适中,也会回应在子宫里听到的歌曲。父母松了一口气,但他们仍然担心女儿后续的药物反应和术前准备工作。

术前的 4 天里,母亲持续与婴儿说话、唱歌,给婴儿喂母乳,并享受着母婴间目光和皮肤的接触。医院的儿童医疗支持计划包含术前准备。父母参观了手术区;由于婴儿术后可能会以全身遍布插管的状态被留在新生儿重症监护室长达 2 周,医院也安排父母事先看看其他术后婴儿,以帮助他们做好心理准备。

手术进行得十分顺利。术后,在医生的允许下,父母前往新生儿重症监护室探视伊丽莎白。这一次,他们看到自己的孩子身上插满导管:肚子上三根，颈动脉一根，肚脐有一根用于药物输送，还有导尿管和手上的静脉点滴，脚上、胸前和额头上都贴着用于监测生理指标的贴片。母亲无法拥抱孩子，这可能对母婴来说都是创伤。但是父母对着女儿说话，告诉她爸爸妈妈为她的勇敢感到骄傲。母亲也一直唱歌，并轻轻抚摩伊丽莎白的额头。术后第一次听到妈妈的歌声时，伊丽莎白非常躁动，最后不得不通过注射吗啡来保持镇静。幸好，在那次短暂性的创伤反应后，伊丽莎白重新对母亲产生了积极回应。

4天后，伊丽莎白离开了新生儿重症监护室，但依然需要止痛剂，直到两处手术缝线愈合。护士和母亲为她清洗伤口时，她哭得很厉害。伊丽莎白也还没强壮到可以自主吸吮奶水，母亲必须挤奶并用奶瓶喂她。从婴儿的视角来看，她不是一个足够好的母亲。然而，随着导管一一拔出，伊丽莎白越来越能回应父母和婴儿床床铃带来的感官刺激。

术后恢复顺利。术后第15天，他们返回家中。之后的好几个月，每当母亲抚摩婴儿胸口时，婴儿都会不自主地抽动。这种惊跳反射是创伤的常见表现。母亲持续地轻吻和滋润婴儿的胸口，渐渐地，婴儿不再产生惊跳反应。

惊跳反射的结束，标志着生理性的痊愈，也代表心智功能终于脱离躯体创伤。

伊丽莎白直到10个月大时才开始能整夜安睡。母亲不确定手术创伤在这个无语言阶段会为婴儿带来什么影响，所以，从伊丽莎白出生到她1岁，母亲都不断地用视频和照片记录所有历程，记录着全家人迎接她到来的喜悦。直到今天，伊丽莎白都喜欢观看自己的成长影片。

影片记录非常重要，因为它帮助孩子用心智中的视觉图像来表征躯体遭受攻击和复原的过程，而不是将其封印在身体里。

伊丽莎白的进食量依然不大，可能身体里还残留着喂食管输送食物导致胃部饱胀的记忆。她持续重温和重新修复创伤。她喜欢看介绍循环系统的书，喜欢医生扮演游戏，喜欢听自己出生的故事和看自己早期生活的视频。她还特别喜欢妈妈创作的一个睡前故事：

妈妈肚子里有了宝宝,她好开心有这个女儿。肚子里的小婴儿心脏有点问题,需要手术修复。爸爸妈妈找到最好的医生,他们先去医生所在的医院,等待宝宝出生。其他家人也陆续抵达,准备一起迎接宝宝。她出生时很漂亮,粉嘟嘟的,体重也很好。几天后,她进了手术室,爸爸妈妈不断祈祷,希望一切顺利。他们在医院住了几天,直到宝宝准备可以搭飞机回家。整个家庭都非常高兴,等不及要与她见面。

3岁时,伊丽莎白已经能够解释自己的医疗经历。她告诉学前班老师,红色血管和蓝色血管位置交换了,医生修好了它们的位置。她身上的疤痕是为了手术做的拉链。她跟妈妈说,自己是因为出生时差点死掉才动了手术。母亲再次拿出照片和视频,向她解释:她出生时是一个健康、快乐和美丽的婴儿,手术是为了预防身体未来发生不好的状况。

就这样,母亲保护了女儿的"持续存在(going on being)"感。

5岁是重要的转折点,伊丽莎白的心智发育程度已足以让她用全新的方式表达想法。她问妈妈,医生是不是用刀切开她的身体,才能看到她的心脏。妈妈说是的,医生在她睡着时用了一把很小很小的刀做手术,所以她不知道当时的情况,身体也不觉得疼。伊丽莎白说:"妈妈,我害怕。"这是伊丽莎白第一次能思考身体承受的攻击,并用语言表达她的感受。

尽管这个案例的诱发事件是一次性外科手术治疗和在重症监护病房疗养的短暂情境,但我们可以看到,整合工作必须在健康的反应过程中持续反复进行,孩子才终于得以整合身体印记、心智功能和情绪感受。

小结

生命中的挑战有可能破坏家庭的安全基地,并干扰儿童的发展历程。心理韧性是确保我们能以健康的方式应对挑战的关键因素。

31. 躯体形式障碍：焦虑型障碍

艾达利达·阿尔塔米拉诺和吉尔·沙夫

躯体形式障碍（somatoform disorder）是焦虑障碍的一种。儿童将焦虑转化为躯体痛苦，如肚子疼、头疼、部位性酸痛和体内排泄物控制困难。症状表现有时来自实际疾病，有时起因于应激情境，比如离开父母去上学、手足出生或身处家庭危机之中。孩子会依赖父母并抗拒参与社交生活，行为表现显得比实际年龄小。父母多半会先寻求生理解释。的确，通过全面医学评估排除或确认器质性病因非常重要。症状得到照料对孩子来说是一种慰藉，然而过多地关注症状也可能强化孩子利用躯体症状传达焦虑情绪的模式。如果医疗检查结果显示孩子的症状无生理基础，可能会引发孩子强烈的抗议。

以下是一个关于躯体形式障碍的临床案例。

转介

苏珊，10岁，因为在学校感到被排挤和欺凌而被转介来接受治疗。治疗师很快意识到，苏珊其实是一个以躯体不适表达困境的焦虑女孩。她从小就经常胃疼，吃得不多，食物选择也非常有限。她一直在接受营养教练的治疗，教练教她如何适应不同的质地和食物。苏珊看过很多医生，收到过胃食管反流、偏头痛、乳糜泻和乳糖不耐症的诊断，但症状都没有得到缓解。苏珊的母亲和老师都非常担心她的"病"：她总是在抱怨身体不舒服，学校生活也经常受干扰。她接受了抽血化验、核磁共振、扫描、内窥镜以及其他医疗手段的大量检查，试图查明身体问题。

苏珊被转介给波士顿的专科医疗团体。他们发现苏珊体内的生长激素不足，需要进行激素替代治疗。但除此之外，各种测试表明她的症状没有器质性原因，她的"大脑习惯性地绕过情绪管理途径，直接向肠道发送信号"。苏珊的家人很高兴能从生理层面解释苏珊身材偏矮小的原因，也一致同意她接受治疗，以建立接触情绪和调节情绪的新途径。苏珊是长女，她和妹妹分别是10岁和7岁，但苏珊的双马尾辫和瘦小的身材让她看起来比同龄人小，更接近她妹妹的年龄。

父母和家庭生活

苏珊父母都是独生子女，很年轻就踏入了婚姻。母亲在服用治疗焦虑和抑郁的药物，姥姥曾有过精神病发作史。苏珊父母相处融洽但不甚亲密。母亲认为丈夫与苏珊关系更亲近，而自己与小女儿更亲近。怀大女儿期间，母亲身体健康，无特殊情况。然而，第二胎的孕期期间，她却出现了下腹疼痛和出血的情况，还面临着癌症和流产的威胁，以及对于母婴死亡的恐惧。由于病情严重，她需要前往波士顿接受专家治疗和手术。回到家后，母亲需卧床休息，父亲在奶奶的帮助下照顾苏珊，但一家人一直住在一起。二女儿出生后，苏珊的母亲还必须返回波士顿接受化疗。这一次，她与丈夫和襁褓中的女儿一同出行，而苏珊那几个月待在奶奶身边。3岁生日那天，苏珊也去波士顿与家人团聚，一起庆生。她在治疗中数次提起对她意义非凡的这个3岁生日。

父母对苏珊的身体症状有不同的担忧。父亲担心女儿的胃病会像她母亲一样发展成癌症，母亲则担心苏珊会像她姥姥一样出现严重精神问题。苏珊被夹在大量的家庭投射之间，不断挣扎求生。身体的痛苦让她得到了父亲的关注和母亲的关心。我认为她不知道可以有其他方式与父母联结。

治疗建议

我先向苏珊的父母解释了身心之间的联系,并建议苏珊每周进行两次心理治疗。开始是地面治疗,新型冠状病毒感染发生后转向 Zoom① 平台继续线上工作。以下描述的治疗片段就发生在 Zoom 会议室中,说明治疗联盟可以经受住干扰,并且以技术为媒介的治疗也可以像地面治疗一样有效。

反移情

苏珊有趣、聪明、有创造力、有条理且能说会道,和她在一起永远不会感到无聊。我喜欢和她一起玩。她的所有创作和新想法都很吸引我的兴趣,但我觉得她很难接收和接受我对她的好奇。有时候,我会担心自己的想法或诠释伤害到她,但实际上,她的防御非常强,以至于我大部分的干预尝试都被忽视了。我脑子里常盈满"自己做得不够好,不能很好地帮助苏珊解决痛苦"的想法。所以在技术上,我着重于为苏珊提供镜映。我经常觉得受阻,也害怕给她造成痛苦。

> 治疗师接收到苏珊拒绝接受情感痛苦的投射。面质可能会吓到苏珊。于是治疗师选择陪伴她,允许她在自我力量的范围内,按照自己的节奏延展治疗环境。当时机成熟,苏珊会将痛苦直接带入治疗室中。

治疗过程

苏珊开始先是在治疗室里玩洋娃娃,然后前进至其他更适龄的游戏内容上,变得更愿意表达。我们转用远程治疗后,她显得更加成熟了。我一直对这种变化感到好奇。与此同时,她依然害怕长大。她还未迈入青春

---

① 一款视频会议软件,为用户提供团队聊天、电话、会议等功能。——译者注

前期，父亲却已经开始跟她谈论青少年期是一个如何充满性压力和叛逆的阶段，这让她感到惶恐。苏珊卡在继续当小女孩和迈步进入骇人的新阶段之间。

治疗过程中也浮现出一种模式——当治疗有所进展，苏珊通常就会反弹，进入胃痛和头痛明显加剧的生理防御模式，然后家人就会马上为她预约医生进行诊疗。

进展创造焦虑，苏珊便会退行至躯体化痛苦的模式。

一年后的某节治疗

苏珊在制作装饰品，我一边在旁边观察，一边评论它们的形状或用途。苏珊全神贯注地用一根棍子戳穿一团黏土，然后把棍子抽开，留下一个小孔，再继续装饰黏土表面。她再次将棍子穿过黏土球。在尝试过程中，黏土球掉了两次。她继续重复，一遍又一遍地把棍子放进黏土球里。我脑海中浮现了性插入的画面，不过我只是问她为什么想打洞。苏珊说她想在装饰品上开个孔；她本来是要做充电器，后来改成了汉堡包。黏土作品最终被塑造成这个瘦小孩子可以吃的食物。

> 我们如何理解苏珊用棍子戳黏土的行为呢？阴茎进入阴道的意象，再加上游戏后面另外三个性器物体的创作，暗示了性的主题。苏珊或许感觉到青春期风雨欲来的变化，激素的激增引发了身体的快速发育。治疗师镜映孩子的举动。因为知道孩子还没准备好接收，治疗师并没有尝试给予诠释。治疗师也能感觉到苏珊对性的话题感到不适。相较于面质，治疗师选择陪伴孩子，直到孩子准备好的那一天。我们还可以从材料中窥见口欲期和肛欲期的内容。苏珊不敢接收，因为她害怕它们卡在体内或从她体内向外爆发。治疗师也担心如果进入苏珊的内心世界，可能会伤害她。

随后,苏珊手忙脚乱地捡起掉在地上的东西和作品,离开房间,并把东西带去厨房。回到我的视线中时,她拿着一根棍子、一个擀面杖和一把刀[三件性器物品,我想]。她说想把这里打扫得干干净净。为了完成清理工作,她不断离开我的视野范围,离开房间,还一度关掉摄像头。我说,在我们享受完这番混乱之后,确保一切恢复超级干净的状态对她来说非常重要。

她回到镜头前,给我看其他装饰品——雪人[雪人的鼻子又尖又大,是性器的象征]、汉堡、雪人造型的姜饼人、姜饼人下方的一颗高尔夫球[我联想到粪便]、她为母亲节做的心形装饰品,最后是另一个姜饼人。接着,她关掉摄像头并开始共享屏幕,让我知道她正在看超级史莱姆模拟网站。网站发出像搅拌机一样的"咻咻"的声音。

我想到肚子里的胎儿,但我只说:"你觉得它像什么?"

她说:"有点像肚皮。"

我说:"我也是这么想的,肚子里的是什么呢?"

她说:"很暗,都是黑的,你看。你喜欢哪种颜色的史莱姆?不能选黑色,只能选别的。"

我选了奶油奶酪,是红色的[我发现自己选择的是食物,而吸引我的颜色是暗红色:可能我联想到了血]。她想用闪粉装饰史莱姆,并给它起名字。[我觉得我们在创造胎儿,准备做手术让它出来。]

她:"看起来真像个肚子。"

我:"是啊,里面是个宝宝吗?"

苏珊看起来很不自在,转移了话题,并在椅子上不停地转来转去。[我觉得孩子的话题让苏珊感到局促,而她一如既往地转移了话题。这个情况太常发生,以至于我通常不再进一步分享我的想法,只是继续游戏,回应游戏里的情感和行动。]

我们看到,游戏逐渐演变成其他东西。治疗师跟随苏珊,让她的想象力堆叠出一种潜意识叙事。苏珊提到了黑暗和肚子。由暗而生的粪便、食物、胎儿，必须清理干净。可以看到，苏珊的心智目前位于躯体之内。母亲在二次怀孕时患癌，可能是苏珊害怕长大、害怕成为女人和母亲的原因。我们形成这个假设是因为苏珊总是回顾 3 岁那年，那也是她很担心妈妈状况的时期。苏珊内摄了体内既有胎儿也有癌症的母亲的意象，并放置在自己的腹部区域。她担心自己内部也有某种癌细胞会将她活活吞噬。这场生死之战在苏珊的腹腔中展开，她希望能驱逐无法消化其中的性器、肛门和口腔客体的恐惧。这就是为什么她必须采取"禁止进入（no-entry）"的防御策略，将外物隔离。只要继续维持小女孩的状态，她就不用体验自我存在（being）中心的创造力带来的问题。

一阵沉默后，苏珊告诉我，她特别做了一张母亲节卡片来赞美妈妈心如止水。我指出，她刚刚想到有点吓人的肚子，而现在想到了赞美的话。她补充道，其实刚才妈妈很生气，因为家里会特地帮苏珊准备一道汤，但汤需要从头做起，要花费很长时间，所以直到治疗开始前，汤都没能煮好。而此刻，汤煮好了，就在她眼前。苏珊在考虑要不要在会谈中喝汤。我对她的健康状况感到忧虑，内心希望她能喝一些。但她终究没有碰那碗汤。

相反，她突然唱起"痊愈"之歌：波士顿专家找到一个治疗方法！苏珊说："女专家特别善于理解身体哪里出了问题。她回到我出生的那一天，想了解问题的源头，因为从那天起，问题就一直反复出现。"疗法是使用软便剂。苏珊的粪便不再"和大鼻子雪人一样巨大"，她终于能够顺利排便。苏珊说，疗法有帮助，可是疼痛没有完全消失。她说："这是因为我没办法喝妈妈的奶。我们得回去了解这一切开始的源头。"

苏珊在游戏和联想中讲述着自己的故事。治疗师时不时娴熟地询问她的意图，从不过分侵入，也不至于让苏珊闭口不谈，只是鼓励她进一步揭示冲突。慢慢地，苏珊让治疗师进入了她的内心世界，只是依然带着戒备。治疗师促进了置换在游戏中的移情的发展。苏珊明白到治疗躯体问题会有所帮助，但不能解决问题。这让我们印象深刻。

过去，谈及苏珊的疼痛，像是在聊苏珊身体之外的某个异物。而现在，如果苏珊在治疗中感到不适，她会抱怨并向我指出疼痛的部位。她开始能够享受无痛的日子，也能注意到是什么导致疼痛复发。

我们赞赏苏珊继续努力寻找痛苦根源的决心和勇气。我们也欣赏治疗师因时制宜地运用技巧和时机帮助苏珊应对心理冲突，而不再将其转化为身体上的痛苦。

小结

治疗躯体形式障碍需要温柔和耐心。我们努力转译和理解身体患处在传达的情感信息。在孩子准备好直面与移情相联结的痛苦之前，我们持续停留在置换情境中。我们不害怕孩子的感受，我们能将孩子的感受言语化，孩子也能在我们的陪伴下安全地体验内在情感。

32. 强迫症：焦虑型障碍

安娜·玛丽亚·巴罗索

强迫症是焦虑型障碍的一种，患者害怕无法控制的情感可能导致混乱、污垢、破坏和死亡。患者要防御情感浮现，就要隔离情感，专注于合理化，苛刻地评判自己和他人，但因害怕出错而疑虑重重、举棋不定，并且尽管努力控制，最后还是陷入情绪爆发。症状通常包括保持一切极度干净和完美，搜集象征性元素来抵消（undo）迫在眉睫的碎片化恐惧以及对秩序的破坏。

强迫症的治疗方法包括使用抗焦虑药物和行为疗法来中断与改变强迫行为，以及通过心理治疗解决潜意识冲突。强迫症是一个连续谱，从轻微或集中的症状到严重症状，涵盖从神经症性到精神病性的两级。从父母的描述和与儿童工作时直接体验到的权力斗争中，有些学者认为强迫症状可能是儿童在任一性心理发展阶段与严苛的父母进行权力斗争时的反应。当父母变得不那么专制，这种障碍的发生也相应减少。身为儿童治疗师，我们鲜少看到成人展现极端形式的强迫症症状。下面的治疗案例展示了一个男孩强迫性囤积脏物的症状，并提供了一个机会让我们观察强迫症状的起源及其与损坏和死亡焦虑的关系。

临床案例：尼克（9岁）

尼克是备受宠爱的9岁独生子。他一年级时曾接受过阅读和写作辅导，目前是三年级，学习表现良好。他热衷于跑步，田径比赛名次也很不错。

但突然间，尼克开始出现强迫行为。他需要"留存所有他碰过的东西"，包括糖果包装纸、沾有鼻涕的纸巾和小伤疤上的痂。前一周，他在学校唯一可以排尿的方式，就是把尿液装在瓶子里，然后带回家并在他觉得舒服的地方处理掉。尼克也提到他非常害怕自己和父母会被抢劫或绑架。哪些因素掺杂在这种症状表现之中呢？

尼克的父亲在19岁时因车祸受伤，右膝以下截肢。在假肢的辅助下，他过上了"正常生活"，娶妻生子，婚姻关系稳定。尼克的母亲说，他们其实想要更多孩子，但碍于子宫内膜异位症，她只受孕成功一次。她说："这是我们永远无法愈合的伤口。年纪越大，疼痛越来越严重。我现在肯定没法怀上孩子了。"对此，她感到悲伤，也害怕失去儿子和丈夫。

父亲说，年轻时他跟尼克一样，多动、冲动、喜欢囤东西。青少年期时，他曾经因为这种冲动的性格而滥用药物。在我开始与尼克工作的9个月前，尼克的父亲经历了一次心肌梗死发作，幸好治疗及时，没有留下后遗症。治疗开始的1个月前，尼克的母亲因可能癌变的乳腺结节而接受了乳腺手术，切除腋窝结节。手术过程中，她的左臂神经受损，导致了左肢超敏反应和活动困难。

治疗开始的4个月前，尼克发生了一起严重事故。他与一群朋友赛跑时没有注意前方的玻璃门，直接撞上了那扇门，玻璃四射散落。他的胳膊和腿上有多处伤口，右腿嵌进一块将近18厘米的玻璃片。他被紧急送往医院，途中母亲必须用止血带加压以避免出血过多。到医院后，尼克接受了右腿股四头肌的重建手术。尼克从头到尾的反应令人诧异。母亲说："尼克没有哭，没有失控。手术后还坚持要见那位把门关上的朋友，告诉他自己没有生他的气，知道他并没想伤害自己。"

尼克和他的父母一直很担心他能否恢复到事故发生前的身体状况。他们说尼克很努力地接受复健治疗，已经重新开始跑步，但没办法像以前那样跑赢比赛让尼克沮丧而愤怒。母亲对尼克的遭遇也是同样愤怒、沮丧和悲伤，并表示自从尼克恢复学校活动后，她很难克制"无法一直照顾他"

的焦虑情绪。她说，事故发生画面反复出现，她难以自制地想尼克是不是就要死了。尼克的父亲已经走出事故的阴影，他只担心尼克能不能"找回自信"和重新喜欢上卡丁车比赛。他认为，妻子非常焦虑且对尼克过度保护，也承认自己不知道如何帮助妻子。孩子的母亲有广泛性焦虑症，紧盯着儿子的一切需求。父亲则因为自身的创伤经历，将恐惧、痛苦和悲伤隔离在自己铜墙铁壁般的防御背后。

以下片段节选自第一次会面的谈话。

与尼克的第一次会谈

尼克：我发生了意外。医生必须帮我做手术，从那以后我就很害怕，变成一个爱哭鬼。

安娜：听起来很严重。

尼克：是，但我现在不想谈。我就是舍不得扔掉垃圾，我是说任何我碰过的东西。我父母很担心。

安娜：舍不得扔，是什么意思呢？

尼克：如果我碰了什么东西，我就觉得上面有我的指纹，如果我把它扔了，我就再也看不到它了，这让我很害怕。所以我什么东西都留着。但我爸妈快气炸了。

安娜：不想害怕是很正常的。只是听起来，保留东西的习惯好像也有点吓到你父母了。

尼克：对。我不想让他们担心，我知道他们以为我疯了。

安娜：谁会这么想？

尼克：所有人，我的同学、老师，所有人。

安娜：我也是吗？

尼克：对，你也是。老师，你也觉得我疯了吗？

安娜：不觉得。但我认为，当我们不明白自己为什么要做某些事情的时候,这些习惯可能看起来很疯狂。但其实,我们可以把它们看成内心世界的信息。我们的内在尝试通过恐惧和行为告诉我们些什么。

随着治疗进行,尼克放下了囤积东西的执念。他开始能够面对可能丧失身体局部的焦虑。在第四节会谈中,尼克谈到了父亲的事故以及他的勇气。

第四次会谈

  尼克:爸爸总是告诉我他已经释怀了,他不伤心也不生气。但我总是想知道他的腿最后去了哪里,发生了什么事。
  安娜:想到爸爸的腿再也不会回来了,让你害怕吗?
  尼克:是的,他们缝不回去,然后它就不在了。我不知道,我想找到它,把它粘回去。
  安娜:如果能那样就好了。如果爸爸没发生那场事故,你也没遭遇这场意外,那就更好了。
  [他哭了。]
  尼克:对,我知道。
  安娜:你觉得,不知道爸爸的腿去哪儿了,跟你害怕扔掉碰过的东西有关系吗?

他默默地思考,然后治疗的结束时间到了。

第五次会谈

  在第五次治疗中,尼克比以前更开心、更健谈了。

尼克：之前我没法在课间时跟大家玩。今天我可以了。

安娜：发生了什么变化？为什么今天不一样了？

尼克：我们讨论了为什么我害怕扔垃圾的事。

安娜：原来如此。嗯，我们之前谈到爸爸身上发生的事。你觉得我们能谈谈你身上发生的事吗？

尼克：我和几个朋友在玩，我想看看谁跑得最快。我跑步得过很多奖。其中一个朋友把玻璃门关上了。我跑得很快，我看到门的时候已经停不下来，只好撞了上去。一块玻璃插进我的腿里。我妈妈给我扎了止血带，然后因为救护车没有来，她直接开车送我去医院。医生说，如果我妈妈不知道怎么扎止血带，我可能已经死了。他们得动手术。我在医院住了好几天，妈妈一直陪着我。我也去了好几趟康复诊疗中心。我又开始跑步，但还没有参加过比赛。我担心自己跑不好。

安娜：你一定很害怕。

尼克：是的。我们在车上的时候，我问妈妈我是不是要死了。她说不会。我让她保证，她保证说不会。你想看看我的伤疤吗？

［他撩起裤腿，先给我看右腿的伤疤，然后是左腿。］

尼克：看，这就是玻璃插入的地方。他们必须得缝合我腿里的肌肉。你能看出它们有什么不同吗？这条腿比另一条腿更细。

安娜：是呢。我知道你少了一块肌肉。

尼克：对啊，我不知道他们把它放哪儿了。我流了很多血。

安娜：你不想再发生同样的事。这是你保留垃圾的原因吗？

尼克：对。我得告诉你一件事。我不只是留垃圾。如果我看到结痂或疤，我也会把它包在纸巾里。鼻涕我也留着。我没办法在学校上厕所。我尿在瓶子里，放进书包，回家后再扔掉。我觉得如果我在家里把它倒掉，它就会留在房子的水管里，不会弄丢。

　　安娜：总是感到这么害怕，一定很吓人。

　　［尼克哭了，先是无声地哭，然后越哭越大声。］

　　安娜：现在是什么感受？

　　［他一边哭，一边几乎是尖叫着回答。］

　　尼克：为什么是我？它彻底改变了我的生活。我变成了爱哭鬼。我流了那么多血，差点失去了一条腿。

　　安娜：你很伤心，也很愤怒。

　　尼克：是。我知道老天并不想让这种事情发生在我身上，我也不想，但它还是发生了。我再也回不到从前了。

　　安娜：你说得没错，有些事情不应该发生的。

后续更新

　　尼克的老师详细描述了他的在校行为后，我们一起为他设计了情绪管理替代方案。如果在校期间尼克感到焦虑，我们希望除了母亲之外，在替代方案的辅助下能有其他涵容机制。与母亲会谈时，我们讨论了她围着尼克转的养育风格、她的分离焦虑，以及她对尼克日渐进步的矛盾心理：一旦尼克越发自主，她就可能失去儿子。与父亲会谈时，我们一起直面了他在处理自己与事故相关的感受上的困难，以及他对尼克提出的"坚强起来，尽快从事故中走出来"的要求。尼克的个体治疗继续深入，超越了表层的强迫症状表现，开始正视丧失，为自己和父亲的遭遇哀悼，并逐步减少对母亲的依赖，从而慢慢建立自主能力。他努力恢复腿部肌肉的力量，同时也在努力重建自己。

小结

这个案例展示了与强迫性囤积人体排泄物（如鼻涕和痂）的来访者进行的精神分析心理治疗。来访者的父亲也曾有囤积习惯，囤积是来访者对父亲的一种认同。囤积癖往往有家族或遗传脆弱性；在这个案例中，儿童腿部受伤的应激事件诱发了囤积行为，而父亲年轻时也经历过类似的创伤。强迫症行为往往是要防御污垢（此处的"污垢"是人体排泄物）、防御情绪表达（腿部受伤的当下，男孩没有显露出任何恐惧的反应），以及防御破坏和死亡的威胁（此处是由母亲表达出她对于儿子可能死亡的恐惧）。这个男孩是父母唯一的孩子，他们害怕失去他，就像害怕因癌症或心脏病失去彼此一样。所有担忧都集中在这一个孩子身上：曾经遭受截肢之苦的父亲希望孩子能再次奔跑；无法怀上第二个孩子（"永远无法愈合的伤口"）的母亲必须无时无刻围着孩子生活。我们可以看到家庭动力和认同如何影响强迫症的发展。我们也可以看到，治疗有助于触及被否认的情感，允许情感的表达，并因此减少诉诸强迫行为的压力。

33. 自杀倾向：心境型障碍

吉尔·沙夫

自杀倾向

以下临床案例描绘了青少年的自杀倾向及其治疗。相关的学术背景内容，请参阅"27. 自杀"这一理论章节。

来自军人家庭的 14 岁亚裔美国少女兰（Lam）有自杀倾向，情绪和安全状态都不稳定。她抑郁、焦虑，经常被充斥暴力的噩梦惊醒。她说自己快要被淹死或因呼吸困难而濒临窒息。家庭的亲子关系过度卷入，焦虑的父母害怕失去女儿，所以总是紧盯着她。她恨父亲坚持要她结束与一名年长男孩的网恋。她恨母亲不听她倾诉自己的痛苦和难受，尽管母亲表示不记得女儿曾尝试向自己吐露心声。母亲在海外基地执勤时，兰尝试跳阳台自尽。精神科医生和指挥官坚称母亲不应再被派驻海外，因此这一家人通过救护直升机返回美国。兰说她父母伤害她太深，她已经受够了。她唯一能控制的就是结束自己的生命，但没想到，自己连自杀的权利也被剥夺。父母对她进行 24 小时的自杀监护（suicide watch），她痛恨父母妨碍她结束生命。

兰会伤害自己，割伤自己的手臂，也想伤害别人。她说，不管是否威胁要自杀，她都经常有自杀的念头，有时候这种感觉会突破阈值，让她突然想采取自杀行动。她游走在几种心智状态之间——叛逆、恐惧、惹人讨厌、担忧、进取和需要关怀。她认为父亲（家庭主夫）控制欲太强，却又拉着父亲来保护她、安抚她，早上叫醒她，并带她去星巴克——这是他们的"晨间例行公事"。兰认为母亲（职业军人）对她疏于照顾，甚至需要她照顾母亲。但兰又希望母亲能陪她躺在床上，为她按摩，哄她入睡。

兰在学习方面表现优异，还很有唱歌才华，但是她以学校充斥着暴力且无视她对于"特殊照顾（accommodations）"的需求为由拒绝上学。她表示自己曾在学校受到性侵犯，但描述过于含糊，无法提供细节。她似乎会激发同学的攻击，包括贬低性评价或挑衅的碰触和戏弄。兰想进入一所更有竞争力的新学校，但同时又在研究寄宿治疗学校（residential treatment school[①]）。

兰正在逐步减少用药剂量。积极的方面是，她的精神状况有所改善。然而，她仍然存在睡眠困难的问题，常被充满暴力和杀戮的噩梦惊醒。噩梦暗示着令她恐惧的精神病性历程，但至少她能在个体心理治疗中如常对谈和思考。

三角评估

兰的老师和学校辅导员认为她在学校的表现激越，濒临暴力边缘。家庭需要努力解决沟通问题。根据辅导员的说法，兰与父母的关系似乎在某次家庭会面后变得融洽了一些。因此，良好的心理治疗有希望让兰的情况稳定下来。然而，辅导员仍然认为，在确保兰的情况稳定之前，住院治疗是最好的选择。

评估发现和建议

兰处于严重高风险的状态，不符合与家人旅居国外的医疗许可条件。她的情绪太不稳定，不适合只接受门诊心理治疗，因此在这个阶段商议防止自杀的安全计划效果不佳。父母的自杀监护举措虽然保证了兰的安全，

[①] 美国教育制度的一部分，是为受情绪或行为议题困扰的儿童和青少年所规划的教育环境。这类学校除了提供学业教育外，还为学生提供精神健康与心理治疗资源。——译者注

却也让兰有诸多埋怨，也导致父母日夜过度干预女儿的生活。兰需要精神科药物和后续治疗，也需要更长时间的心理动力学评估，但我们没有足够的时间。兰需要紧急住院治疗，接受照护和进行全面性评估。父母需要持续参与家庭治疗，培养依从性、倾听能力和涵容焦虑的能力，并拟定符合现况的工作和派驻目标。我们必须温和地告知父母，他们短期内不太可能收到派驻通知。他们需要至少等待几个月，观察兰住院治疗的稳定程度，看看她能否安全地在当地的新学校上学并坚持接受心理治疗。如果他们能够确保得到军方精神科医生的支持，并且兰的心理治疗师能够在线上继续治疗工作，那么他们可以考虑接受派遣任务。或者，如果兰选择在寄宿治疗学校读高中，那么父母也可能可以接受派遣任务。无法接受任务意味着母亲职业生涯的停滞，因此另一个选择是母亲外派，而父亲留在美国陪兰上学。不过在这个安排下，父母的婚姻关系也会遭受压力。总之，在父母确认兰的住院治疗反应前，我们都无法贸然做出决定。

当务之急是进行风险评估，确保兰的安全。我们评估外部数据，也考虑家庭背景。作为风险评估的一部分，我们也要评估来访者的内在心理结构和客体关系。在这个案例中，我们观察到来访者有两个内在恨之客体（hated internal objects），她试图通过攻击自己的身体而伤害客体，也尝试通过自杀来杀死这两个客体。孩子与父母之间极端的投射和内摄过程，带来一种被内在攻击客体迫害的体验，进而引发了自杀冲动。我们看到孩子处于深层的抑郁和偏执-分裂心理状态。她暴力和焦虑的程度、持续的自杀倾向，以及她对父母受到的影响毫无愧疚感的状态，都暗示了一种精神病性历程。有关自杀风险评估的详细信息，请参阅"27. 自杀"。

34. 成瘾：行为型障碍

伊丽莎白·帕拉西奥斯

青少年期的开始和结束都是敏感时期。青少年期早期，个体在应对青春期的变化，并开始将力比多投注从原初客体上抽离。这些压力可能让人感到孤独。到了青少年期晚期，与原初客体的分离和与同龄人的联结已趋完成。年龄较大的青少年努力建立身份认同以及适应大学或工作生活的能力。青少年期的成长任务带来的焦虑在于，他们不确定能否成功迈入成年。聚焦于发展和分化任务所引起的家庭关系变化，或在某种层面上呼应出生与死亡的主题，也让青少年期的历程伴随内在冲突和负罪感。青少年可能诉诸躁狂否认（manic denial）来防御脱离家庭环境所带来的恐惧、内疚和悲伤。

在青少年期，潜意识核心客体（unconscious central object；自体和外在客体带来的相处痕迹之间的联结）的推动力非常重要，并支配着外部关系。在青少年期这个阶段，我们遇见并感受内在无觉察客体（oblivious object；Brady，2016）、疾患或死亡客体（ill or dead object；Rosenfeld，1960）和蠢钝客体（stupid object；Alvarez，2005）的影响力量。青少年会不自觉地想表达内在客体状态——可能表现为缺乏危险意识，或将冲突体验为躯体虚弱，或通过自杀倾向探索死亡感，抑或是在人际关系和学校中展现鲁莽行为。

治疗片段：纳塔利娅

玛丽·布雷迪（2016）在文章中借由她与18岁女孩纳塔利娅的治疗工

作，描述了无觉察客体的作用及其在身体、原初客体、自我表征和移情－反移情中的表现。在不同时期，青少年情愿对某些情况视而不见，这时客体便会进入无觉察状态。纳塔利娅认为母亲是一个折磨人的侵入性客体，无视自己对纳塔利娅造成的伤害。这个残暴、无觉察的客体在纳塔利娅梦中以母亲强奸她的意象呈现。纳塔利娅的自伤和催吐行为是为了避免感受母亲的态度（在梦中被表征为强奸）所带来的伤害而使用的躁狂性防御之一。纳塔利娅无视其行为可能招致的生命威胁。

像纳塔利娅这样受困扰的青少年，往往有非常难相处的父母。他们对于孩子变得独立的态度，和处于青少年晚期的孩子对于离开家的态度一样矛盾。父母被孩子推开，却又被需要着。作为青少年治疗师，我们必须将父母工作纳入治疗计划，每周为父母提供咨询，或将他们转介给值得信赖的同事。我们需要父母的支持，以经受治疗过程中的风风雨雨。我们也需要支持家长去审视自己如何成为青少年问题的一环，并帮助他们回应孩子的变化。青少年在迈向自主和独立功能的路上，会抹灭他们年幼时赋予父母的全能和全知的特质，同时会指控父母为无觉察客体，转而攻击他们。青少年可能会把自己置于危险之中，用各种紧急情况或心理症状击败无觉察客体，让父母务必意识到自己的存在。

躁狂防御有许多形态，如滥用药物、用行动代替思考、酗酒等，都是为了对抗依赖感和内疚感。这些感受被否认、回避或反转。追求独立和残存的依赖需求带来难以控制的焦虑与抑郁，体现在青少年和父母的关系冲突上。其实，不再被动地回应父母的期望，开始断开情感纽带并积极定义自我需求和人生规划，是一种瓦解父母权威的健康方式，能够让青少年逐步掌控自己的人生。然而，与涵容性权威分离并寻找崭新自体时的脆弱性，会表现在危机中——例如，严重到需要住院治疗的身体症状、酒后驾车、药物反应、车祸、怀孕和自杀尝试等——这些危机会冲击现有家庭秩序，撼动无觉察客体，直至其醒悟。自我毁灭性的躁狂防御是青少年在与可用客体分离的同时召唤他们参与生活的尝试。他们不知道这些改变的尝试是否会成功，也不知道改变能为发展带来腾飞的希望还是踉跄的倒退。

当无觉察感（obliviousness）已然削弱家长权威，青少年的幻想便如脱缰野马般无边地发散，直到再也无法容忍时，青少年便会见诸行动。青少年无法承载对父母之全知全能和爱的谋杀幻想（这是青少年实现自主的必然历程），只好做出可能危及性命和肢体的行动。如果父母把青少年看作骇人的性欲客体，青少年就会做出相应表现来证实父母的恐惧。父母缺乏权威性以及整体的不成熟是青少年问题的主要成因。青少年需要能在潜意识层面依赖的足够成熟和接纳的成人（Winnicott，1945）。如果家庭环境无法实现这一点，它就必须在分析环境中被修通。

青少年的问题反映的是成人世界及其文化的问题。举例来说，西方国家时处自恋盛行的年代，众人皆认为青春何其美好。父母希望青春永驻的幻想直接受到近乎成年、青春洋溢的孩子的挑战。这给父母带来了困难，使其难以恰如其分地履行家长职责，并以合适的方式提供青少年发展自我认同和构建下一代文化所需的代际对抗。又比如，许多中国父母相信教育是孩子通向财富收入的康庄大道。面对拒绝上学的孩子，更多家长会坚持让孩子重返校园，而不是给他们时间接受治疗，并学习控制情绪和社交焦虑。重返校园不无道理，青少年需要同伴群体来帮助他们掌握成长任务。只是，身心困扰会暂时影响孩子学习和与同学社交互动的能力。每个孩子的问题都需要根据具体情况考虑，治疗计划也必须由学校、家长和青少年共同制订。

治疗过程中，我们必须同时考虑家庭功能中的破坏性因素。治疗师需要能够对青少年的痛苦感同身受，共情他们与父母相处的不易之处。同时，治疗师也要能共情父母面对青春期孩子的反应和不安情绪。青少年需要一个警醒的内在母性客体陪伴自己经历成长的过渡期。如果父母在帮助下依然无法改变，我们只能帮助青少年在没有父母支持的情况下向前迈进，在不毁灭自己或家庭的情况下，驶离家庭轨道。建立涵容性内在客体是青少年精神分析心理治疗中非常重要的任务。

35. 精神创伤：反应性障碍

卡罗琳·塞洪

创伤影响波及个体、家庭乃至社会。个体创伤可能回荡在家庭之内，社会创伤也可能对个体和社交群体造成破坏性影响。发生在儿童期的创伤，我们称之为发展性创伤。同时，创伤研究不应局限于其伤害性，我们也应该从个人、家庭和群体层面考虑可以缓冲创伤冲击的心理韧性和保护因子。

创伤事例包括饥荒、地震、压迫和政治运动（如欧洲列强发动的鸦片战争、欧洲纳粹对犹太人的种族迫害、两次世界大战）等。尝试承认与分析社会创伤的成因和影响，能够带来许多创造性理解。

创伤，尤其当它被视为忌讳话题时，具有穿透心智和社会心灵深层结构的能力。我们可以从家庭呈现的故事内容和讲述方式中获悉创伤的线索。创伤故事通常听起来含混不清或支离破碎——为了避免看清创伤全貌而带来的进一步伤害，创伤会破坏个体的理解能力。个体或家庭越抗拒创伤回忆，创伤就越可能再次重现。换句话说，有意识地遗忘，让社会文化和个体创伤史缺乏叙事，只能在潜意识层面运行，再由行动或身心症状显现。以战争创伤来说，退伍军人突然的恐惧反应（偶尔伴随攻击和自毁行为，也就是所谓的创伤后应激障碍）就是一个例证。创伤可能损害象征性功能，导致大脑只能诉诸具体思维。

一位中国治疗师分享了自己被某个电影故事深深触动的经历。电影中，主角小女孩深受生理疼痛和社交回避的困扰。治疗师想："如果这个孩子来找我寻求治疗，我该如何帮助她呢？"帮助孩子的方法就是倾听她的故事，将故事与她的社会文化背景相联系。治疗师可能会发现，女孩的症状与需要但未曾被代谢的创伤有关。

创伤会压垮现有的抗焦虑防御系统。极具破坏性的事件可能引发信号焦虑（signal anxiety）、单一休克性创伤（single shock trauma）和持续性压力创伤（continuous strain trauma）。哈罗德·库德勒（Harold Kudler）用大灰狼拆"三只小猪"的房子的故事来说明创伤的不同层次。

信号焦虑——狼敲门，住户通过猫眼看到狼，随即拴上门；代表防御创伤入侵。

创伤性焦虑（休克性创伤）——狼把门撞飞，失去可抵御的门。

持续性压力创伤（复杂性创伤）——房屋倒塌，后果不堪设想。

治疗片段一：重复性创伤

一个孩子和她的父母正在享受家庭露营之乐。突然，营地里的两个男人起了冲突。目睹口角的小女孩十分焦虑。在试图阻止两人争斗的过程中，母亲的衣服被溅上了其中一个受伤男子的血渍。女孩以为妈妈受伤了，而众人无暇关注孩子的状态。在治疗中，女孩数次在游戏中重演当时的情景。终于有一天，她可以用语言表达当天发生的事情，只是她的故事并不完全准确，更多来自她的想象性构建。

在原有创伤的基础上，叠加了第二次创伤：一场车库大火差点就要蔓延并烧毁整个房子。全家人沉浸在房子可能被烧毁，甚至全家人可能被烧死的恐惧记忆中。在原始创伤被疗愈前，后续创伤会触发更深的创伤。

对创伤的防御和分析性工作对创伤经历的理解

对单一休克性创伤而言，解离是正常、健康的反应。在持续性创伤中，解离则是将创伤封印在心灵的某个区域，以保全心灵和人格其他部分的完整性。在极端创伤中,内心世界已然四分五裂,心灵边界遭受巨大撕裂,而心理表征已不再可能。卡罗琳·加兰(Caroline Garland,1998)在对大规模复杂性环境创伤的研究中发现,心灵破坏是创伤产生的必要非充分条件。她指出,无法相信好客体能提供保护才是导致创伤和破坏整体人格的关键。温尼科特(1941;其名言之一为"没有婴儿这回事")在其亲子关系理论中谈到,刺激屏障的破裂会导致心灵变形。戴维·沙夫以图示具体描绘了健康的抱持性环境(图35.1)和受创伤干扰的抱持性环境(图35.2)。

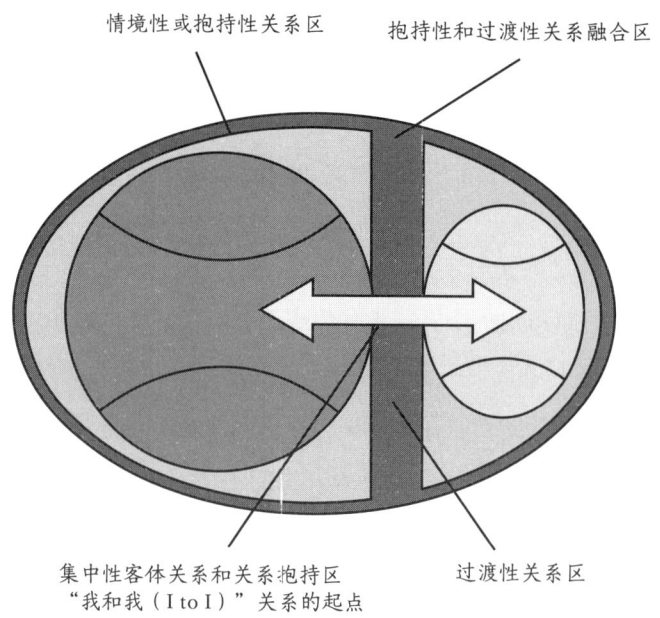

图 35.1 抱持性环境(David E. Scharff © 1992)

由于经受扰断,创伤无法被思考或涵容,个体也无法反思过往经历。创伤被分裂和囚禁于心智世界中,不知何时可能通过行动、躯体化和投射释放。防护盾破裂,所以产生创伤(Freud,1926d)。

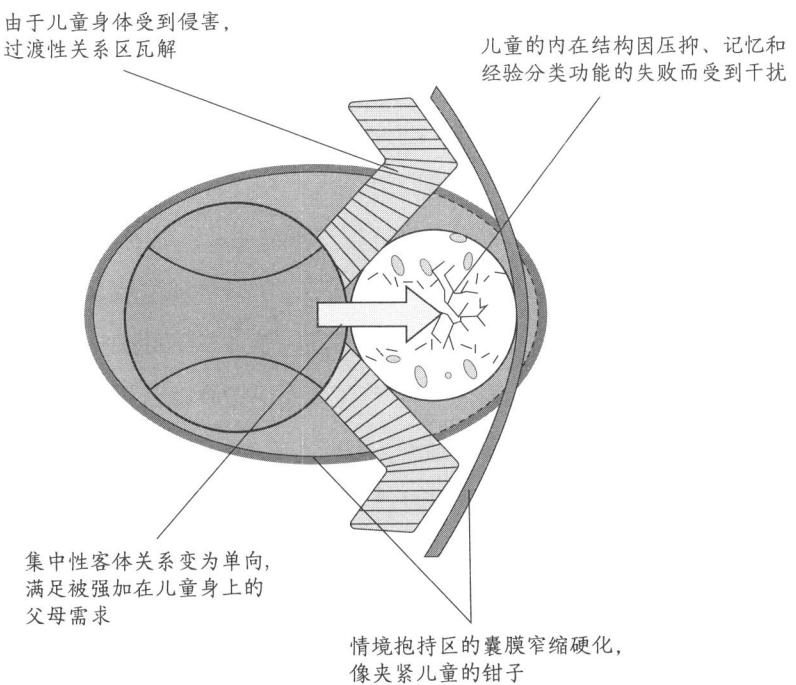

图 35.2 破碎的抱持性环境及其对自体的影响
（Jill and David Scharff © 1994）

创伤经验难以用言语表述；没有叙事结构，意味着创伤是无法被思考的（unthinkable；Barros & Barros，2021）。创伤将受害者从当下抽离，将他们弹射至无历史的强迫性重复世界中，形成一种永恒的创伤当下（traumatizing present）。创伤撕裂了交织形成心智生活的线轴，扯出无法愈合的裂缝，并分裂出无法修补缝合的碎片。心智无法排除和消灭有毒且无用的经验，久而久之，心智对经验的消化、代谢和象征化能力减退或崩溃，最终导致无生存意义感和身份认同危机。

治疗片段二：利利安娜的自我伤害和虐待

利利安娜是一个 17 岁的女孩，她主动寻求治疗。她希望能调整最近越发严重的暴躁脾气（因与母亲争吵而产生）。对母亲大喊大叫后，利利安娜十分内疚，转而伤害自己。青少年期早期，她与继祖父同住。继祖父会趁她熟睡时偷偷摸她的胸部，利利安娜因此从骚扰中惊醒，但除了继续装睡，她不知道还能怎么办。她不敢透露实情，只能编造借口恳求母亲带她回家住。时至今日，这段经历依然折磨着她。暴怒状况发生之前，虽然满怀羞愧，她还是尝试告诉母亲这段虐待经历。母亲用"他太老了，头脑不清楚"的说法，坚持要利利安娜原谅继祖父，甚至带女儿回祖父母家一起吃晚饭。

之后，每晚睡前，利利安娜都会出现有人在抚摩她乳房的触觉幻觉，因此无法入睡。学员治疗师建议她尝试：（1）抱柔软的绒毛玩偶来代替被抚摩的羞耻感；（2）安抚自己，对自己说"没事，这是我喜欢的玩偶，不是继祖父"。利利安娜认为治疗师的建议很有帮助。但这位学员治疗师想请教塞洪博士，她能如何用精神分析式回应与利利安娜工作。

塞洪博士肯定了治疗师迄今为止的工作：用安抚客体来填补缺失的安全感，并鼓励来访者探索创伤发生的情境。她解释道，症状本是来访者重现创伤并希望以此掌控创伤（强迫性重复）的方式，但实际上使她再次遭受创伤。学员治疗师能够通过倾听和涵容来访者的反应，帮助来访者为其经历建立叙事结构，使她能回到当下，活出17岁的自己。

小结

通过长期的治疗过程，治疗师能够帮助来访者释放那些污染心智世界的创伤残留毒素，重建经验表征能力和建立象征网络的能力，并重新开始吸取当下经验的营养以重建自我。

36. 抽动障碍：心理功能型障碍

吉尔·沙夫

抽动障碍（tic disorder）属于心理功能和运动控制型障碍，患儿不受控地反复做出身体动作和发出声音，症状包含抽搐、做鬼脸、挤眉弄眼和嘟嘴等。如果身体抽动伴随突然的发声，如清喉咙或骂脏话，诊断则为妥瑞氏症（Tourette syndrome；也称为抽动秽语综合征）。目前没有专门治疗抽动障碍的药物，但我们可以治疗潜在的羞耻感、焦虑和抑郁。行为治疗可以帮助儿童中断抽动，心理治疗则可以探索潜意识冲突，以及社交窘迫、自我意识和尴尬的同伴关系。

案例：抽动障碍评估

莉莉是 11 岁的华裔美籍女孩，她的父母是受过良好教育的第一代移民。她害羞、情绪化，经常哭，总是"看向旁边"。她缺乏自信，在课堂上焦虑到不敢发言，曾经因为太害怕出错而直接躲到桌子底下。她擅长创作音乐、玩电子游戏和画画。但整体来说她很痛苦，不时流泪，总是躲在自己的房间里。

与父母的首次会面

父母对孩子表现出极大的关心和爱护。他们表示，因为全球大流行病和社交隔离，孩子出现了抑郁状态。他们希望可以避免采用药物干预，并希望女儿接受心理治疗。莉莉 5 岁前都生活在中国。在第二个孩子出生后不久的夏天，全家在父母的职业发展考量下移民。莉莉不仅要适应弟弟的加入，还要学习新语言以及努力应付会取笑她的中文名字的美国同学。为了融入集体，莉莉不再说中文。询问家族史时，父母表示双方家庭都出现过精神健康状况：其中一个叔叔患有精神分裂症，还有一个堂兄极度害羞。两个家庭都没有创伤史。

与莉莉的第一次咨询（线上）

莉莉无话可说。她不回应我的询问或我对于她内心可能多么恐惧的诠释。我的主要印象是，莉莉是一个非常抑郁和寡言的女孩，突然转移目光是她唯一的交流方式。原来这就是父母所谓的"看向旁边"。但莉莉不是因为尴尬而转头：她是在不自主地反复抽动。终于，她开始用聊天功能回应我。45分钟的时间里，她写了10句话，大部分都是"我不知道"或者一个耸肩的表情符号。我听说她擅长美术，于是我试着打开白板功能，却找不到"共享屏幕"里的白板选项。借助这个契机，我示范了自己如何坦然处理无能为力的感受。当白板终于被打开，而我准备继续工作时，莉莉却完全不愿意配合。我心想，她一定很难适应"白皮肤的我"和我的"白板"吧。

　　我说："要适应咨询很不容易，有点像你5岁时来到美国，跟一群陌生的孩子待在幼儿园里，当时你没法和他们沟通。比起弟弟，你要面对更多困难的事。4个月大的宝宝还不需要面对这些事情。"

　　［莉莉眼眶泛红，揉了揉眼睛。］

　　我说："我猜你很爱弟弟，但又讨厌他的生活比你的容易得多。"

　　［莉莉点了点头。］

　　我说："可是要对这个状况发脾气又让你很为难。原先只是不谈这个,后来你就什么也不说了。"

莉莉写道:"不敢说——说错话。"

至少我们可以交流了,并且我开始觉得她可能可以受益于心理治疗。

与莉莉建立联结真的很困难。她的主要沟通方式是头部和眼睛的动作。她有明显的抽动表现,但集中精力打字聊天会减缓抽动发生。或许,治疗师或治疗师所表征的英语流利的美国白人意象,让莉莉难以直视。

与莉莉的第二次咨询(线上)

莉莉在线上等我,像往常一样没有任何口语应答。我告诉她,我更想直接对话交流,因此从这次起我会停止使用文字聊天功能。于是我这么做了,而她偶尔在聊天框里回应我。

我说:"要一直猜你想说什么,真的很难。也许,你喜欢看到我那么费力地想理解你。"

[她捂着嘴笑,然后把头埋进枕头里。]

我说:"我猜我说对了。"

她写道:"我的笑点莫名其妙,真奇怪。"

[沉默。我决定冒险尝试以下回应。]

我说:"要说奇怪,你眼神游移的方式挺特别的。我一直在想,你在找某个你失去的人,或者提防某个要闯进来的人。"

她在聊天框里回复:"对着门,对着窗,或者对着钟。"

[她又移动了一下眼球。]

我说:"或许你想离开这里,离开我,希望咨询到点了。"

[她摇了摇头,又一次做出眼球动作。]

我说:"或者这代表你感到害怕。"

[她又笑了,用手捂住嘴。]

我说："看起来你觉得我懂了。好，我想知道是什么让你害怕，也许是在学校，或者是在家里。"

她在聊天框里回复："冷知识：我有世界上最好的门把手。"

［我认为她在回避"恐惧"这个话题。］

我说："它哪里这么特别？"

［她移动摄像头让门入镜，以此作为回答。］

我说："嗯？没有门把手，只有个洞。你要怎么防止弟弟乱碰你的东西？"

她在聊天框里回复："他们把门把手拿掉，让我不能挡着他。但我弟知道不能进来，他不想惹我生气。"

莉莉能把自己的抽动症状、害怕犯错和生活被弟弟入侵的感受联系在一起，表明她能从心理治疗中获益。

诊断

对于莉莉的诊断是复发性抽动障碍（recurrent tic disorder）。

三角评估

我和莉莉的学校辅导员以及老师做了沟通，他们都非常担心莉莉的害羞和因为不交作业而导致成绩不佳的状况。

我将莉莉转介给了一位运动障碍方面的神经科顾问，她认同了复发性抽动障碍的诊断，也确认了抽动障碍目前没有专门的药物治疗方法。在疑似多动症的基础上，她建议服用胍法辛（guanfacine）。多动症并不在我的鉴别诊断列表中，并且莉莉的症状也未因用药改善，因此我们最终排除了这一诊断。

考虑到莉莉的家族曾有精神分裂症病史，我建议莉莉接受神经心理评估以更多地了解潜在精神病性历程的信息。但她的父母没有遵循这项医嘱。

建议

每周一次精神分析取向心理治疗，无特定次数限制。

父母辅导，以满足莉莉的隐私需求、支持她发展兴趣和完成家庭作业。

针对一家四口的家庭治疗，包括莉莉、父母和弟弟。

当前无须药物治疗。

如果心理治疗未能缓解流泪状态，考虑服用抗抑郁药物。

如果觉察到精神病性思维，考虑服用利培酮（risperidone）。

小结

这个案例阐释了抽动障碍的典型特征。来访者尽管意识到抽动状态，却无力控制。我们看到抽动障碍伴随的羞耻感和社交尴尬。害羞使得来访者在学校的表现和同伴关系变得复杂。创伤并不是抽动障碍形成的必要条件，但对莉莉而言，必须离开自己的文化和祖父母的照料、功能健全的弟弟出生，以及在语言不通的新文化环境中开展生活，都是焦虑基质的堆叠。治疗过程中经常出现抽动表现，甚至有时可能因为话题内容过于痛苦而扩展至其他症状表现（如眼角抽搐）。但是希望在于，如果能增强对言语表达的自信心，来访者诉诸抽动症状的压力也会大幅减轻。

37. 注意缺陷／多动障碍：心理功能型神经心理学障碍

吉尔·沙夫

注意缺陷／多动障碍（attention deficit/hyperactivity disorder，ADHD）在连续谱的一端的症状表现是注意力不集中，在另一端的表现则是冲动和多动。因此，诊断可能是注意缺陷障碍（注意力不集中型）、注意缺陷障碍（多动型）或注意缺陷障碍（注意力不集中和多动混合型）。注意力不集中、冲动和多动三种特征常合并出现，通常伴随学习和执行功能障碍或运动表现卓越，毕竟肢体行动是防御焦虑的主要机制。注意缺陷／多动障碍更常见于男孩，可能幼儿时期就出现相关表现，但更常见的是在小学时期，通过观察儿童的课堂行为以及康纳斯连续操作测验（Connors 3）等心理测试来确认诊断。

在家，父母可能会为了跟上孩子的活动节奏而精疲力竭，或者因为孩子对电子游戏和电视外的其他事物置之不理的状态而感到沮丧。强烈的视觉和触觉刺激可以让孩子安定下来并集中注意力，但观看屏幕也可能让孩子上瘾。在治疗室里，我们可能遇到躁动、坐立不安、过度兴奋的孩子，从一个玩具换到另一个玩具，开始某个游戏后又马上切换到另一个游戏。治疗师的任务是创造稳定、平静的氛围，同时要跟上孩子瞬息万变的联想流，通过玩球、减压玩具和感官材料（如感温变色彩泥）帮助孩子释放运动能量，并与孩子一起进入反思状态。

评估、诊断和建议的案例：达科塔

达科塔是一名聪明、有体育细胞的 9 岁女孩。她是家中长女，妹妹 8 岁，在她 14 个月大时出生。父母很欣赏她喜欢掌握知识、阅读文学和历史、知识储备丰富、有网球天赋，以及在多数时候与妹妹相处融洽时，她挥洒着想象力做游戏的样子。但她经常情绪失控，疯狂好动，与妹妹争吵打架，并需要褪黑素助眠。在学校，她完成作业的速度很慢，缺乏与同伴交往的技能，也讨厌上学。她异乎寻常地对全球大流行病感到高兴，因为没有其他孩子在身边，她可以按自己的节奏学习。

达科塔的父母告诉我，有时候达科塔会气得浑身发抖，对他们和妹妹说难以入耳的话，比如"我恨你，我要杀了你！"。她非常讨厌学校老师，威胁要带刀上学。达科塔坐不住，注意力无法集中，教室环境让她很绝望。儿科医生意识到达科塔属于非典型神经类型（neuroatypical）儿童，于是推荐她接受神经心理评估。评估结果显示，她智力超群；患有间歇性爆发障碍／发作性控制不良综合征、多动症伴有执行功能缺陷，以及在数学和书面表达上的学习障碍。心理学家为达科塔在学校安排了学习适应措施，可惜当时学校已因全球大流行病而停课。

其后，父母向我约诊，希望我先对孩子的认知、人际关系和行为功能进行心理动力学评估，再考虑是否用药。

初始家长会谈

我在 Zoom 上与父母会谈。他们描述了当前的家庭生活状态——远程办公，辅导孩子的学业，并且每天都要应付达科塔的行为带来的压力。母亲提到，达科塔心爱的小猫过世时，她完全隐藏起悲伤，并要求全家人永远不能谈论死亡。与此同时，父亲起身离开房间。当我问及家族中是否有任何死亡经历可能解释达科塔对死亡的执着时，母亲转移了话题。事后我才了解到，他们经历了达科塔的两位祖父母的创伤性死亡。一位是突发性过世；另一位则经历了漫长而痛苦的病情恶化，在此期间，哀痛的家长时常带着年幼的达科塔，横跨大半个国家去探视老人。

与达科塔的单独评估会谈

我和达科塔也在 Zoom 上会面。她个头不高，非常好动、健谈、急躁而早熟。我才打完招呼，达科塔就开始说话，而我几乎插不上一句话。

达科塔说："我知道为什么要跟你碰面。我很高兴能和你谈我的感受。我妹会掐我屁股，还大笑。我很生气，骂了她。然后，我就糟了，但这又不是我的错。我是最大的孩子，她那么幼稚，一天到晚她都在吃面包。[她正嚼着像是面包的东西。]我爸爸忙着接电话，没时间惩罚她。"

达科塔说："这网络也太不稳定了。今天还可以，但有时候我上课会断线。我不喜欢上学。我很高兴大家被居家隔离。学校最棒的就是特供午餐。[她在椅子扭动摇晃，离镜头忽远忽近。]猩猩属[原话]能活 50—60 年，它们是最好的妈妈，到哪儿都抱着宝宝，为宝宝盖房子。当宝宝长大后，妈妈会教它们怎么在树上生活。"[我注意到她的叙事速度和话题的跳跃性。]

达科塔说："我也喜欢历史和社会研究。喜欢坐恐怖的游乐设施。但蜘蛛很恶心。我奶奶曾经看见一只鸭子被射杀。我姥姥住在法国，我小时候去过。我的生日马上要到了，两周后是我妹的生日，他们才不会帮她过生日。我讨厌她，也不喜欢学校里的女生。她们总是像火警铃刚响过一样跑来跑去。能跟你聊聊我的感受挺不错的。[她抱着膝盖。]我很怕晚上，因为我的想象力会让我做噩梦。"

我问："有记得的噩梦可以跟我分享吗？"

达科塔说:"我上二年级的朋友被抓走了,还被绑起来。哈哈哈哈。好好笑。[她在空中踢脚,又开始前后摇晃。]我父母很怕我,所以他们才把我锁在浴室里吧,我猜。我爸爸会打我屁股,我只会更生气,想踢人、想咬人。[她把手指扭成奇特的样子。]我讨厌奴隶制。讲到这个我都会跟人打架。"

我说:"你有好多讨厌或生气的事情。有什么是你喜欢的吗?"

达科塔说:"我爱我的毛绒玩具,也爱我的洋娃娃。我的洋娃娃是真人。不像我的笨蛋妹妹。她超级幼稚!"

第二次会谈

达科塔爸爸还在用笔记本电脑工作,达科塔只能借表哥的平板电脑连线。她带着平板电脑走来走去,影像不停地旋转又模糊不清。我无法聚焦。

我说:"我看不见你。晃来晃去,我头晕目眩的,太失控了。这是你想让我知道的感受吗?"

她说:"这是我现在的感受。[她发来想睡觉的表情符号。]学校让我很累,我还没吃点心。我现在想看《哈利·波特》。"

[平板电脑转来飞去,影像模糊不清。]

我说:"我感觉颠三倒四的,我不知道你在哪里。"

她开玩笑说:"我在玩'I Fly(室内跳伞)'。哈哈哈哈![她抱着平板电脑躺下,影像终于稳定下来。]都是共享网络的缘故。我不喜欢。我爸不分享网络。我表哥来我们家,他也不分享他的派。他说了脏话,然后……他跳起来,大喊'大屁股',然后一屁股坐在我头上。我很生气。他让我很生气。"

个案概念化

虽然在这个过程中,我很艰难地才说上了几句话,但我采集了做评估和制订治疗计划所需的信息。我看到达科塔明显感到焦虑、紧张和愤怒。她将奶奶目睹动物死亡与姥姥在欧洲去世联系在一起。在达科塔出生的第一年,家人就带着她赶忙照顾随时可能病危的奶奶。奶奶逝世后不久,家里又迎来妹妹这个新生命。

在两次治疗中,我的反移情是一种迷失方向的焦虑感和面对死亡时的往返奔波。基于反移情和对成长史的联想,我的心理动力学判断是:达科塔对她妹妹、同学和老师的攻击行为来自还未能从死亡创伤中复原,便迎来手足出生的创伤。她的联想、父母讲述的她回避哀悼的故事,以及父母提及死亡时的状态,都指向一种存在于整个家庭中的死亡焦虑。而达科塔是焦虑症状的承载者。我认为她的相关行为是由焦虑所致,而心理治疗对她能有所帮助。

在两次治疗中,达科塔都出现了精神上话题跳跃的表现,并且身体在紧张时刻会出现扭曲与躁动的情况。这显示出明显的焦虑。然而,她的多动表现十分极端,需求也如此迫切,让我怀疑她是否患有先天性多动症。这一点需要通过尝试药物治疗才能确认。

尝试药物治疗

在治疗过程中,我开了小剂量的哌甲酯——一种短效兴奋剂。哌甲酯效果明显,而且4小时后药效就会减退。午餐后达科塔再度服药以维持剂量,症状明显改善,并且无躁狂行为。1周后,我将处方改为长效型专注达(Concerta),结果耐受性明显不佳。此时我才知道,达科塔的母亲常年服用阿得拉(Adderall)!这核实了我的猜测,达科塔的多动症具有遗传基础。最终,达科塔改用了苯丙胺类药物,耐受性良好,睡眠也有所改善。

快速改善症状的风险在于家长可能忽略心理动力学评估所建议的心理

治疗干预。但即便如此，我们也不会拒绝使用药物治疗，因为孩子可能需要药物辅助来缓解多动症状和培养学习注意力。我与孩子的父母一起努力，帮助他们意识到光靠药物治疗多动症是不够的，但药物介入是心理治疗能为儿童、父母和家庭发挥作用的必要条件。

治疗建议

每周2次个体心理治疗，为达科塔提供安全、游戏和思考的空间，让她表达自己的攻击性情绪和死亡焦虑，解决她的身心亢奋问题（两者都使她很难与同伴相处），并调整她将仇恨置换到表哥身上的状态。

提供数学、书面表达和执行功能方面的专家辅导。

每天服用阿得拉2次，以治疗遗传层面的多动状态。

参加团队体育活动，帮助达科塔释放肌肉能量和培养社交技能。

开展家长辅导。

小结

对上述多动、情绪失调的儿童的评估表明，有必要尝试药物治疗，进行心理动力学评估以探索导致焦虑的家庭和个体层面因素，提出暂时性（provisional）的心理动力学概念化判断，并建议开展持续的儿童精神分析心理治疗和家长辅导。

38. 学习障碍：书面表达和阅读障碍

安娜·玛丽亚·巴罗索

考量学习障碍的主题时，我们从两种截然不同且不容易融合的视角出发：神经－精神决定因素和心理－精神分析维度。多年前，自我心理学家首次探讨学习障碍的问题时，将学习障碍归因于自我功能紊乱。从当代观点出发的精神分析学家则认为，学习障碍源于内心或人际冲突。神经学观点和精神分析观点的差异自然催生了两种不同方向的治疗方法：行为矫正技术和以精神分析为导向的疗法（Garber，1988；Weinstein & Saul，2005）。

治疗片段一：患有书写障碍的男孩

一个8岁的中国男孩能说流利的中文。但他目前只学会书写300个汉字，比同年级的孩子少得多。他的父亲没有中文书写问题，因此无法理解儿子何以有书写困难。他的母亲同样无法书写汉字。她爱儿子，但她在爱的表达和亲子关系的建立上带有一种疏离感。我们可以看到，书写困难是一种遗传性神经学症状，出现在充满爱但情感领域狭窄且共情有限的家庭背景下。

每个人在自我发展的感知、概念形成、运动性和语言等领域各有所异。有学者认为，学习障碍是低成就综合征（underachievement syndrome）的一部分，主要特点为学习动机不足、消极抵抗、难以做出建设性的自我主张、自我概念贬抑，以及带有抑郁态度的世界观。对于因孩子难以完成学习任务而深感挫败的家长而言，这构成了一种挑战。他们的自恋受到威胁，对孩子感到矛盾纠结。在怀孕期间，父母希望孩子完美无缺，并生怕孩子会有缺陷。可以想象，当家长收到孩子的诊断结果，他们的反应通常先是震惊和难以置信，接着是失望、困惑和窘迫，然后是悲伤、绝望和愤怒。他们常常责怪自己没有生出幻想中的完美孩子。无法哀悼丧失感的家长会进入慢性抑郁状态。他们对孩子能否成功的焦虑和恐惧会加剧孩子自身的焦虑和恐惧。

有学习障碍的孩子可能在解读他人反应和回应或表达共情方面存在缺陷。外人可能认为孩子以自我为中心或粗鲁无礼，但实际上，孩子可能在处理内在的失落感。他感觉自己是个令人失望的坏孩子。通常，这样的孩子会受困于自我形象受损、自我感不稳定、对母亲的心理状态反应敏感，以及有焦虑和抑郁倾向。

治疗片段二：理解困难的女孩

一个17岁女孩因上课时注意力无法集中、阅读困难且无法理解老师的讲课内容而休学在家。但经过评估，她的智商在正常范畴。3年后，女孩要求接受心理治疗。父母想要求她正常上学，但她只有上午到校，不舒服或不自在时就待在家里。她的母亲全职在家，父亲在另一个城市工作。母亲和女儿说话时声音很轻，小心翼翼，并且无法与女儿维持眼神交流。父亲认为女儿很聪明，看不到她的许多问题。父母在思考孩子的情况时无法达成共识。女孩在感知（读不懂文字）、概念形成（无法理解老师的授课内容）、运动性（烦躁和坐立不安）和语言（能用言语沟通但无法说明自己的困难）领域都有困难。她的父母（和老师）由于自己的感知困难而加剧了问题的严重性，其他孩子则对她避而远之。

这类儿童通常在学校环境中感到不自在，无法与他人竞争也让他们感到愤怒。学业的挑战让他们贬低自己的能力，对自己感到失望，失去动力，结果落后越来越多。学校不仅应该关注学业和学习，也应该努力创造一个有利于成长和发展的心理社会环境（Hyman，2012）。学校心理老师或辅导员的作用尤为重要。

游戏是儿童治疗中一个强大而有效的媒介。在游戏的重复中，儿童得以转化和掌握现实；在游戏的过渡性空间中，儿童可以构建外部和内部现实。游戏治疗帮助咨询师了解儿童的感知和概念，以及是什么驱动了儿童的行动，然后他们可以携手发展语言来代替行动，并寻找儿童存在的意义。游戏中的不同角色，可以帮助儿童意识到自我和他人的角色、不同人的情绪感受、他们对彼此的影响，并在总体上发展出反思能力和调节情感状态的能力。

治疗片段三：患有成因复杂的阅读障碍的女孩

纳塔莉是一个 12 岁的女孩，性格暴躁、孤僻、好斗，时常尖叫、哭喊、打人和踢人。母亲在孕期第 41 周时，通过产钳的辅助生下纳塔莉。纳塔莉 8 岁时被诊断出发育性阅读障碍。测试表明，她有接受性和表达性语言困难，听觉辨别能力低下，在解码、拼写和书面表达方面存在问题，并且缺乏整合认知和情绪反应的能力。从神经学的角度，我们可以说这些症状反映了大脑颞叶功能异常。情绪失调也会导致纳塔莉情绪失控，并在压力中丧失认知功能。

但我们也必须关注纳塔莉的社会心理环境。她由不会说英语的奶奶抚养长大。父亲酗酒，对母亲暴力相向，曾经当着纳塔莉和妹妹的面威胁要自杀，给女儿带来过度刺激。纳塔莉 11 岁时，父亲被强制离开家庭。在此背景下，纳塔莉发展出"不去看"和"不想知道"的需求，让自己能维系与母亲和父亲的关系。

总之，在混乱的社会心理环境中，纳塔莉有认知和情感缺陷，伴随言语和语言发展迟缓。她患有阅读障碍和对立违抗障碍。她的学习障碍既有生物学成因，也源于她学习阅读时期受到的创伤性刺激。此外，她也有冲动控制较弱、情绪调节困难、自尊心低下以及客体关系受损等议题。

在游戏治疗中，我们可以看出她对于保持距离的需要。她喜欢玩"老师游戏"，她和分析师在游戏中轮流扮演老师和学生，通过化被动为主动来缓解焦虑，也在这个过程中展示自己在受害者和加害者之间的身份转换。有时候，她会在整节治疗中保持沉默。她通过游戏人物表达了典型的青少年期早期的性幻想。随着治疗关系发展，她开始能在移情中表达攻击性，而这释放了她的象征化功能以及用语言而非行动表达冲突的能力。解读游戏角色的情感以及角色间关系或角色与其他玩具的关系，也帮助她探索干扰学习的内在冲突。

游戏的重要性

练习游戏本身能提升游戏能力。游戏是愉悦且助益治疗的过程。诠释则能够帮助儿童释放受困于失调情绪的认知能力。在关系中，分析师既是发展性的新（真实）客体，也是移情性客体。当游戏逐渐从病理性的内容和进行方式走向常态，我们就知道儿童正在进步。游戏治疗是心理咨询师、心理治疗师和分析师与带有各种症状的儿童和青少年工作的主要治疗工具（Mayes & Cohen，1993），更是治疗有学习障碍的儿童的重要手段。多数有学习障碍的儿童是在潜伏期阶段进入治疗的，因为在这个阶段，学校对于阅读、写作和运算能力的要求倍增，引起了家长的关注。然而，由于有学习障碍的儿童认知和情感发展较缓慢，他们需要更长的游戏时间。这个时间应超越潜伏期。

39. 厌食症和暴食症：心理生理型障碍

贾妮娜·万拉斯

厌食症、暴食症、自伤和药物滥用是儿童期的障碍，它们伴随着青少年面临的各种发展挑战而出现在青少年期。这些问题可能在早年已表现出相关亚临床症状，但通常发生于青少年期，因为这个时期身体变化剧烈，伴随着性张力与表达增强。埃里克森（Erikson，1956）和吉利根（Gilligan，2016）对此的观点虽然不尽相同，但他们共同指出了身份认同的重要性——青少年时常自问："我是谁？我如何把握自己和他人之间的关系？"

青少年沉浸于与同龄人的来往和亲密关系中。他们以行动和身体交流，比如在身上穿孔或文身，仿佛在昭告："我和以前不一样了。"改变外表也可能是反抗父母或融入特定群体的方式，而且这种改变往往显眼到不容忽视（例如，把头发染成艳粉色）。只要不涉及高风险行为，这都是健康和正常的自我表达。理智上，青少年可能理解自己在以身试险，但由于大脑发育尚未成熟，加上一种年轻且无坚不摧的错觉，他们会想："这不会发生在我身上。"

父母通常对青少年所面临的风险感到极为焦虑。他们希望保护自己的孩子，对治疗有迫切的需求。神经性厌食症的总体死亡率为20%—25%，非常高。在美国，每62分钟就有1人死于进食障碍（Eating Disorder Coalition，2016）。其中，每5名青少年中就有1人因主动自杀而身亡（Arcelus et al.，2011；Smink et al.，2012）。其他人则是以被动形式自杀身亡，即因为病症（如药物滥用和意外用药过量）而导致死亡。割伤等自残行为的终生患病率为 16.9%（Gillies et al., 2018）。考虑到上述统计数据，我们不难理解家长们为何高度焦虑。

进食障碍的诊断标准

根据《精神障碍诊断与统计手册》[第五版；*Diagnostic and Statistical Manual of Mental Disorders*（*Fifth Edition*），DSM-5，American Psychiatric Association，2013] 的分类，进食障碍主要有三类——神经性厌食症（Anorexia Nervosa；限制型和暴食/清除型）、神经性贪食症（bulimia nervosa）和暴食障碍（binge eating disorder）。神经性厌食症有两种亚型。限制型厌食症患者进食量极少；暴食/清除型厌食症患者会少量进食，再通过自我催吐、过度运动或滥用泻药等方法将食物排出身体系统。表 39.1 和表 39.2 列出了神经性厌食症和神经性贪食症的症状。

表 39.1 神经性厌食症症状（限制型和暴食/清除型）

- 严重限制食物摄入量，导致体重下降或体重无法增加，造成"体重显著过低"
- 强烈害怕体重增加或发胖
- 对身体和自身疾病的扭曲看法

注：限制型主要以节食和禁食作为减重渠道。暴食/清除型通常是短时间内快速进食，感觉对于进食行为失去控制，再立即采取催吐、过量运动等方式尝试清除食物。

表 39.2 神经性贪食症症状

- 反复发作的暴饮暴食
  - 短时间内快速大量进食
  - 进食失去控制
- 反复以不恰当的补偿行为避免体重增加
  - 自我催吐
  - 滥用泻药、利尿剂或其他药物
  - 定期禁食

（续表）

- ○ 过度运动
- 自我评价受到体型和体重的不当影响

注：贪食症患者的体重可能略低于正常、正常或过重，其主要症状表现在于受暴食/清除循环支配的进食模式。

由于清除行为，贪食症患者可能面临电解质失衡、食道撕裂和牙齿腐蚀等生理威胁。厌食症患者则有因饥饿和电解质失衡而死亡的风险。厌食症患者可能因为过度饥饿而导致认知受损，无法在治疗中正常思考。贪食症患者的情感相对丰富，在治疗中似乎更容易接近，但两者的清除补偿行为都让我们担心可能引发威胁生命安全的医学并发症。来访者的进食模式通常也呼应于他们与治疗师的关系：厌食症患者将治疗师完全拒之门外，而贪食症患者则是先接收、后拒绝治疗师的诠释。

暴食障碍是指快速摄入食物而无清除行为。青少年在不饿的情况下进食，就算胃已过度饱胀却不觉得饱。进食并非满足食欲，而是在解决情感饥饿，或用食物掩盖和压抑无法被接纳的情绪感受。

表 39.3　暴食障碍症状

- 重复性暴饮暴食
  - ○ 在不连续的时间内摄入大量食物
  - ○ 无法控制，过度进食

暴食障碍的具体诊断需满足以下至少 3 项症状：快速进食；不舒服的饱胀感；食物卡在体内的感受；通常独自暴饮暴食，以避免因被目睹自己狼吞虎咽的场面而感到羞愧；暴食后感到自我厌恶、沮丧或内疚。

对以上疾病的严重程度的评估方式如下。

厌食症：严重程度由身体质量指数（body mass index，BMI）决定；

贪食症：严重程度以补偿行为的频率衡量；

暴食障碍：严重程度以暴饮暴食的频率衡量。

针对进食障碍的精神分析治疗

数十年前，成人和儿童精神分析师开始关注如何治疗厌食症与暴食症。希尔德·布鲁赫（Hilde Bruch，1988）的《金色牢笼》（*The Golden Cage*）是尝试理解进食障碍患者的心理动力的开创性著作。布鲁赫发现患有厌食症的青少年具备解读周围情绪状态的能力，却因为缺乏内感受意识（interoceptive awareness）而无法理解自己。他们无法识别自己的内心状态，如悲伤或饥饿。布鲁赫发现，进食障碍患者的自我感发展不足，重心被放置在对食物和体重的担忧上。塞尔维尼·帕拉佐利（Selvini-Palazzoli，1974）认为，青少年的厌食症状是家庭组织和动力功能失调的表现。乔伊斯·麦克杜格尔（Joyce McDougall）在《身体的剧场》（*Theaters of the Body*，1989）中写道，心身症状是通过身体表达无法被思考的冲突。弗雷伯格（Fraiberg，1975）在《育婴室里的幽灵》（*Ghosts in the Nursery*）一书中指出，青少年的症状通常是某种代际创伤的表达。

这类来访者的治疗师常常会感到沮丧和被疏远，同时又担心来访者的生存安危。治疗师可能觉得来访者过分顺从，或固执且控制欲强。无论是哪种情况，都很难达成持续性的治疗效果。在来访者"禁止进入"的防御下（Williams，1997），治疗师可能觉得难以进入来访者的内心世界。

"禁止进入"防御

威廉姆斯（Williams，1997）认为"禁止进入"防御是早期的容器/被涵容者（container/contained）关系失败的结果。来访者吸收了父母所倾泻的大量未经代谢的投射。如果内摄的是完整客体，那么他者通常是以缺失的客体所被内化的。更多情况下，他者是以部分客体的形式被内摄，然后自体认为内在存有某种外来异物，时常混淆何为内在、何为外在，以及什么是好、什么是坏。青少年分不清好坏事物究竟是来自自身还是来自外界的影响，无法确定食物是具有营养价值还是可能造成伤害。威廉姆斯提醒我们，这种"禁止进入"防御的作用范围远超出食物范畴。患者害怕被入侵，害怕某种东西进入体内，甚至连治疗师的言语都可能是异物侵袭。因此，威廉姆斯建议使用她所谓的"柔和的词语（pastel words）"，用温和的语言与来访者工作。患者通常具有回避型依恋模式，说"不"的力量能增强自我感。厌食症患者会说："不，你不能碰我。你不能逼我吃东西。"厌食者对爱的强烈渴望和对性的恐惧，被恨意和随之而来的麻木感所防御。厌食症患者在自己周围设立严实的边界。

相比之下，暴食症患者则完全没有边界，所有东西都能进入体内，他们只好靠催吐、运动或服用泻药的方式排除。他们向身体施暴，因为他们觉得，这是自己摆脱有毒感受的身体行动。暴食症患者通常具有不安全依恋模式——矛盾型或混乱型，在"要"食物又"不要"食物的过程中增强自我感。

三个治疗片段：家庭动力

一个患有厌食症的13岁女孩因病情危急被送进医院。父母问医护人员："她能来得及去上芭蕾课吧？"他们是典型的完美家庭，注重表象和社会认可度。他们不希望女儿缺课，因为这样别人可能觉察到哪里不太对劲。实际上，女孩的体重已经轻到大家都能看出问题的程度，只是她的父母不愿面对。生活在无法承认负面情绪的家庭环境中，女孩不知道如何讨论家庭问题。

一名19岁的暴食症患者来自高度混乱的家庭环境。她比父母更像家长，努力让兄弟姐妹保持平静、正常生活并确保他们按时上学。她入院前，她的兄弟打闹争吵并砸碎了一扇玻璃窗。父母之间的关系充满冲突和仇恨；他们沉浸在争吵中，完全没留意到女儿的危险症状。

在治疗师的办公室里，患有暴食症的17岁来访者坐在母亲身边。每当治疗师提问，母亲就会回答："我们认为……"在此家庭系统中，自我和他人之间似乎没有边界。

家庭治疗是帮助青少年恢复健康的关键治疗方法。组建治疗团队也同样重要。我们需要医生来监测体重、身体质量指数、电解质平衡、肠胃和牙齿状况，以及心脏功能。我们需要营养师来重新介绍令患者恐惧的食物，帮助暴食症患者控制食物分量，或鼓励限制型患者温和地增加食物摄入量。命令孩子进食或限制进食量并不能解决问题，只会让青少年更加关注控制。治疗师可以单独协助个体和家庭处理情绪议题，或选择与另一位家庭治疗师协同开展工作。有治疗团队处理生理危机，心理治疗师能更专注地理解疾病的情绪层面的问题。

无形无质的自体

玛丽·布雷迪（2011）说，缺失被母亲内摄或看见的体验，孩子也会缺失自体的发展。孩子没有被他人看见的感觉。厌食症患者想变得隐形，结果消瘦是唯一能吸引注意和被看见的方式。他们幻想着回归母体，与母亲融合。自体认同内化客体，两者不再有区分。无法被表达、无法被意识到的东西都经由身体表达。自体是无实质的（insubstantial）。

相关自我伤害：自残和冲击

玛丽·布雷迪（2014）也谈到了自残和药物滥用等自我伤害行为。当青少年第一次自残时，他们的行为划破了沉默，传递着无法被述说的内在信息。自伤行为冲击着青少年自身，也使父母和治疗师在发现青少年的伤口时深感震惊。在身体上留下伤痕，可能是在将情感痛苦转化为身体痛苦。青少年可能想从近乎解离的状态回到较为警醒的状态中。也可能相反，割伤是他们麻痹自我的方式。伤痕可能落在能引起关注的显眼位置，也可能作为一种秘密的自我攻击被藏在暗处，不给家长机会觉察和回应孩子的痛苦。自伤可能与厌食症同时发生，如以下案例所示。

治疗故事：希拉里

14岁的希拉里是个完美小孩，不惹麻烦，帮忙做家务，在学校表现出色，朋友很多。她的父母花费很多精力照顾有智力障碍的小女儿。希拉里抗拒进食，导致体重下降，这让她的父母很担心，但她并不认为自己有体重问题。她知道自己的状态让父母烦恼，也希望能通过多吃饭让父母放心，但她做不到。她觉得食物对她有害。随着治疗展开，希拉里终于坦露道，妹妹的病情需要父母付出太多心力，她觉得自己被遗忘了。食物看起来美好，但又让她感觉糟到想死。初中时曾有男生说她不好看。她知道那些男生是笨蛋，又觉得会不会真的没人喜欢她，于是开始有减重的愿望。尽管父母从来没说，但希拉里还是能感受到父母需要她好起来。她没有生气的余地，也不能埋怨父母将注意力放在需要特殊照顾的失能妹妹身上，因为对失能者发怒会让她内心过意不去。

希拉里的父母皆有创伤史。母亲在青少年时期曾遭遇性侵犯。希拉里在潜意识里吸收了"性等于危险"的观点。所有的青少年期自体冲突都被放置在厌食症和自伤等躯体症状上。在治疗中，治疗师需要帮助希拉里理解她为何如此执着于食物和体重。治疗师必须与父母建立牢固的治疗联盟，帮助父母理解他们对失能女儿的投入与付出可能如何影响健康女儿的状态。希拉里需要知道，父母期望她能补偿性地成为超常表现者，这对她而言是不公平的。希拉里需要找回妹妹出生前的自己。希望在治疗师的帮助下，她能找回3岁时自信的自己。

小结

通过在家庭治疗中共同交流，父母能表达他们的认同、代际动力和期望，而不是让孩子背负父母身上的历史包袱。

40. 遗粪症和遗尿症：发育型障碍

吉尔·沙夫

遗粪症和遗尿症，是儿童无法控制大小便滞留和排出的发育障碍，可能独立发生，但多半同时出现。父母和儿科医生可以尝试行为干预措施，如限制傍晚 6 点后儿童的液体摄入量、晚上 11 点家长睡觉前叫醒孩子上厕所、使用遗尿报警器或在日历上贴星星贴纸奖励孩子（在无尿床日），以及准备备用衣裤以防意外发生。行为干预可以帮助训练尚未发育成熟的泌尿生殖系统或肠胃系统。但在有些情况下，儿童是在习得控制后再度丧失排泄控制能力，或者在潜伏期内无法完成如厕训练。他们可能因为有异味而在学校被嘲笑。缺乏排泄控制能力会让他们感到羞耻，因此他们往往会隐藏证据并否认问题存在。这类儿童需要心理治疗的帮助，以探究导致症状的潜在焦虑为何。

排泄失控会制造许多亲子冲突，因为双方的无助感越来越强，并且这种症状会影响儿童社交和运动能力的发展。但我们也需要审视症状出现前孩子和父母之间的既有冲突。父母的整体教养可能本身带有强迫、性欲化和创伤的色彩；也可能是训练过程中，如厕变成某种创伤性经验，排泄被性欲化，或者孩子因为不配合而被惩罚。在治疗中，症状的出现可能是移情的表现。

遗粪症的临床案例：史蒂维（9 岁）

沙恩（Shane，1967）描述了治疗 9 岁男孩史蒂维的过程。除了患有遗粪症外，史蒂维还无法集中注意力，无法以建设性的方式做游戏，无法阅读，睡觉也总是做噩梦。在临床上，我们经常看到，除了遗粪症的主诉之外，儿童还会有类似上述的其他症状。沙恩认为，史蒂维的症状可能与失去保姆、对父亲缺席感到失望以及母亲松散的训练方法（她还在反抗自己的母亲）有关。沙恩将遗粪视为史蒂维的一种报复方式，是一种内化父亲的攻击性后的再投射，也是用丢失粪便来表达和置换阉割焦虑（不像身体部位，粪便可以再造）。在治疗中，遗粪可能是对治疗师的洞察性诠释的愤怒反应，同时似乎也是在表达对保护和爱的渴望。

遗尿症的临床案例：马赫莱恩（4岁）

普拉特（Prat，2001）在文章中描述了马赫莱恩的情况。她夜间遗尿，个性颐指气使又霸道，会突然暴跳如雷，特别是对母亲（2001，pp. 184-196）。对于4岁孩子来说，尿床并非病理性症状。只是，马赫莱恩本来已经完成了如厕训练，但弟弟出生后（对她来说算是个创伤），她丧失了夜间对排尿的控制。她觉得自己被禁止思考和表达受伤与嫉妒的情绪，并通过遗尿、爆发行为和以怨怼的态度对待母亲来表达主要情绪。她热烈地依恋着父亲。父亲离开时，她会尖叫，甚至张口咬这期间所有靠近她的人。她似乎无法思考自己的处境，也无法在心智中将父亲留存。遗尿症可以被看作愤怒、竞争、性兴奋和无法留存好客体的表现。

临床案例：戴维（8岁）

戴维的父母认为，戴维与其他孩子不同，总是情绪低落和烦恼重重。他日夜遗尿，并且白天有遗粪的情况。遗粪可能发生在家里、学校、玩耍时和在运动场上。父母的处理办法是，晚上使用报警器，并且早上让戴维自己洗床单和浸泡弄脏的内裤。戴维不承认遗粪症状，总是把内裤藏起来或扔进垃圾桶。他的父母认为，与前两个儿子不同，戴维出生后，母亲很早便不得不返回工作岗位，这给戴维带来了巨大创伤。

进行家庭评估工作时，戴维愁眉不展、心事重重，与活泼的哥哥判若两人。他靠在妈妈身上，似乎对妈妈的情绪非常敏感。当家庭成员绘制家庭图时，戴维选择用自己名字的字母（DAVIE）来分别代表家庭的五名成员，但他恰恰忘记了戴维里的"I（我）"。这似乎意味着，戴维和他的症状表征着这个家庭，同时他认为家中没有自己（I）的位置，他也不是一个完整的人。

在第一节治疗中，戴维出奇地活泼，以娴熟的技巧和充沛的精力在玩球，搭好积木再兴高采烈地把它们推倒。在第二节治疗中，他画了一栋看起来很悲伤的米色房子，屋顶铺着厚厚的棕色瓦片，侧墙是血红色的，像是建筑物的一侧被砍断一般。他接着躺在沙发上撕纸巾。第三次治疗时，戴维画了很多蛇，还有对付蛇可以获得的勇气徽章。在我看来，他似乎在通过丢弃体内废物（而不是身体部位）以摆脱阉割焦虑。他既是活泼好动、富有创造力的男孩，也是一个疲惫不堪、孤僻贪睡、撕碎纸巾并把碎片堆成一堆的小男孩。他喜欢用积木玩捉迷藏游戏〔象征着父母必须找到他藏起的内裤，以及我和他在寻找戴维里的"我（I）"〕。他持续在投入创造性工作和搂着抱枕在沙发上睡觉两种模式间切换。如果他在治疗期间不慎弄脏衣裤，他会矢口否认。

戴维开始进入冒险和攻击的性器主题。他建造了一座备有武器和地雷的堡垒，以抵御树懒（沙发上睡着的男孩）和臭鼬（遗粪症）的攻击。协助防御的还有飞机、枪支，以及——马桶！在这次治疗中，他第一次要求去上厕所。他画了很多具有攻击性的动物的漫画，以及和父亲一样强大的工具。至此，他转向了俄狄浦斯情结的主题。他跟我分享朋友说的某个关于豪华轿车开进车库的笑话。他觉得笑话很好笑，但否认了笑话中的其他意义。随后他突然提到"父母在孩子回来之前玩得很开心"，但说不出"开心"是什么意思。

在这个阶段的家庭工作中,母亲提起,戴维在学校的攻击性行为给他带来了不少麻烦。在下一次个体治疗中,戴维在游戏和移情中大量表达了对母亲的攻击。他拿了一个老太太人偶,用脚踩她,用大头针扎她,把她塞进纸杯并用枪指着她,然后把枪口对准我。我说:"我认为这个游戏代表你非常生气。妈妈背叛你,把你的所作所为告诉了我。你也很气我听妈妈说话,知道你的作为,你希望我们像插满大头针的小老太婆一样为此受苦。"戴维点了点头,走去躺在沙发上,似乎睡着了。当他醒来时,我说:"让你生气的那个人偶是我。你喜欢和我玩,也挺喜欢我的。你需要我和你一起完成工作,但也想离开我和我的诠释。"他又点了点头,然后继续睡去。我不认为他睡着是一种回避,更像是在内心深处接受我所说的话,并让它充分发挥作用。当戴维的父母报告遗粪和遗尿症状已经消失时,我的这一判断得到了证实。现在,戴维在家很友善,在学校和运动队也表现良好。戴维告诉我,他已经准备好离开我了(我曾经说过同样的话,而戴维换成自己的方式表达)。

图 40.1 是戴维在治疗结束前创作的作品。你可以看到治疗初期那间悲伤的房子。他解释道,猪代表了以前他令人厌恶的自我;蚊子是他遇到的那些困难,它们正在飞走;人是负责管理农场的农夫,而牛是看着工作场景的我。这幅图记录了他的饥饿、混乱、悲伤、症状、解决方法以及我如今在场外的角色。

图 40.1　戴维治疗结束前的作品

小结

遗粪和遗尿是心因性症状，处于从尿湿或排便失禁到掌握膀胱和肠道控制的发展过程中（Shane，1967）。用弗洛伊德的术语来说，当力比多投注从口腔转移到肛门，儿童也从接收和控制力比多输入的口腔模式，发展到控制和释放身体内容物的模式。起初，孩子尝试控制是想取悦和认同母亲，后来则在自主控制中找到乐趣。控制失败意味着潜意识在用躯体表达尿道-情欲（urethral-erotic）和肛门-情欲（anal-erotic）幻想，以及前俄狄浦斯和俄狄浦斯冲突。我们可以将此理解为孩子把身体排泄物作为武器来攻击父母的约束和逃避成长要求。身体容器失效的同时，心理容器也常常失灵：孩子在否认问题存在时，会出现思维历程的扭曲或碎片化。

精神分析心理治疗是解决这一问题的首选。了解症状起源、症状对儿童的潜意识意义及其与家庭动力的关系，可以修复身体/心理容器。这样，儿童便能在青少年期早期的发展任务上继续前进。

41. 孤独症：发育型障碍

吉尔·沙夫和戴维·沙夫

孤独症是一种广泛性发育障碍，存在于一个连续谱（孤独症谱系）上，范围从功能障碍到功能正常，从极端程度的孤独症到轻度孤独症和阿斯伯格综合征。患有孤独症的儿童或青少年在人际关系、世界观和发展过程上都有相当鲜明而独特的特质。他们存在严重社交障碍，在言语和非言语交流方面有严重困难，并用重复性活动代替想象性游戏（Wing & Gould，1979）。他们应对的是一种心智缺失状态、内心的无空间感、能力缺失和崩溃感（Meltzer，1975；Tustin，1981），一种渴望联结某个"极微小物体，如一张有洞的网或一根脆弱的草，能够拽住他，让他不致从悬崖边跌落"的感受（Alvarez，1992，p.197）。

孤独症儿童通常智商很高，他们的强迫性思维模式支持他们在某一特定知识领域表现卓越，但也恰恰是同样的强迫思维妨碍他们体验其他方面的生活和人际关系，或矛盾地让人以为孤独症儿童可能有智力问题。他们可能会以第三人称谈论自己，仿佛觉得与自我格格不入，同时又会通过肌肤接触、口腔刺激和传递体液来寻求感官满足。他们也有强迫倾向，为避免丢失而反复检查所有物或爱之客体，并且可能对争夺爱与关注的对手产生嫉妒和杀红眼般的愤怒。孩子可能真的会瓦解自体和心智，以维系理想中对爱之客体的控制，通过变得碎片化和崩溃来确保母亲对自己的投注（Meltzer，1975）。对母亲而言，面对功能如此不稳定的孩子，要成为稳定可靠的客体着实不容易。

安妮·阿尔瓦雷斯（Anne Alvarez，1992）将极端情况下的孤独症历程［梅尔策（Meltzer）称其为严格意义上的孤独症（autism proper）］形容为"一种……识别他人意识性心智（mindful minds）的能力和（或）意愿上的发育缺陷，即无法在不受压抑或不受干扰的情况下，相互识别和分享心智间的愉悦"（Alvarez，1992，p. 203）。当自体的各个部分间缺乏结合力时，儿童分崩离析的自体（falling apart self）只能被动地由皮肤边界承托。其他情况下，孤独症就像一个塞子或外壳，阻止儿童内摄新的经验。梅尔策（1975）强调，我们不该把严格意义上的孤独症理解为一种防御焦虑的机制，它往往是在养育依赖不足甚至完全失败的情况下，由于感官受到长时间刺激而导致的状态。

治疗

与患有严重孤独症的儿童工作对治疗师来说无疑是一个巨大挑战，因为他们需要通过触摸、嗅闻、涂抹和舔尝治疗师的身体来保持自我。他们通常极具侵入性和占有欲，并且感官需求极高。塔斯廷（Tustin，1981）描述道，他们有时像阿米巴原虫一样脆弱得令人担忧，有时又像贝壳一样僵硬地保护自己。他们需要支持、坚定的规则限制和充满活力的互动。他们尤其需要治疗师坚持不懈地跟随和诠释移情，而这需要长期的密集性治疗（Alvarez，1992）。由于孤独症儿童经常需要接受特殊教育，并在影子老师或助教的辅助下参与课堂学习，多数家长选择将经济资源投入在全职陪伴的辅导服务，而不是心理治疗上。

在以下案例中，男孩的心理测评结果显示其为中度孤独症。精神分析治疗师评估其为泛孤独症谱系症儿童。后续的个体和家庭治疗也明确显著地提升了儿童来访者的共情和人际关系能力。

治疗案例：孤独症谱系男孩马修（8岁）

父母将8岁的马修形容为爱挑衅、缺乏同情心的男孩。会谈时，父母皆报告孩子会对自己做出言语和身体攻击，会踢妈妈，并一意孤行地要得到任何他想要的东西。如果父母拒绝他，他就反过来拒绝服从家长的要求。父母觉得马修不感激他们对他的爱，但他每天晚上都会走进父母的卧室，说他很害怕，想躲在父母的床上。父母承认，很多时候他们没办法喜欢马修。他们不知道如何与他沟通，如何帮助他对他们和对同学温和一些，让他的同学愿意成为他的朋友。

个体评估

在个体评估会谈中，马修不太会玩游戏。他不停地翻找玩具。他拿起一只恐龙，让它吼几声；又拿起一把枪和几辆玩具车，然后是蝙蝠侠人偶。他举起又放下人偶的双臂，一言不发，也没有进行任何运用想象力的游戏。他拿起"四子棋"游戏，开始像在家里一样自顾自地玩，并在我加入棋局后无情地击败了我。马修进行的不是象征性游戏，而是自我沉浸式游戏。他说，他想在家里看某个视频节目，但父母认为内容太暴力，不让他看。当我问到学校情况时，他先提到有个男生会打其他同学、说脏话，接着提到有个老师会吼骂班里的同学。他说爸妈总是拒绝给他想要的东西，比如电动玩具，因为内容太暴力。他不喜欢他们。不过，如果他一直唠叨纠缠，过一段时间爸妈就会把东西给他。他总是能赢。他说，等他长大，他可以买把枪，如果他们不按自己的要求做，他就直接杀了他们。

家庭评估

在家庭评估工作中，马修要求和妈妈玩四子棋。轮到妈妈落子时，马修用力推她的手，弄疼了她。他说他只是想让妈妈下在某个格子里，这样他就可以打败她。他说，他才不管自己有没有弄疼妈妈。他在游戏中打败父母时幸灾乐祸的样子，跟我们单独会面的情况如出一辙。

治疗师的初步印象

马修似乎无法与人建立联结，他关注暴力的内容，对别人和我都是一副漠不关心、专横跋扈的态度。他不在乎我的想法，说什么他都无动于衷。我不禁想，这是我遇到过的最残酷的孩子，与他相处让我背脊发凉。在孤独症谱系上，他的攻击性可以看作一种补偿行为，用于弥补他无法读懂人际情感线索、无法用言语表达自我感受的缺陷。

治疗干预

我每周与马修的父母工作一次，帮助他们设定明确界限，绝不屈从于孩子的操纵，并重新建立家庭模式。受症状困扰的儿童需要安全和坚定的界限，治疗师无法一开始就进行诠释性工作（Alvarez，1989）。马修父母的难点在于，他们曾经被咄咄逼人的父母严苛对待，不想重蹈覆辙，结果过犹不及。处理好成长中的受虐经历后，父母开始能够为睡觉设定规范：他们倾听马修的恐惧，安慰他一切安全，并护送他回到自己的房间。不久之后，马修就能在自己的房间里整夜安睡了。

家庭会谈

某天晚上，马修做了一个噩梦。这个梦太可怕，以至于他没办法在咨询中重述。他跑到父母的房间，挪到他们中间窝着。父母不需要多问，马修就说出了自己的梦境：老师看着他，发现他的脸一半很美一半很丑，额头上有个印记，脸上有一道长疤，右眼畸形。他用手一张一合，像嘴或爪子一样，形象地演示了梦里老师震惊到下巴都掉到地上的情景。

治疗师询问马修对梦的联想时，他说没有别的要补充了。父亲提供了自己的联想：他一直在研究的一张半美半丑的非洲面具，是生与死的象征。面具会问两个问题："你将如何度过此生？""你的生命将如何结束？"父子间的心灵共鸣以及两人所同样面对的不确定性给我留下了深刻印象。

> 我："我想，这个梦是在说，你害怕自己。"
>
> 马修："就像在梦里，我也不知道为什么，我会怕自己。"
>
> 我："当你对父母又粗鲁又没礼貌，有些东西会让你害怕，害怕他们会反过来伤害你或不再爱你。这让你害怕自己。"
>
> 马修回答说，爸妈都打过他。后来就没有了，爸爸说体罚没有用。
>
> 马修："我问爸妈他们是不是讨厌我，他们说是。"
>
> 父母澄清道，他们讨厌的是马修的行为，而不是马修。
>
> 我说，对孩子来说，这感觉就像是同一件事。
>
> 马修点了点头。
>
> 我问家长，是否依然偶尔会考虑体罚马修。他们都说是。
>
> 马修："我就知道！"
>
> 我说："当爸妈被你激怒时，就算不会真的动手，他们还是可能会有体罚你的念头。这是你害怕自己的原因。也是这部分的你，在梦里被打得遍体鳞伤。"我在想，马修在梦境幻想中以为父母会报复性地体罚他，因此在梦境中，他脸上有一道长长的疤痕。

治疗中的儿童已经具备一定的情绪交流能力，也能接收关于恐惧在情绪层面上影响自己和父母的诠释。父母学习向孩子描述他无法读懂的情绪状态，持续执行约束和反思任务。马修开始能温和地向父母寻求拥抱和与父母一起做游戏。马修慢慢不再只是向父母索取物质的东西，也开始向他们表达自己的情感需求。他还请求父母帮助自己理解情感线索。虽然马修偶尔会退行，再次做出以前的自闭行为，但他已经变得更能融入周围环境，父母也逐渐不再害怕马修失控，并能更自在地表露他们对马修的爱。

小结

这个案例中的孩子属于孤独症谱系，不是梅尔策所谓的严格意义上的孤独症。这个案例说明了孤独症的状态特征，以及结合个体和家庭工作的治疗方法。

42. 性别流动：性别障碍

戴维·沙夫

  患有性别认同障碍（gender identity disorder）的儿童不喜欢被明确归类为男性或女性。其中有些儿童希望能归属于相反性别并被接受，有些则坚信自己生错了身体。有些儿童保持性别流动性，徜徉在两个世界之间。他们一般喜欢和另一性别的孩子玩，穿类似的服装，并参与另一性别喜欢的运动。随着时间的推移，一部分儿童会维持与出生时一致的性别，另一部分则会接受性别重置手术。换句话说，对出生性别的厌恶或不适应，可能会在成长过程中减弱，也可能会加剧。

  作为儿童治疗师，我们发现，家庭对婴儿出生时的性别的反应，以及后来对孩子宣告自己为非二元性别（nonbinary gender）的反应，对孩子的性别意识有着至关重要的影响。我们也发现，许多儿童和青少年会幻想，如果改变身体，问题也许就会随之消失。临床工作者常被迫切要求给儿童开具青春期阻断剂，或同意青少年接受性别重置手术。但是，身体改变是不可逆的医疗行为，为避免日后因后悔而引发的破坏性影响，我们建议来访者在心理治疗中思考一段时间，再做决定。

  在 21 世纪，性别观念迅速发生改变，从传统的男女二元观念转向更多元的观念。从解剖学角度而言，出生性别仍然局限于常见的男性和女性，以及较少见的两性同体（hermaphrodite）。出生后，内在体质特性和激素分泌、家庭史和家庭动力、社会文化因素以及创伤都会对性别产生影响。有些孩子在学步期时就强烈感觉自己被困在错误的身体里，有些孩子则在年纪更长时才产生这种想法。有些家长完全拒绝孩子的感受，或者否认孩子的体验。有些家长会寻求转换治疗，以使孩子的性别认同与生理性别相匹配。还有一些父母则将孩子的感受视为稳定见解（settled opinion），并立即寻求性别肯定照护（gender affirming care）和行动，包括激素阻断剂和其后的激素替代疗法（hormone replacement）、性别重置和重建手术。

我们的立场认为，做出决定之前，孩子需要在精神分析心理治疗中进行一段时间的反思。我们发现，有些儿童和青少年，是因为生命中的各种议题未能有机会被好好处理，而最终诉诸性别手段，将其视为问题的解决方案（Ehrensaft，2021；Lemma，2018；Osserman et al.，2022）。

临床实例：丹妮拉（9岁）

评估阶段

丹妮拉是一个9岁女孩，她3个月大时被养母达妮收养。她们的名字很相似，外表却完全不同：丹妮拉是非裔女孩，她的黝黑肤色与养母的浅色皮肤形成鲜明对比。被生母玛丽安娜遗弃，已经让丹妮拉非常痛苦；知道生母留下另一个孩子在身边，更是让她心如刀割。丹妮尔总是与养母以及寄宿家中的互惠生（au pair）吵架。她和原来的保姆的相处融洽得多，她称保姆为她的第二母亲。在学校里，她称不上努力，尤其是在不喜欢的科目上，因此成绩表现远未发挥出她这样一个聪明女孩的潜力。除此之外，她并没有在学校惹麻烦。

在治疗室中，她能很好地和我建立关系，轻松地聊及家庭、生活、被生母送养的痛苦以及对养母达妮的愤怒。但她希望在治疗中集中讨论她希望自己是个男孩的愿望，她想知道自己应该做男孩还是女孩。她说，男孩们说她是女孩，而女孩们说她是男孩。如果男孩和女孩都称她为女孩，那么她也可以心满意足地当个女孩。达妮没有对女儿的性别议题感到焦虑。她只希望问题能得到解决，这样丹妮拉就能快乐起来。她更担心的是丹妮拉在家脾气很暴，在学校也没能发挥潜力。

图 42.1　丹妮拉的自画像

当我邀请丹妮拉画画时,她选择创作了一幅自画像(图 42.1)。

自画像还原度很高,丹妮拉头发非常短,而且很卷。对 9 岁孩子来说,画中的自己没有手脚算是不寻常的呈现,其他部分则都在常规范围之内。她条纹状的四肢和旁边的一团红色可能是足球队队服和球,也可能与自伤想法有关,代表被抓伤的四肢和血迹。手臂上的直条纹与嘴里代表牙齿的线条相呼应,因此,条纹标记可能指代她的攻击性冲动。但这些只是治疗师脑海中浮现的想法。我们需要处理的是孩子对自己画作的想法和相关的表达。丹妮拉说,这幅画里最重要的是眼睛。她在眼睛周围画了一个圆圈,告诉我她想更多地思考一下她的眼睛。接着她补充了一幅只有眼睛的画(图 42.2)。

图 42.2　丹妮拉的眼睛

英文里的"眼睛(eye)"和"我(I)"读起来如此相似,我猜想她想告诉我更多关于她的故事。我也认为这幅画描绘了她自体核心的议题——阴道,即穿过阴道可以深入她的内在心智世界和身份认同。我没有对此发表看法,因为我还不够了解丹妮拉,更不想吓跑她。

我们喜欢在评估阶段将个体会谈和家庭会谈相结合,以更全面地了解儿童及其家庭生活。这样，我们可以在家庭的背景下，帮助父母更好地认识自己的孩子。如果儿童（更常见的是青少年）拒绝家庭会谈，我们可以将家庭会谈调整为家长会谈。无论是哪种情况，我们都要保持中立、不偏袒的态度。如果在某些家庭工作中，我们意识到维持中立的艰难，那么我们可能必须考虑与父母双方单独会面。

家庭评估会谈

接下来，我们进行了一次家庭会谈。我站在母亲这一边，不一味容忍丹妮拉的极端攻击行为，因为这对任何人都没有好处。我帮助母亲在事情失控之前尽早设定行为规范。丹妮拉对此表示同意，所以我也很容易切换到孩子的立场上。丹妮拉洞察力很强，她明白母亲在养育约束上需要协助，所以她主动表示，是时候让母亲加入会谈了。我随之安排了一场母女家庭会谈。会谈中，丹妮拉抱怨母亲不同意她做的每件事情，尤其是跑酷（一种在户外跑跳并跃过障碍物的活动）。达妮反驳道，丹妮拉从来没提起过跑酷的事，她觉得跑酷没什么不好的！（图 42.3）

图 42.3 丹妮拉玩跑酷

译注：1. let's do parkour——来玩跑酷吧
2. Block Small——小型障碍物
3. Block Medium——中型障碍物
4. Big Block——大型障碍物

话题转到丹妮拉情绪失控的表现上。有一天，母亲开车送她、互惠生和她的队友去看足球比赛。途中丹妮拉对队友非常恼火，她冲着对方大喊："我要杀了你！"母亲感觉事态不对，随之停下车。然后，丹妮拉开始咒骂、咬人，并动手打母亲和互惠生（互惠生是个年轻女孩，其实也是丹妮拉很喜欢的表姐）。双方以暴制暴。表姐威胁要用狼蛛来吓她；母亲用肥皂给她洗嘴，阻止她继续骂脏话。母亲还回咬孩子一口，以为这样能让丹妮拉停止咬人。在会谈中，达妮意识到互惠生（表姐）即将返回自己的国家，她想也许丹妮拉是对表姐即将离去感到生气。在后续的家庭会谈中，我们会努力寻找比报复更好的方法来改善丹妮拉的行为。

评估印象

丹妮拉有三个母亲，她的生活中基本完全缺乏男性角色，这可能是她对性别感到困惑的因素之一。养母尽管具有攻击性和退行性，或许难以相处，但她百分之百地存在于丹妮拉的生命里。而丹妮拉抗拒着她。生母是遗弃者，又是被丹妮拉想念的存在。"第二母亲"前保姆离开后，她有了新的、完美的第二母亲——表姐，但表姐也因即将离去而被她提前挂念着。在这些母亲人物身上，我们可以看到，丹妮拉在渴望与拒绝之间的分裂。

个体和家庭治疗

达妮同意丹妮拉每周进行两次治疗。在个体治疗中，我们会玩纸牌游戏和战争游戏。丹妮拉很在意胜负，会通过作弊来确保胜利。关于自己是男孩还是女孩的疑惑被稍微放下，不再是最迫切的问题。在游戏中，我们依然可以从她对男性英雄的扮演和她崇拜的男孩的故事里，观察到她自体的男性表征的一面。

在一次家庭会谈中，丹妮拉提到前一天晚上在母亲床上睡觉时做的梦。她在梦中尖叫着，一个"狼蛛人"拽着她的衣服，要把她从藏身的床底下拖出来。梦可以说是日间遗思（day residue），她想起表姐那天威胁要把狼蛛丢在她身上。狼蛛是丹妮拉内在的攻击性部分。由于内在客体关系中的自体和客体两极可以互换，狼蛛可以伤害她自己或她具有攻击性的母亲。透过投射的机制，她以为攻击性是从外部向她的内在袭来。

在一节个体会谈中，丹妮拉夸耀自己总是在游戏中打败母亲。后来，在我和她的游戏中，她开始对总是打败我感觉过意不去，陆续让我赢了几场。她谈到了自己的坏，并唱着歌词有"做坏人真好！"和"我糟糕透顶"的歌。我们尝试将"坏"的感觉和游戏作弊联系起来。

在下一节家庭会谈中，表姐一同出席。我们将丹妮拉对家人发火和她对朋友的刻薄行为联系起来。她的行为让她害怕大家最终都会离开她，这让她相当绝望。我们接着做了"行动、思考和感受"的卡牌游戏。其中一张卡片上的问题是："对于一件困难的事，你有没有想过能用不同的方法完成？"丹妮拉说了一个戏谑的答案，然后母亲朝她大喊："闭嘴！"现场重现了家里的攻击性互动。我们以此为介入点，体会家人彼此折磨时各自感受到的伤害。

不久后，我和丹妮拉在个人治疗时玩了一场赛车游戏。车子是丹妮拉用黏土做的。小汽车们蹦蹦跳跳，尽情地比赛和追逐。她说她很幸运能够进入治疗，能在治疗中尽情玩耍。我说，除了玩以外，我们也在治疗中讨论重要的事情。她点头同意。我提到，我们似乎有段时间没有谈到她与家人的状况了，然后她说："虽然我没办法和生母见面，但我有关心我的人。包括我被收养前一直照顾我的寄养家庭，他们还希望我去看望他们。所以没有关系。"仿佛要揭示这种轻描淡写的生活幸福之言不完全真切，她随后抱怨老师脾气古怪和朋友心眼差劲，还唱了音乐剧《安妮》（Annie）中的歌曲《艰苦的日子》（It's the Hard-Knock Life）。

治疗经过了几个月后，在某次来治疗的路上，丹妮拉掐疼了母亲。她说自己心情不好，因为咖啡店没有她想要的东西。在下一节个体治疗中，她不满于我在游戏中胜出，于是开始作弊。之后，我屡战屡败。没有机会再反败为胜让我心里很不是滋味。

治疗师：得不到你想要的，你就会生气。

丹妮拉：在家里和学校都会生气。得不到我想要的让我感觉很糟。

治疗师：是不开心的糟，还是觉得自己是个坏人的糟？

丹妮拉：生气的时候，我觉得我是个坏人。

治疗师：游戏作弊，或没能得到想要的东西，会让你觉得自己是个坏人。伤害对方让你难过，就像你来的路上掐了妈妈，弄疼了她。或者游戏作弊，让我惨败和难过。你感觉很糟，因为你觉得自己真是坏人。

这里，治疗师尝试提供涵容。他在帮助她理解，坏情绪会引发她坏的行为表现，然后让她感觉更糟。治疗师不会报复，也不会"反咬一口"！他们努力催化彼此的理解。

在另一次治疗中，母亲请丹妮拉询问治疗师："当我失控时，妈妈可以怎么帮助我？"我们一边玩牌，丹妮拉一边再次告诉我，她不喜欢被妈妈送回房间，不喜欢被妈妈靠着门锁在房间里。她不喜欢表姐坐在她身上，那让她无法呼吸。她希望妈妈能稳住她。她要求暂停玩牌，让我们讨论如何帮助妈妈。后来她想明白了，需要稳住和控制的是她自己。

治疗师：哇，我们中大奖了！［治疗师把所有卡片作为游戏奖励送给她。］

丹妮拉：我一生气就控制不住自己。

治疗师：我们先梳理清晰你的内心状态，这样你才能告诉妈妈你在生什么气。不管妈妈怎么回应，你心里都清楚是怎么回事。

丹妮拉在笔记本上写道："我必须控制自己。"

丹妮拉将拒绝性客体投射给治疗师，而治疗师则努力理解拒绝性客体，并给予丹妮拉被理解的体验。我们看到，治疗师通过分享想法而有意识地将自己的理解反馈给来访者，并在潜意识中提供理解的氛围。治疗师也通过接收来访者的反应来帮助自己成为一名更好的治疗师。

用象征性游戏开展工作

一年半后，丹妮拉在治疗中玩起一个乱七八糟的娃娃屋（图42.4）。她把老爷爷人偶扔出窗外。这个老爷爷上个星期还是我们游戏里的英国间谍呢。

图 42.4　游戏 1 中的娃娃屋

治疗师：你觉得我是间谍吗？

丹妮拉：你是吗？

治疗师：有时候感觉像是，比如说，在家庭会谈中听你妈妈说话的时候。

［丹妮拉把所有人偶和家具都扔出房子。］

治疗师：有人在娃娃屋里发脾气，有点像你在家里发脾气一样。

丹妮拉的回应是恢复秩序和重新装饰房子（图 42.5）。她邀请我帮忙布置，让房子看起来像"我们的"家。她在床上放了一个黑人男孩。她告诉我一个秘密，说她亲过男生，想玩白雪公主被王子亲醒的游戏。

图 42.5 游戏 2 中的娃娃屋

浪漫场景过后，丹妮拉换了其他游戏。她是抢劫犯，又化身成警察，指控我才是劫匪。我为自己的无辜辩护。她传唤我父亲出庭，我父亲告诉法官我有罪。丹妮拉判了我一年徒刑。这个"谁是坏人，谁该受罚"主题的最新版本中，她身上坏的部分被投射给我，而表征着坏的部分的我，必须接受约束与惩罚。我这名间谍老爷爷成为她愤怒认同的对象，让其余部分的丹妮拉能够成为那名曾被男孩亲吻的女孩。

小结

在这个案例中,孩子最终能够信任治疗师,分享她对浪漫的渴望,并认同治疗关系的帮助和关怀。她依然喜欢打扮得偏男孩子气(很多该年龄段的女孩都是如此),但她开始与女孩的自己合而为一。她放弃成为男孩的渴望,更加喜欢在与男孩的关系中,身为女孩状态的自己。当然,其他孩子可能继续甚至更强烈地渴望变为另一性别。

我们看到,与喜欢游戏的孩子一起玩耍是多么有趣。在治疗师和孩子的共同游戏中,我们可以看到治疗如同螺旋梯,一次又一次地探索相同主题,让双方有很多机会更深入地讨论主题交叠处的议题。每一次,孩子都有机会探索,并对自己的各个方面达成更深刻的顿悟。我们知道,崩溃时刻难免反复出现。在每次或大或小的崩溃中,我们运用诠释来取得并强化修复。从治疗开始直至结束,我们工作的同时也在游戏,也在享受乐趣。

第五部分

治疗室中的儿童心理治疗师

43. 父母工作

吉尔·沙夫

儿童评估始于父母。为什么需要父母工作？儿童心理治疗刚刚起步的时候，考虑到儿童隐私保护，最佳做法是治疗师与儿童工作，父母咨询则转介给同事进行。这种模式许多年来被奉为业界圭臬，直到儿童治疗师意识到，如果能与父母建立关系，他们就能为儿童提供更多帮助（Novick & Novick，2000）。从现代观点来看，对于儿童面临的困难及其康复，父母的角色至关重要。父母本已生活在绑定着彼此、家庭和社会群体的联结（link）中：如皮琼·里维雷所指出的，伴侣继承与上一代及其文化的联结，再与扩展家庭及其文化建立新的联结（Losso et al., 2019）。孩子出生在此联结矩阵中，受联结影响，也随着伴侣组成家庭或随着另一个孩子的加入，为联结在不同家庭规模与形态变化下的继续形成做出贡献。伴侣养育子女的方式和对子女的幻想，反映了他们与父母和与彼此的联结。伴侣和孩子的心智世界通过他们在家庭关系中的体验共同构建，并随着他们度过不同的生命周期而不断发展。孩子诞生于联结中。通过联结传递的不仅是创伤（创伤会极大地破坏孩子的完整性），还有联结中的喜悦与负担。以下案例说明了一个男人与父亲的冲突如何传递给他的儿子。

治疗片段一：青少年身上的代际传承

安迪是个有魅力、聪明、擅长运动且深受老师和同学喜爱的男孩。问题是，他不愿意交作业，即使做了也不交，高一几乎要挂科。在美国，高中前两年是决定大学入学资格的重要准备阶段。安迪的父亲不满于儿子的低成就，以及对未来的漠不关心。母亲很疼爱儿子，不希望丈夫斥责儿子、把儿子贬低为"学渣"。我们谈到安迪父亲希望能通过努力学习和获得优异成绩来取悦自己的父亲（安迪的爷爷），因此当安迪没有同样想取悦自己时，他感到相当挫败。虽然安迪父亲努力满足安迪爷爷的期待，但他其实很厌烦这样的压力，因此安迪在潜意识中帮父亲实现愿望，即挫败爷爷对儿子的厚望。在一次家庭会谈中，疼爱儿子的母亲和安迪结盟，母亲认为儿子比丈夫更有魅力。父亲欣然同意，家长双方联合夸耀儿子俄狄浦斯的胜利。然而这是一种空洞的胜利，男孩既没有获取力量，也没能发挥自己的潜能。在一次个体治疗中，安迪告诉我，为了避免父母反对，他在内裤下的隐蔽处文了一头可爱的大象。突然，安迪发现了一个难以置信的疏漏：大象居然少了象牙。这是一个重要的转折，象征着安迪缺乏力量，也让他意识到自己在用不重视学业的方式阉割自己。他申请进入新学校，为申请好大学而全心投入学习。

通过与父母和呈现症状的儿童建立治疗关系，在个体和家庭层面进行干预是有意义的。我们可以选择由同一治疗师同时进行伴侣治疗和儿童治疗，或者进行所有家庭成员共同参与的家庭治疗。在本书中，两种工作方法皆有实例说明。根据父母的需求和对治疗的态度，我们可以提供支持性咨询、儿童发展和养育指导，或针对家庭动力提供诠释性心理治疗。原局限于家长辅导的工作，可以扩大为伴侣治疗，以探索未解决而被置换成亲子冲突的伴侣议题。

在父母工作或家庭治疗中，我们希望观察父母如何看待他们的孩子。对于身为家长、身为伴侣的他们而言，孩子象征着什么？他们看到的是眼前真实的孩子，还是基于内在孩子的幻想？为了进一步了解家长对孩子的看法，我们会探询家长的童年经历和为人父母的经历，他们的父母如何处理夫妻分歧和困难，以及孩提时他们是否被卷入父母伴侣的紧张关系中，负责挑起事端或解决冲突。例如，我们可能会发现俄狄浦斯期儿童的竞争或迫害体验与父母伴侣自身的俄狄浦斯冲突存在联系。我们允许父母共同参与会谈，但这一原则在特殊情况下会有例外处理。例如，家长一方的个体治疗师，可能不同意来访者额外与儿童治疗师工作；或者父母离异后关系淡漠，这样我们就会选择分开进行会谈。

家长会谈该如何进行？我们倾听他们对孩子以及身为家长对彼此的抱怨。我们承认他们的失望。我们帮助他们面对自己内心对孩子成长和发展的恐惧。我们为他们提供理解孩子和与孩子沟通的情感语言。若是儿童有发育迟缓问题，我们会帮助家长接受孩子能力有限的事实，哀悼健康的丧失，并在孩子的既有优势上帮助孩子成长。

我们希望父母对孩子的智力和心理健康抱有合理期望。与青少年的父母工作时，我们要敏锐地保持觉察，因为父母自身的议题可能被青少年的性欲望、试验行为和不断提升的自主性所触发。父母年纪渐长，可能开始要面对脆弱感、职业生涯的挫折、疾病、死亡或自己父母的功能丧失等问题。青少年的激素正"汹涌澎湃"，而父母的激素却在逐渐衰退。青少年在性方面的展现，可能刺激父母自身的欲望。父母伴侣可能感到嫉妒，并以试图控制青少年的方式做出回应；或者其中一方可能以婚外情的方式，将紧张情绪释放至家庭之外。我们可以帮助父母意识到自己所承受的压力，帮助他们克服因青少年的成长而对伴侣关系造成冲击的感受，也帮助他们以伴侣的身份携手解决问题。但是，即使当父母咨询的重点往伴侣治疗的方向倾斜，"父母工作的主线仍然是理解父母对子女的移情，而不是他们对治疗师的移情"（Hopkins，1992，p.5）。

治疗片段二：身为家长的伴侣

Y 医生和 C 太太是拥有"完美孩子"的问题夫妇（J. Scharff & D. Scharff，2011）。他们对心爱的孩子没有任何微词，并且父母功能运作得当。问题在于，所有的好和优点都集中在孩子身上，而缺点都被放置在丈夫身上。一方面，这个模式反映了夫妻两人童年是如何被对待的；另一方面，他们孩提时期曾经受过的攻击，延续成婚姻中的互相攻击。伴侣关系间所有的好都投射给孩子，因此关系核心变得空洞。谈论自身童年好与坏的方面，可以帮助父母收回对孩子的投射，而谈论孩子则可以帮助他们接触关系中的美好和满足。

父母也需要我们的支持和诠释。更重要的是，我们需要父母的帮助。他们要对自己的孩子负责，他们日夜与孩子相处；治疗结束后，他们还将长期陪伴着孩子。父母需要认识我们，确认我们是否值得他们信任，是否能把孩子托付给我们，以及治疗是否值得不菲的财务投入。我们需要父母的同意以及他们对治疗的经济支持。当孩子对于进入治疗踌躇不前时，我们需要他们的帮助。我们需要他们的支持来维持对治疗的承诺，即便在孩子的症状减轻后也是如此，因为治疗必须持续进行，直到孩子能够安全地应对在下一发展阶段所面临的挑战。

父母工作让我们有机会改变孩子的成长环境，也让父母有机会探索孩子遇到困难的成因，并在治疗中学习和加深理解。我们尊重和支持家长，也希望赢得他们的尊重和支持，以便组成团队，为孩子和家庭的福祉共同努力。以拉斯廷（Rustin，1998）所述作为总结：定期进行父母工作的背后寄托着众多目标——争取父母的支持以保护治疗，在儿童发展的危机时期为他们的家长功能提供支持，以及改善家庭功能。工作的结果可能是推荐家长接受家庭或婚姻治疗，或推荐他们一方或双方进行个体治疗。

44. 家庭动力评估

卡尔·巴尼尼

家庭评估的第一步，是让全家人进入治疗室。我们向他们解释，通过家庭会面，所有成员可以一起帮助治疗师了解索引病人并发展对于整个家庭的理解（whole family understanding）。在治疗室中，我们要在稳固的框架内，建立一个安全而符合伦理的心理空间，在此基础上构筑治疗联盟，对每个家庭成员展现好奇和关心，并重视每个人运用声音或通过游戏所做出的贡献。我们向家庭介绍治疗情境，并证明在这个空间中，他们可以安全自由地表达情感和进行心理探索。我们跟随情感流动，注意哪些情感得到表达，哪些情感被否认。我们激发家庭对其家族历史和沟通模式的好奇心。

家庭动力在家庭成员的交谈和游戏中展露无遗。我们可以看到防御性互动模式，并探索潜在的焦虑。我们可以展示，出现症状的儿童如何为这一代或上一代人背负家族苦痛而成为症状承担者。我们注意家庭在生命周期中所处的位置，以及家庭是否根据每个孩子的年龄，在相应的发展水平上同步地运作。在评估工作中，我们演示治疗过程的样貌，并展示理解如何催化成长。我们通过暂时性个案概念化（provisional formulation）表达我们对家庭依恋风格、互动模式、防御机制和焦虑的初步理解，并在最后以帮助家庭制订治疗计划收尾——计划可能包括家庭治疗，或在个体治疗的同时进行父母工作。

游戏在家庭治疗中的作用

在家庭治疗中使用游戏能软化语言维度的重要性。我们停下影响发展与健康的强迫性交谈、指责、怪罪和重复性共谋,转而参与游戏。当特定缺陷或冲突浮现,需要我们关注时,游戏可以减缓焦虑。游戏可以辅助诊断;它揭示了家庭的烦恼和压抑,并将对"病人"的注意力重新放回整个家庭身上。我们重新定义(reframe)了把儿童看作"问题"承担者的关注点。我们将孩子的困难视为寻求帮助的信号,它吸引了家人的注意力,并将家庭带到治疗师面前。家庭的游戏能力——幽默、想象力、身体活动和游戏活动中的分享——能够在家庭中制造双向的快乐和归属感。游戏让我们以有意义的方式接触他者(otherness)的世界。游戏能够增强家庭纽带和相互联系,培养此时此地的安全感和保障,并促进长期的成长和发展。在家庭团体之中,游戏可以被看作治疗师抱持能力的延伸,能够帮助整个家庭理解并以更开阔的视角看待儿童的困难,也让我们能够进行更全面的心理动力学概念化(Cabaniss et al., 2013; Lingiardi & McWilliams, 2017; J. Scharff, 1989)。

个体和家庭发展建基于家庭环境的结构与功能,并受到与同龄人、扩展家庭和社区机构之间的关系的影响。儿童在其中了解世代相传的信念、每一代和代际间的行为标准,以及如何在维系家庭关系的同时协商各自的需求和愿望并调节挫折。在跨代的游戏互动中,儿童有机会了解自己,了解如何与他人交往,以及如何在家庭和社区群体中茁壮成长并成为其中重要的一分子。

治疗师的态度

进行家庭评估和治疗时,治疗师需要充分准备好且乐意与所有家庭成员见面和接触，对家庭的担忧给予关注式好奇，以同一单位体整体思考家庭状态，同时在内心考虑他们的焦虑程度、应对策略以及想法和感受。既然我们知道游戏是儿童的主要交流方式，而谈话是家长沟通和被理解的主要渠道，那么在治疗室的配置规划上，我们可以为家长准备舒适的座椅，为儿童准备适龄的游戏材料和椅凳，以及足够进行游戏活动的空间。

治疗环境

家庭里可能有不同年龄的孩子，因此空间中需要有不同尺寸的椅子、一张有美术和绘画用品的工作桌、地板空间、几桶手偶和毛绒玩具，以及方便接触娃娃屋（配有不同种族的家庭人偶和动物模型）的通道。大卷的画纸是通用的道具，可用于家庭创作活动或绘制全家福。治疗师的作风各不相同，有些治疗师会限制玩具数量，以免儿童不知所措；有些治疗师则会准备汽车、飞机、消防车、警车、救护车、棋盘游戏、娃娃屋和画架。治疗师会注意孩子或其他家庭成员的选择，并视情况表达观察。每件物品和每项活动都是感受与想法的传递，也指向当前的家庭生活和代际间的经历。

与治疗师态度相关的治疗特质

治疗师的声调和肢体姿态能够创造一种氛围，让儿童和成人能在其中建立有意义的联结。音量声调应适中而平和——足够清亮，但不具威胁性；足够轻柔，能够给来访者安全感。要注意物理距离：与年幼儿童接触时，不要"矗立"在他们面前或俯视他们。我们可能会考虑和年幼儿童一起坐在地板上，以增加熟悉度。我们意识到自己与儿童的距离远近如何影响他们的行为表现。儿童和家庭如何回应眼前这名带有玩心、关心儿童和家庭的关系，并探询他们进入治疗的原因的成人？我们观察儿童和家庭最初接触与认识我们的方式，并以建立信任感和安全感为首要任务。

我们尊重儿童的情绪，并回应儿童表示舒适或担忧的肢体信号。我们留意他们如何在物理和心理层面使用治疗空间。我们直接参与游戏，同时切换状态观察和留意他们的选择：哪些物品被使用，哪些被回避。儿童能否与家人分离，自由地探索游戏材料？他们对治疗师是否怀有戒心，觉得治疗师是另一个要谨慎对待的大人？或者，新环境是否让他们觉得陌生和紧张呢？我们会诠释他们对我们的恐惧，有时用语言，更多时候则借由玩具来表达。

家庭治疗的挑战

在家庭工作中保持均匀悬浮注意是很困难的。家庭期待我们把重点放在作为索引病人的孩子身上，但我们希望能考量每位家庭成员的情况。在反移情中，我们可能认为父母该为孩子的症状或痛苦负责。我们可能天真地偏袒一方，以为自己是孩子的同盟，必须拯救孩子于问题父母的水火之中。我们也可能与父母一同对儿童进行病理化，事后才意识到儿童的症状可能反映了家庭议题。许多治疗师并不倾向于与整个家庭工作，或因缺乏相关培训而无法这样做。我们跟家长一样，喜欢用成人的方式进行语言沟通；儿童的交流则是身体层面的、乱糟糟的、嘈杂的。如果我们能够一点一滴地适应混乱、给自己时间去理解，并同步关注成人和儿童，那么我们会发现：家庭能提供给我们的，绝不亚于我们能给他们提供的。

探索家族史的重担和益处

家庭团体的动力储存在家族历史事件中——从催化健康成长的经历到庞大的负面丧失和悲剧——以有意识和潜意识的途径代代相传。上一代人的家长行为和对子女的具体期望可能妨碍家庭成员协商改变和适应发展与环境的要求。在全心全意奉献家庭的家族期望下，成员可能将个人满足的追求推入潜意识中。

治疗片段

在 6 岁男孩萨米的家庭中，家长经历过父母早逝。当时，这导致家中长子（索引儿童患者萨米的父亲）不得不承担照顾 4 个弟妹的责任。由于缺乏其他亲属的支持，萨米父亲必须牺牲个人满足，才能确保兄弟姐妹能继续生活在一个屋檐下。他最终娶了与父母和兄弟姐妹关系松散、享受个人自由的女孩为妻，两人生下了萨米。萨米是一个讨喜的男孩，症状浮现后作为索引病人进入治疗。萨米的症状表现包括遗尿症、分离困难，以及在校展现出的攻击性竞争行为——在游戏场上太在意输赢，以至于不惜推挤年龄更小的孩子来赢得胜利。

在隶属于治疗评估的家庭工作中，萨米显然对自己在家庭中的适当位置感到困惑。他反复让消防车和救护车相撞，一会儿兴奋大叫，一会儿又害怕被父亲或我责备：后者表现为，他跳到母亲腿上，紧紧抓住她的胳膊，怯怯地来回瞟视我和父亲。在确认安全无虞的前提下，在治疗中我们不会干涉孩子粗暴或混乱的游戏方式，而是倾向于观察和联想游戏中的哪些元素是在释放过载的攻击性，同时注意父母的反应。母亲似乎很宽容，没有说什么，任由萨米待在原地。父亲看起来很不自在，他瞥了一眼治疗师，想看看治疗师是否担心玩具，或是准备约束萨米的"爆发"。父亲表示，类似行为从未在家里发生，但在学校让老师操碎了心。

是时候问问父母萨米在家庭中的游戏情况了。谁会和萨米玩？他喜欢哪些游戏和玩具？他和父母喜欢一起做什么游戏？父亲偏好安静型游戏，母亲则配合萨米的喜好。在治疗师询问父母萨米喜欢在家玩什么的时候，萨米能暂时放下攻击性，足够稳定地跟随治疗师的引导探索游戏主题。萨米环顾游戏区，指向四连棋：四连棋是一种相对沉静的游戏，玩法是在直立网格棋盘中,看谁能最快地将棋子从底到顶连成一线。我问萨米能不能向我们展示游戏玩法时,萨米再次瞥了父亲一眼,然后迅速从母亲身上跳下来,拿起棋盘,把它带到坐在父母对面的治疗师面前。萨米和治疗师开始游戏,父母在一旁观看。因为没能赢棋,萨米一恼火,就把棋盘倒了过来。棋子散落一地,发出巨大的声响。母亲依然沉默。父亲插话说萨米太粗暴了,可能会弄坏棋盘,他应该尊重治疗师的物品。

从两次游戏体验中可以看出父母养育风格迥异。母亲看起来对萨米突然不愿按规则玩耍的状态以及发出的噪声和混乱并不在意;父亲则担心儿子行为过激和不够尊重治疗师。探索父母的游戏经历的机会来了。我一边继续与孩子游戏,一边开始了解父母的游戏史。在萨米的见证下,父母分享了他们童年时期截然不同的自由游戏和社会规范性游戏的经验。父亲的原生家庭有很多孩子,在父母去世后,他需要照顾和管束众多弟妹,因此父亲的童年没有太多自由玩耍的空间。母亲的成长过程没有过多限制,她经常独自玩耍。由此可知,父母在给萨米设定界限和允许他自由玩耍方面有不同的看法。

在随后的一次工作中,一家人探讨了萨米的在校情况、社交困难和尿床与他的分离焦虑和对母亲的依赖之间的关联。探究家族史后,我们认识到在代际家庭动力中,被迫分离、有限制的依赖和个体化压力如何被内化传承并影响父母的童年,而这份影响又如何表现在父母对萨米的看法及萨米的症状行为中。

治疗过程中,治疗师帮助家庭建立联结并用言语表达彼此间的联结,从而帮助家庭从重复性的重担中解脱。游戏、对有意识的历史和潜意识幻想的讨论,以及对代际传承的探究,都是治疗师进行家庭评估和幼儿治疗的工具。危险的个人欲望,模糊的渴望,挫折,对给予、接收和被剥夺的反应,以及当前或过往的丧失——所有这些都是我们工作中不可或缺的部分。我们在观察、谈话和共情性情感同调中关注家庭的每一位成员,以及最重要的家庭整体,并以家庭为单位将他们抱持在我们的心智世界中。

45. 治疗开始时的儿童评估

戴维·沙夫

起点：与家长合作

进行儿童评估前，我们必须先与家长建立合作联盟。如此重视家长并优先投注时间与他们沟通是有原因的。家长能够为我们提供关于儿童发育、社会行为、学校经历、症状和家族史的必要信息。儿童需要依靠家长为他们做决定，并带他们来咨询室；并且，家长也是最终决定是否采纳我们的治疗建议的人。我们花时间与家长沟通，以确认他们真的放心托付孩子进入治疗。以上无虞，即可展开与孩子的第一次治疗工作。

家长工作每节至少 60 分钟，并在儿童治疗期间稳定进行。我们要求家长把孩子留在家里，由他们照看。我们不希望我们在与家长谈话时，孩子在候诊区焦虑地等着轮到自己进治疗室。我们不希望孩子琢磨家长与我们之间的谈话内容，也不希望在家长离开治疗室时被卷入而不得不发表我们对孩子的想法。我们只在需要付费、有时间限制的预约时段与家长工作。在有界限的空间里，我们倾听并询问："有什么是你们还没告诉我的吗？"家长往往因为没有意识到某个材料的重要性，或者因为担心治疗师的看法而隐瞒某些信息。其后，我们邀请家长和所有孩子一起会面，以了解儿童身处的整个家庭团体。

儿童治疗

我们希望在第一节治疗中与儿童建立治疗联盟。与年幼孩子工作时，游戏和语言同等重要。而在青少年工作中，游戏有可能完全没有出场机会。我们希望孩子们感觉治疗室是足够安全的空间，在这里他们可以视治疗师为关心他们、关注他们的福祉且可以信赖的大人。我们保留空间给孩子表达内在议题。我们必须很有耐心，因为孩子的感受往往在游戏中显露，而不是通过言语交流。即使是高焦虑、高敏感的评估阶段，也依然可以成为治疗历程的开端。在这个过程中，更深层的理解会随着时间的推移慢慢形成。

与儿童建立治疗联盟

考虑到儿童的注意广度，每节儿童治疗我们通常安排 45 分钟，因为 1 小时可能超出他们的负荷。我们努力营造友好的鼓励性氛围。开始治疗的方式千变万化，没有固定模式。我们通常以问候和温和的评论开场，帮助儿童适应并放松。我们可能会说："爸爸妈妈告诉我，你在学校遇到了一些困难。你自己觉得呢？"我们也可能只是简单回应孩子想玩的愿望。即使没有语言或关于生活的信息，我们也预期能从游戏中获得我们需要的材料。我们听孩子讲述学校、家庭、朋友和电视里的故事，不刻意探索表征问题（presenting problem）。我们会听到很多可能掩盖主要问题的琐事，但我们接受这是治疗初始阶段会出现的防御。最重要的工作，是建立关系。对于特殊或关键的材料，我们既不期待，也不强求。我们专注于识别故事和游戏的主题，我们从中推断孩子对自己的感受，并在治疗进行一段时间后，推断孩子对于治疗师（这名表征儿童生活中的成人的人物）又是什么样的感受。我们并不坚持按照家长的描述来探究孩子的问题领域。我们从游戏和与孩子相处的体验出发，间接地探询我们担忧的议题。我们共享孩子对故事和游戏的兴趣，并在此基础上建立治疗联盟，努力逐步加深理解。我们为重要议题保留浮现空间，只是它们通常在游戏中现身，而不是通过交流或其他直接的方式呈现。我们运用直觉和对时机的感知，判断孩子是否准备好承接对其潜在冲突的更直接的诠释。在孩子准备好之前，我们都在置换情境中进行治疗工作。

诠释工作

与成人治疗不同，针对儿童的诠释工作几乎总是从游戏反馈着手。我们可以观察和联系两件事的共同之处。我们可以提醒孩子，她之前说过的话可以帮我们理解当前的游戏内容。我们可以描述孩子所选择的玩具的动作或表情，再询问孩子的外显和潜在情绪。例如，我们可以说："那个玩具士兵看起来特别彪悍。不知道他是不是也会害怕？"或者"蓝车赢得了比赛。但蓝车为此撞了红车，把红车推出赛道。蓝车会不会担心红车生它的气呢？"我们想象玩具士兵代表孩子和他的防御，或猜想赛车指代某段涉及攻击性和报复的角色关系。蓝车可能代表孩子自己，也可能代表攻击孩子自我的父母或兄弟姐妹。

移情和反移情

在儿童治疗的初始阶段，移情通常反映了儿童对治疗和治疗师的信任。正如下一章所述，这是儿童视治疗师为给自己带来帮助且关注自己的人而产生的情境移情（contextual transference）。情境移情会主导治疗关系一年左右。儿童回应治疗环境的方式，也会激发治疗师的情境反移情（contextual countertransference）。经历多个月的密集治疗后，儿童逐渐开始将治疗师视为理想化或迫害性内在客体的代表，我们称之为焦点移情（focused transference）。治疗师也会对儿童的内在客体进行内摄性认同，并相应地体验到焦点反移情（focused countertransference）。至此，诠释工作离开置换情境，转而探索儿童对治疗师的感受。最终，治疗师将这些感受和儿童对生活中重要他人的感受与体验联系起来，并利用反移情来理解儿童内在的客体关系。

临床案例

12岁的蒂龙身材高大健壮，是鲍勃和梅丽莎的3个儿子中的长子。评估始于家长会谈，而后治疗师再约见儿童。父亲鲍勃一如既往地忙于工作，因此母亲梅丽莎单独出席了家长会谈。当治疗师询问为什么在此时间点安排蒂龙接受评估时，梅丽莎说孩子近期经历了很多波折。蒂龙因为发育问题而做了双侧髋关节手术，之后开始出现哮喘问题。当姥姥因阿尔茨海默病去世时，蒂龙特别煎熬。事实上，他到现在都很伤心，还会为此哭泣。父亲会取笑和捉弄蒂龙，他们父子关系并不好。不太让人意外的是，鲍勃自己也与父亲处不来。

梅丽莎坦率地分享道："3个孩子里，蒂龙最像我，也因为这样他跟他爸不时会'擦枪走火'。有一次，我注意到鲍勃不知道为什么对我很生气，没过几分钟，他就朝蒂龙发火了。过了几天，蒂龙对他爸说，'总有一天我会长得比你强壮。'他爸说，'但我还会是你爸。'蒂龙说，'那又怎样？'就是这样，每天都有冲突。不过那个周末，鲍勃带3个孩子出去，玩得很开心，父子关系融洽了很多。结果，没过一周，他们又开始吵了。"梅丽莎说，夫妻双方对儿子们的看法存在很大分歧。鲍勃偏心另外两个儿子，对蒂龙态度消极，让她非常失望。

这个家其实不总是如此。蒂龙小时候有婴儿肠绞痛，经常睡在爸爸肚子上取暖。那时父子俩很亲密，蒂龙总是要爸爸陪着他到处走。蒂龙3岁时，情况逐渐转变。他不想去幼儿园，晚上睡不着觉。在二儿子出生后的大约 1 年里，这种焦灼状态持续着，而梅丽莎那段时间也非常抑郁。

儿童访谈

被问及想谈什么时，蒂龙马上滔滔不绝。他说自己之所以在家接受教育（homeschool），是因为老师从五年级开始就对他很坏，不相信他是因为哮喘或支气管炎才没能完成作业。做了髋关节手术后，医生允许他下学期回学校上课。他希望明年能去新学校，反正他肯定不愿意回原来的学校。他说，大部分时间他跟弟弟们相处得很好，有时候也会有冲突，但频率并不比大多数兄弟高。父亲总是找碴儿，所以父子关系不像母子关系那么好。母亲负责在家教育，她有点像他一年级的老师，所以在家上学还算顺利。但是，在家上学之前，有很多凶巴巴的老师经常吼骂他。

他接着谈到姥姥。姥姥有心脏病，后来罹患阿尔茨海默病。他当时很紧张和担心。姥姥在弟弟出生第二天去世。失去姥姥对蒂龙和母亲而言是巨大的伤痛。聊着聊着，他谈到自己喜欢篮球，但不能参加球队。学校辅导员违背隐私保密原则，告诉球队教练蒂龙是遵医嘱而无法到校上学，因此也不该参加比赛。他说，学校泄露他的隐私信息很不公平，而且是违法行为。母亲想对校方稍加报复，威胁要起诉学校。后来，双方达成协议：蒂龙可以每周打一次球。蒂龙希望下一所学校的状况会好一些，否则爸妈会送他去天主教学校。

蒂龙的说话风格是说完一句话后就停下来。在这节咨询和评估访谈中，治疗师必须积极地提出问题，才能让孩子持续表达。这在评估工作中很常见，我们需要收集关于学校和家庭的信息，并了解孩子在意的事物——书、游戏、宠物或电视节目。我们通过了解孩子的外部世界来认识他的内在世界。蒂龙很愿意回答问题，他对待男治疗师的态度有点类似于他与表哥的相处模式。他的理想客体是母亲和姥姥。父亲是坏客体，如同父亲也将自己内在的坏客体放置在蒂龙身上一样。由于尚处评估阶段，我们并不预期现在会出现相关的负面焦点移情。下面摘录的是治疗师和蒂龙的直接互动。

在蒂龙侃侃而谈地为咨询开场后，我问他想不想画画。蒂龙画了一辆红车、一辆蓝车，还有一辆带天线的警车。他挺喜欢警察带枪追车的形象。随后，我邀请他画一个人。他把姥姥画成快乐天使，穿着她最喜欢的一件印有扑克牌花色的衬衫。他说姥姥喜欢玩扑克牌，并顺便介绍了姥姥的其他特别之处。当我请他画全家福时，蒂龙画的是家里的雪佛兰萨博班汽车和一些细节。但车里只有4颗小头，意味着少了一个人。蒂龙说少的是其中一个弟弟，但不知道是哪个。他说，说不定弟弟在车子后面我们看不到的地方。

我转换话题，邀请蒂龙回应涂鸦游戏（squiggle game）。他画了两个人，站在一张桌子旁，地点在美国加利福尼亚州。蒂龙告诉我，全家最后一次旅行就是在加利福尼亚，隔天姥姥在走廊里心脏病发作，住院数月。出院后，姥姥就搬去和他们同住。蒂龙叹了口气。他生动地描述了姥姥心脏病发时，食物如何从托盘上洒落一地，仿佛他当时在现场。失去姥姥是巨大的丧失，他非常想念她。他也很希望有机会认识姥爷。姥爷在妈妈上高中时就去世了，但他听说姥爷是个好人。至于爸爸，蒂龙说他不喜欢爸爸。总体而言，在蒂龙的生命中，有一个逝去的姥姥、一个好家长（妈妈）和一个坏家长（爸爸）。

在这部分会谈中，治疗师认识到，蒂龙的内在客体关系分裂为理想性好客体——妈妈和姥姥，以及理想性坏客体——爸爸和爷爷。这是指蒂龙在心智世界中携带的客体意象，而不是真实人物的翻版。对这个男孩来说，好坏壁垒分明，"坏"被投射和放置在生活中的不同人物与事物上，比如"坏"老师、学校以及他必须接受手术又面临呼吸困难和胸腔感染的身体。

在第一节治疗中，我们要关注治疗中的安全感，以及儿童如何感受和感知我们。我们运用自身内在的情境反移情监测儿童的情境移情。有时，儿童可能会在治疗过程中感到焦虑，要求去洗手间。如果蒂龙提出这样的要求，治疗师会同意，随后也会注意这种排泄需求是否与特定的游戏主题或事件有关，并尝试诠释儿童行为背后的感受或潜意识幻想。但蒂龙能够在访谈中自如地说话，以合作的方式进行绘画和讲述梦境，并对治疗环境和治疗师有正性移情。其他孩子不一定会有这样的表现。在治疗后期，蒂龙可能会发展出负性焦点移情，把治疗师体验为讨人厌的爷爷。但届时，儿童来访者已经有足够的信任治疗师的经验；在信任基础上，治疗师得以承受负性移情并提出诠释。蒂龙预期治疗师能给予帮助和理解。正性情境移情在治疗师身上诱发了正性且合意的情境反移情。治疗师继续分享了他在评估环节的体验。

> 我询问梦的内容。蒂龙说他的梦很可怕。他做了三次相同的梦：在梦里，他不得不回到学校，而妈妈不在身边。老师们问了很多问题，比如：他有没有做作业，为什么要离开学校，为什么他更喜欢妈妈而不是老师，等等。他说："这是梦到地狱之外最糟糕的梦了。"我指出，妈妈对他非常重要，梦的可怕之处在于妈妈随时可能消失，就像姥姥一样。蒂龙不同意。他说，梦之所以可怕是因为老师们对他大吼大叫，想知道他为什么不跟老师们待在一起，为什么离开学校。我没有反驳他的纠正，但我注意到，他倾向于将烦乱不安的感受放到关于学校经历的叙事中，远离自己，也远离生气的父亲。在会谈的最后，我告诉蒂龙，治疗的第一步是帮助他更好地与父亲相处。我知道，他也需要为失去姥姥而哀悼，学会与母亲分离，培养洞察力来减轻躯体的应激负担，并重返校园，进入学业和社交关系的竞争世界。只是咨询临近结束，我想，如此复杂的信息效益不大。

这个治疗片段展示了治疗师如何在评估工作中了解男孩，以提出关于他是否需要或适合精神分析心理治疗的建议。治疗师建立了舒适轻松、可以自在地谈话和做游戏的氛围。蒂龙的坦率和表达能力让治疗师的工作变得轻松。治疗师尝试通过提出诠释来观察蒂龙的反应，并评估他是否适合个体心理治疗。蒂龙乐意接受也愿意纠正治疗师的想法和印象，让治疗师有理由相信治疗能对他有所帮助。

治疗师决定建议父母进行家长咨询（父亲和母亲都出席），同时为蒂龙进行精神分析取向儿童心理治疗。上述案例片段说明了与家长交流的重要性。我们可以看到父亲缺席家长会谈与孩子认为父亲对他缺乏关爱之间的对应关系。案例片段也展示了治疗师如何兼用艺术媒介和语言与儿童交谈和玩耍，并通过对儿童体验的好奇和兴趣来鼓励信任感的发展。治疗师还不断监测自己的内在反应，以加深对儿童的理解。

小结

作为治疗师，我们要放松并进入儿童的世界，享受与儿童做游戏的乐趣，但不能和儿童一起迷失在泡沫之中。治疗师的一部分心智在观察和理解儿童的体验，再做进一步的反思。前面也提到，治疗师需要与家长合作，以采集信息、维系信任并帮助他们建立养育伙伴关系（parenting partnership）来自如地支持儿童治疗。有了治疗师的帮助和评估工作的梳理，家长可以越来越多地带着同理心思考孩子的状态，更坚定地参与并支持孩子的成长发展，并为后续的养育和治疗做出知情决定。

46. 焦点移情与情境移情（及反移情）

戴维·沙夫

日常生活中的移情

在日常生活中，历史经验能够指引我们对于新经验的想象。心智吸纳已记录的经验，我们再依据过往经验，带着期望和准备去迎接新体验。心智世界充斥着自体和客体丛集，凝结着我们对世界的看法。丛集是我们成长过程中与家人生活的内部记录，并被我们与后来生命中的重要他人的关系不断修正。

精神分析心理治疗关于移情的观点

弗洛伊德：移情是早年经验的再版

我们的治疗任务是探索来访者的内心世界。我们通过观察过去和现在的行为与经验的相互作用来进行探索。在崭新的治疗情境里，我们观察来访者如何在当前关系中表现出既有的联结模式。旧有情感转移至新的人物身上，即为"移情"。弗洛伊德（Freud，1905e）在撰写朵拉（Dora）的病例时发现了移情的作用。朵拉是一名处于青少年期的女孩，在接受治疗3个月后便终止了治疗。整理案例时，弗洛伊德才意识到，朵拉对他的感觉其实来自她童年和青少年期与家人相处的体验。我们现在明白，在治疗过程中，来访者不可避免地会对我们产生移情，一如朵拉对弗洛伊德那样。移情可能干扰或促进来访者对于治疗成效的期望。

费尔贝恩：移情是内在客体关系的表达

费尔贝恩（Fairbairn，1952）引领我们从源自内在客体关系的人际互动的角度思考移情。从费尔贝恩的内在精神情境的观点来看，内在客体关系源于好的人际经验，这些经验内化成足够好的客体（good enough object），主要在意识层与核心自我相连。而不愉悦的经历所产生的坏客体会与好客体分裂，并被压抑在潜意识中。根据不愉悦的性质，坏客体进一步被归类为兴奋性客体和拒绝性客体。至此，核心自我，连带不愉悦经历所激起的情感，再分裂成两部分——力比多自我（与兴奋性客体相连）和反力比多自我（与拒绝性客体相连）。自我－客体－情感联结就是我们所谓的内在客体关系。潜意识内在客体关系是我们人际联结的指南。拒绝性、迫害性客体丛集，激发愤怒和悲伤的情感；兴奋性的力比多客体丛集则调动渴望和挫折。与好客体的关系带动一系列满足性的情感。我们从当前互动中汲取经验，因此外在世界中的他人如何维系与我们的关系，能构筑并持续影响我们的内在情境（internal situation）。这就像是控制论的反馈回路，无时无刻不在发生。

克莱因：移情是投射性认同和内摄性认同的产物

内在客体关系在潜意识层面沟通并产生移情的心智机制被称为投射性认同（Klein，1946），它与内摄性认同相伴而生。拒绝性（反力比多）客体丛集通常会掩盖自体对兴奋性客体的渴望，来访者再将其投射在可能认同也可能不认同它的治疗师身上。好比说，孩子表面上怒不可遏，却也在埋藏内心的渴望，并将这种渴望投射在试图帮助他的治疗师身上，而治疗师想要提供的帮助超出了孩子能接受的程度。同理，兴奋性客体丛集也可能掩盖迫害性或拒绝性客体丛集，比如，绝不生气、好得不真实的来访者身上的状态。当兴奋性和拒绝性客体关系被投射在治疗师身上时，来访者就会基于相应客体状态对待治疗师，形成负性移情。

精神分析心理治疗中的反移情

来访者在治疗中对待我们的方式，会扰动我们的内在反应，此即为我们的反移情，与来访者的移情遥相呼应。反移情是一个内在过程，由情绪反应、幻想、身体感觉、梦境意象和想法组成。当我们体验来访者的移情时，反移情可能随时出现在我们的心智、情绪和躯体感受之中。然后，通过内在的精神分析工作，我们将反移情体验转化为对移情本质及其前因后果的想法。治疗过程向我们逐步揭示来访者的内心世界，而我们运用反移情理解咨访互动以及来访者的内心世界。在这个过程中，我们也可能对来访者内在世界的各个部分产生认同。

拉克：一致性认同和互补性认同

拉克（Racker，1968）写道，治疗师可能认同来访者的自体或其客体。当治疗师的反移情与来访者的自体认同时，拉克称之为一致性认同（concordant identification）。当治疗师认同来访者的内在客体时，拉克称之为互补性认同（complementary identification）。反移情反应经常在自体认同和客体认同的两极之间切换（见本节末尾的塞雷娜案例）。

每种移情都会引发相应的反移情反应。比如，一名青少年来访者说你就像她的老师一样一无是处，什么都不懂。不公平的对待可能让你同情她的老师，那么你就处于互补性反移情认同之中。反之，如果你完全同情少女，认为老师对她不公，那么此时你处于一致性认同之中，完全认同来访者的自体，并齐力对抗其内在客体。同样，认同也会在来访者心中发生反转。在治疗情境中，来访者可能在某一节会谈中完全体验到你的共情，表现得很友善。而在下一节会谈中，他可能充满愤怒，用各种方式折磨你。认同感每天都在变化，甚至在同一节治疗中的每时每刻都在变化。

情境移情和焦点移情

移情的运作展现在治疗任务的两个层面,类似于温尼科特(1960)在母婴关系研究中所描述的母爱的两个层面。温尼科特从母婴关系中所识别的第一个层面是创造能让母婴关系持续存在(go on being)并感到安全的养育环境,他称之为"环境母亲"。在照顾情境中(双臂环抱关系),母亲和孩子相互凝视、咿呀对谈,发展出一种聚焦关系(目光交会的联结)。孩子在其中感到自己是被理解、被欣赏且值得被爱的个体。基于温尼科特的观点,情境与焦点移情和反移情的概念得到了发展(D. & J. Scharff,1987b)。治疗师会吸引来访者发展出情境移情,即对治疗环境(以及身为环境母亲的我们)感到安全且惬意或不安全且具威胁性。焦点移情的发展需要一段时间。经过数月的治疗,来访者开始投射性地体验与治疗师的关系。正性的情境移情会让来访者对我们产生信任感,而负性的情境移情会带来不信任感。因此我们努力构建坚实可靠的治疗环境。在其中,来访者让我们体会与之生活,以及身为来访者本人的感受。治疗师运用情绪反应、专业行为和诠释,将分析印象反馈给来访者。这就是关于情境移情的工作历程。

体验焦点移情,我们等于成为被来访者分裂和压抑的内在客体的受体。负性焦点移情,让我们认为自己是来访者的坏客体并感觉不悦。正性焦点移情,让我们认为自己有价值且与来访者联结紧密,因而感觉良好。

临床案例:塞雷娜

我们利用此案例说明投射性认同和内摄性认同如何在临床工作中与情境移情和焦点移情(反移情)相互作用。

塞雷娜是一名 10 岁女孩,被一位单亲母亲收养。接受治疗 6 个月以来，她总是和治疗师说话与做游戏。有一天，她在假想游戏中编了这么一个故事。

塞雷娜："有一对父女，女儿叫贾丝明。父亲是成功的大商人。女儿是高中生。他们因故必须搬家。要离开学校和朋友，贾丝明很失望。"［塞雷娜挑了两个小人偶，分别代表贾丝明和父亲。她拿着代表贾丝明的小人偶，把父亲人偶递给治疗师。游戏开始。治疗师以第一人称描述游戏，内容如下。］

塞雷娜指挥我们："你当父亲，我当贾丝明。好，我们已经搬家了，贾丝明离开了学校，需要一份工作。你也到新公司上班。让我们假装新老板问你，你需不需要实习生？"

我："好，我可以收实习生。"

塞雷娜："老板说，'你的实习生在那儿。'"

我："好，让她进来。"

塞雷娜："是贾丝明。"

我："原来是我女儿啊，这可不太行。"

塞雷娜用老板的口吻回答："老板说，'你女儿或另一个挖鼻孔的女孩，你用哪个？'"

还在游戏中，我回答："我用挖鼻孔的女孩。"

塞雷娜："不行，挖鼻孔的女孩已经被学校开除，你只能选你女儿当实习生。"

我："那好吧。"

尽管我特别提示了父女关系，但贾丝明最终还是来为我工作。

在故事的中间部分，塞雷娜从第三人称转为第一人称，像是在直接向治疗师讲述自己的幻想愿望。她在故事中创造了她在现实生活中从未拥有的父亲角色。在游戏中，治疗师充当父亲，而她是指导剧情走向的老板。当在游戏中被告知不该让父女一起工作、合作不太可行时，塞雷娜用幽默的方式坚持成为小助理，实现了在游戏中成为治疗师孩子的幻想。

  我接着对塞雷娜说："照片上好像没有妈妈。贾丝明妈妈怎么了？"

  塞雷娜："她在贾丝明小时候就过世了。你收养了她。她是你的养女。"

  我："这么说起来，她从来没认识过她妈妈？跟你很像，不是吗？"

  塞雷娜："是的，我不认识我的生母。3个月大的时候她把我送给寄养家庭，我在那个家待了3个月，然后妈妈收养了我。但我的寄养父母真的很棒，那是段很好的回忆。"

孩子的游戏带领我们进入她的真实生活：被收养之前，有善良体贴的寄养家庭照顾她。根据治疗师的报告，塞雷娜听过养母的故事后，觉得寄养父母给予她的美好回忆弥补了她被生母排斥的悲伤——但只在一定程度上。在游戏中，"养父"治疗师与她的关系，是焦点移情的开端。她视治疗师为她所渴望的父亲。此刻，我们看到正性、兴奋的移情，但我们也知道，在正性移情之下，也可能蕴藏巨大的失望和恨。

  塞雷娜接着拿出两个动物玩偶——狐狸和蜥蜴。她把狐狸递给我，自己拿着蜥蜴。蜥蜴朝狐狸发动攻击。我们看不出狐狸与蜥蜴是真的在打架，还是在做孩子间的打闹游戏。但我们可以隐约感觉到，这场具攻击性又不动真格的打闹游戏中带有难受的情绪。蜥蜴还在攻击狐狸，我拿出臭鼬加入战斗。塞雷娜夺走臭鼬，现在游戏纯然是孩子的打打闹闹。本来笼罩着攻击威胁的氛围，在游戏中被涵容和转化。

***

从游戏中理解情境移情，我们可以看到，治疗师是强大的父亲，最初拒绝了女孩，但最终接纳女孩加入安全和有爱的环境。而在焦点移情中，治疗师是慈爱的父亲，但女孩必须很努力才能成为他的实习生。当治疗师将故事缺乏的母亲角色与塞雷娜的实际生活联系起来并做出诠释时，治疗师随即成为游戏中的狐狸，是让塞雷娜感到痛苦的内在坏客体。狐狸和蜥蜴的打闹中显露的攻击性，可能源于在游戏故事中她没有为父亲所接纳，也可能源于被生母遗弃的痛苦。治疗师随机自发地带入臭鼬来打破僵局，此时他如同来访者未曾拥有的父亲，成为一个拒绝性客体。在游戏序列中，整体积极的情境移情，让咨访双方能以幽默和不断深化的理解转化负性移情。

我们看到，游戏是治疗师和儿童共同创造的可靠、安全的空间。在游戏空间里，他们可以一起解决各式各样的幻想和投射性认同，并保持连续性、情感投入和幽默感。治疗是一种互动场域，治疗师可以自发地、创造性地回应和添加游戏元素。以下是治疗师对自身反移情的分析。

> 我很高兴她正在尝试理解自己的成长历史。我感觉自己做得不错，是能够带来帮助的治疗师。我在焦点反移情里的位置不时切换。作为养父的我感觉良好，产生了呼应来访者的内在好客体的互补性反移情。当我不想贾丝明成为我手下的实习生时，我认同了面对让人失望的父亲（更深一层，是拒绝她的母亲）时受伤、被拒绝的孩子，产生了一致性反移情。当塞雷娜因为被生母遗弃的伤痛而愤愤不平时，我也在互补性反移情中体会到她的负性焦点移情。当我诠释这种负性焦点移情时，她再度回到正性情境移情中。

小结

治疗师的任务是利用游戏建立相互尊重和关怀的关系。在此安全基础上，治疗师在游戏或对话中，通过观察信任感的起伏来监控情境反移情，并注意负性焦点移情的出现。在充满正性情境移情的安全治疗环境中，孩子可以随着治疗的发展，在游戏中创造不同客体关系，并自由地表达不同强度的负性焦点移情。

47. 诠释

安娜·玛丽亚·巴罗索

做何诠释与何时诠释

弗洛伊德、克莱因和比昂分别提出了三种诠释模型。弗洛伊德（Freud，1912e，1913c）从历史视角出发，诠释重点在于使潜意识意识化（make the unconscious conscious），贯穿显性和隐性层面，处理的是历史记忆如何在当前被重构。克莱因（Klein，1948）更感兴趣的是，治疗师和来访者以投射性与内摄性系统所构建的关系场和情绪场（field），如何揭示精神装置的结构和功能。体验、识别和诠释投射性认同是在来访者和治疗师之间建立与检视咨访情感交流的方法。比昂（Bion，1952）的模型是观察两个心智的交流所形成的人际网络。根据三种诠释模型，心理治疗中对应存在三种倾听方法：（1）倾听历史；（2）倾听内心世界；（3）倾听两者心智间的交流，以及他们在交流中所创造的新的治疗关系历史。在接下来的治疗故事中，治疗师以第一人称讲述了诠释发生序列。

治疗片段一：受性议题困扰的少女

一名青春期女孩不知如何应对性发展，与同学相处困难，并抱怨父母无法给予支持。在她的移情感受中，我无法理解她直面性议题时有多么孤独，因此我重复了她与对她漠不关心的父母相处的经历。其实，这不单纯是移情扭曲，我确实没有足够的心智空间接纳她对性议题的感受。但直到她画了下面这幅画并尝试唤起我的关注时，我才意识到自己的反移情（见图47.1）。我一直以弗洛伊德（Freud，1905a）所谓的空白屏幕（blank screen）来倾听和接收移情，但这个孩子需要更卷入、更具参与性的态度。

图47.1　超级英雄驱逐婴儿自体

译注：1. I will DOMINATE THE EARTH!——我会统治地球！
　　　2. One must have charity towards the world, my friend.——我们应该对这个世界怀有慈悲，朋友。
　　　3. Come on slowpoke, faster!——慢吞吞的家伙，快一点！

在图47.1中，来访者是拥有支配地球的超能力的角色。超级英雄威胁着旁边的小男孩，这个男孩既代表着她的弟弟，也代表着她弱小而惊恐的婴儿自体（baby self）。男孩下方是一张轮廓不清的脸，看起来就像"静止面孔（still face）"实验里漠然的母亲——这既是她对母亲的感受，也是她对我的移情。画面中平板车上的几个人物不断加速疾驶、想逃离警察追捕的图像代表她的超我的控制。这传达出她对涵容的需求。她想告诉我，她感觉自己多么虚弱和脆弱，她也必须驱逐婴儿部分的自己。

在图47.2中，身穿泳装的女孩站在骷髅头堆上，在影子人物的后面。

名为"嫉妒"（嫉妒是她常有的感受）的绿色独眼人物把一把剑交给一个没有脸，但头饰上似乎有很多眼睛的人物。来访者用交付刀剑来表征我们的治疗关系。

图 47.2 "嫉妒"把剑交给治疗师

艺术媒介是诠释的工具。儿童患者和治疗师共同构建绘画所创造的叙事意义。在我们共同构筑故事的过程中，我们要注意，其中一部分是我们在重构历史经验；另一部分是我们在构建治疗关系中的新故事。这为我们处理冲突和痛苦创造了更多的心理空间。我们在治疗任务中带入精心调试的治疗工具。我们意识到来访者如何影响我们的心智，而我们的心智也通过投射性认同和内摄性认同影响来访者的心智。共同创造的故事和双方的交流最终会引领我们对意义的诠释，但诠释绝不能操之过急，否则会遏制心智空间的扩展。

治疗片段二：否认痛苦的女孩

女孩画了 5 个微笑的人，其中 2 人倒挂在图上（图 47.3）。微笑是在否认痛苦和困扰：父母离异，并且父亲开始新恋情。女孩总是想保护父母，并掩盖自己的痛苦。父母没有足够的心智空间涵容孩子。人物之一指向出口，代表想逃离家庭情境的父亲和想逃离痛苦的孩子自身。

图 47.3　用微笑掩饰痛苦

儿童生活在充满幻想和恐怖感觉的世界里。他们需要知道自己可以被理解。在生活中，童话故事可以帮助他们认识到原来每个人都有类似的恐惧和幻想，而且困难是可以找到办法解决的。在治疗中，我们也是通过我们与来访者在游戏中的各种角色扮演来探索恐惧和幻想。全身心地、愉悦地投入游戏非常重要。儿童在游戏中将戏剧化地展现、表征和表达他们的潜意识幻想，同时阐述并调节内心的恐惧和焦虑。儿童借助游戏理解和组织自己的内在世界。儿童通过玩具人偶、积木、小汽车甚至马桶来创造角色，它们既代表儿童内心世界的幽灵，也代表儿童生活中的真实人物。我们在游戏中与孩子互动，从而建立一种关系，并在关系中构筑意义和创造新的解决方案。我们的目标是收集、涵容和思考我们与孩子一同游戏的体验。我们要打开心智空间，接收信息，仔细琢磨，直到给予诠释的时机成熟。切勿仓促提出诠释，因为它可能带来被迫害的体验。我们需要等待，探索反移情，并清晰地觉察我们在游戏和治疗关系中所起的作用。然后，我们依据合适的时机提出我们认为合适的诠释。诠释后,我们倾听儿童的回应,修正不够正确的诠释方向,因为儿童永远是我们最好的向导。

不同层面的诠释

诠释也在连续谱的概念上运行,从澄清性反馈到直接诠释我们在移情和反移情中所体验的来访者的潜意识冲突。诠释同时关注历史、内在精神和(或)人际关系的元素。表 47.1 总结了不同层面的诠释。

表 47.1　不同层面的诠释

历史元素	我们观察到某个游戏角色代表儿童外在世界中的某个过去的人物。
内在精神元素	我们关注那些源自儿童的内在世界,又推动其发展的幻想。
不饱和关系元素	游戏反映了我们与孩子的关系,我们从中获取反馈。

无论是哪个层面的诠释,它们都是分析取向与来访者构建意义的方法。我们扪心自问,来访者是否给予我们足够的诠释空间,或者我们是否还要更努力地创造诠释空间。在合适的时机,我们可能用语言进行诠释,也可以将诠释带入故事或游戏中。只有在与我们的关系中,儿童才能安全地带来内在冲突、丧失和创伤。因此,在治疗初期,我们的首要努力方向是与儿童建立足够安全的治疗关系,让儿童能在其中表达想法和感受。在此必要条件下,儿童才可能接受诠释,而诠释能够引领洞察力发展,并最终使新的思维从新经验中诞生。我们的治疗目标是通过治疗行动实现转变的可能。

48. 幼儿的心理治疗

贾妮娜·万拉斯

家长为何带幼儿接受治疗

家长带幼儿前来治疗的原因众多。最明显的原因是担心孩子与家长及他人之间的依恋质量。幼儿可能难以依恋其成年照顾者，或者无法走出失去父母等家庭创伤带来的影响。当幼儿不能如自己所愿，或遇到医学治疗的侵入创伤时，他们往往因为挫折而感到不适并闹脾气。幼儿的攻击性表现，与成年人的破坏性攻击行为不同，通常具有建设性，也多半比较可爱。其他情况下，幼儿可能是因为在学前班的暴力行为被转介治疗，或是因为无法配合如厕训练，导致家长在挫败绝望之余寻求心理评估。有时候，孩子学习进度滞后，有发育迟缓或孤独症的原因。孤独症谱系障碍研究证实，越早进行诊断，治疗效果就越理想（Witwer et al., 2022）；并因此大大推动了家长对幼儿期孤独症诊断的重视。家长也可能因为幼儿情绪低落、社交回避或出现高度的分离焦虑而感到不安。有些幼儿则是因为过度自慰而被转介治疗。自慰一般是一种愉悦的释放行为，但有一小部分非典型的自慰动机，可能是不幸遭受性虐待的儿童强迫性重复被过度刺激的经历的结果。在正常发育过程中，自慰源自触摸生殖器部位自然的愉悦感。它也可能演变为让自己专注于身体的高度敏感部位来自我抚慰和控制焦虑的方式。只有在行为过度时，自慰才成为心理健康问题。

初步评估和家长辅导

家长们前来是为了倾诉对孩子的担忧。我们的首要目标是建立治疗联盟。我们询问孩子遇到的问题以及家长希望得到的帮助。我们也询问孩子的发展史：幼儿成长史固然短暂，但在询问孩子出生头几年的情况时，我们也在收集有关家庭及其文化的信息。我们想知道孩子是否有寄养史或被家庭所领养，以及家庭何时开始考虑和最终做出领养或寄养决定。孩子是否在出生时就接受领养？其文化背景与领养家庭的文化背景相似还是不同？孩子被领养是由他所在文化中的创伤，或者其父母所在文化中的创伤所导致的吗？出生和哺乳期情况如何？

我们与家长会面时获取的信息，能够帮助我们评估儿童治疗、亲子治疗还是以家庭为单位的治疗能更好地帮助幼儿。举例来说，幼儿的症状可能源自家庭的哀悼氛围，在为家庭释放痛苦和求助信号。我们帮助家长探索他们对孩子的期望；如果期望与儿童的发展阶段不匹配，我们将与家长一起工作，根据幼儿期的行为常态，调整家长看待孩子的视角。我们也将提供儿童成长发展辅导并涵容家长的焦虑。

幼儿评估的常规设计

首先，我们与家长双方协同会面。如果双方敌意过剩，我们会选择单独会谈。家长会面一般为 45 分钟。如果我们觉得特定家长需要较长会谈时间，可以安排 60 分钟。会面中，我们讨论知情同意、保密、诊疗政策、费用和付款安排。除了治疗事务外，我们也会收集关于主诉问题、成长史、亲子关系、家长伴侣关系、家庭系统、重大家庭事件以及跨代家庭史的信息。第二次会面，是与孩子进行游戏评估。通常是家长一方带孩子前来并陪同评估，但有时也会是家长双方一起出席。第三个环节是包含兄弟姐妹的家庭会谈。我们可能需要从其他参与儿童生活的相关人员身上收集更多信息，例如通过家长的报告、邀请他们一起参加家庭会谈，或者另外单独安排与幼儿及其保姆或祖父母会面。我们可以向幼儿的学前班老师询问状况，或亲自在学前班环境下观察孩子。某些情况下，我们可能需要更多时间来全面评估父母所担心的议题，或者在幼儿更适应环境和治疗师后进行二次游戏评估。在最终的评估会面时，我们将提出我们对幼儿的概念化理解和治疗建议。

幼儿的正常攻击性表现和家长回应

学步儿有时会大叫大哭或拒绝依从家长要求，或在日托环境中咬人、打人、推人或抢其他孩子的玩具。这些是幼儿的正常行为，需要成人的宽容和教导，让孩子学会用语言而不是行动表达需要和挫折。家长和教师可以设定限制，运用冷静时刻（time-out）、安抚或与全体孩子对话的方式培养他们命名情绪和社交的技能。攻击性表现是一种自我定义和自我分化的表现。例如，幼儿认识到自己可以控制脚部运动、可以踢人，并且他主宰着自己的身体。踢人或打人是能量、生命力和活力的一种展现，也可能是在表达恐惧和自我保护的需要。在治疗中，幼儿会高兴地推倒治疗师和他们一起搭建的积木高塔，这都是正常、好玩的攻击性表现。

幼儿的病理性攻击行为

如何区分健康和病理性的攻击行为？病理性攻击行为发生得更为频繁、激烈，冲动性与反应性更为强烈，并且会引发周遭的负面反应。孩子失控、害怕的状态令人生畏，也让我们担心孩子和身边人的安全。家长可能想疏远或过度惩罚孩子；其他儿童可能因为孩子太激越而不愿与他交往。病理性攻击行为的严重程度，会妨碍儿童完成与社会化和学习相关的成长任务。

临床案例：特迪（2.5 岁）

卡鲁什（Karush，2006）在文章中介绍了 2.5 岁男孩特迪的案例。特迪的成长经历坎坷，患有语言障碍，尚未完成如厕训练，并因为攻击性过强而接受治疗。父母经常粗暴地争吵。特迪是三兄弟中最小的，兄弟之间年龄都是相差 20 个月；新生儿妹妹刚刚加入家庭。5 个月大时，特迪因健康原因住院治疗，而哥哥曾经趁他睡在婴儿床里时咬他。诸多因素导致他的攻击性发展如此极端。激烈的家庭竞争，加重了他要在世界上确立自身地位的压力。和其他 2 岁孩子一样，特迪的性格特质尚未充分发展，需要父母帮助他管理攻击冲动，但因为父母经常争吵，他只能用攻击性表现述说他对周围环境的恐惧。而父母则又因为自身的家庭创伤，难以容忍孩子的攻击行为。特迪有语言障碍，他无力为自己发声并让别人理解他，因此我们可以理解为什么他用攻击行为代替语言表达。母亲非常难过，也很担心特迪，而父亲不认为孩子有困难。特迪的游戏主题围绕《星球大战》(*Star Wars*) 展开，其中的主题是想杀死父亲却又害怕父亲已死。特迪觉得暴怒的父亲就像达斯·维达（Darth Vader）一样可怕。特迪也害怕其中一只手会被砍断，这份担心与排泄恐惧——排泄等于失去一部分的自己——以及阉割恐惧相关联。

卡鲁什的描述让我们看到特迪如何用玩具演绎家庭主题。治疗的大部分时间里，在家非常有侵入性的母亲，都在治疗室的沙发上小憩。另一个游戏序列是关于"妈妈解雇保姆"的。特迪认为"解雇"意味着"杀戮"，尽管治疗师解释说"解雇"代表解除雇佣关系，但也许特迪感觉到嫉妒才是母亲开除保姆的原因。在不久的未来，父亲也会因为嫉妒特迪的进步而解雇治疗师。在此之前，治疗师成功地与特迪合作，允许他表达攻击性，并帮助他慢慢用语言代替行动。特迪认识到自己的失控感，学习到攻击冲动并不必然造成破坏。治疗师也与特迪讨论了对于失去身体部位的恐惧。

在治疗师的理解和帮助下，他逐渐学会不再将恐惧倾注于攻击行为。治疗师了解家长冲突的张力以及特迪置身其中的为难，因此，为了避免家庭冲突恶化，治疗师同意结束治疗。

三则临床片段

一名幼儿从一个寄养家庭搬到另一个寄养家庭，经历了多次照顾者更换。他情绪低落，孤僻，没有攻击性，并且无法与养父母发展依恋关系。心理咨询帮助家长克服幼儿缺乏提示（cueing）的困难，并帮助孩子脱离人际疏离状态。家长治疗和亲子治疗帮助家庭培养依恋关系，这样幼儿才能逐渐学会向家长提示自己的需要。

一名女孩一出生即被领养，目前呈现出过度焦虑和选择性缄默的症状。她非常聪明，在家里并没有表达困难。缄默表征的是在家不能被言及的话题——母亲孕期流产后，父母考虑是否领养孩子的矛盾心情。在父母工作和家庭工作中，治疗师帮助他们看到家庭的矛盾攻击性、未解决的哀伤以及家长对女儿的症状的非反思性态度。

另一名女孩患有发育障碍且有撞头行为。在孩子学会更安全地表达攻击性之前，家长或教师先采取保护措施，比如在墙上铺软垫或让孩子使用儿童安全头盔。有时候，攻击会转向自身，女孩会打自己、咬自己或抓伤自己。我们需要帮助孩子认识目前被转化为自体攻击行为的大量情绪，并找到安全表达情绪的具体方法。

儿童 - 家长治疗

幼儿与父母分离会十分焦虑，因此，父母通常会以支持性的存在陪同咨询。比如，我们和孩子玩耍，而母亲在沙发上休息。如果幼儿不小心撞到膝盖，家长可以马上介入，抱抱和安慰孩子。我们体谅孩子需要父母在身边，并且我们不要求孩子放弃父母。随着相处越来越融洽，孩子有可能单独参与治疗。此时，家长在接待区等候，需要时孩子可以看看家长是否还在。如果孩子对分离异常焦虑，我们会思考他们存在困难的原因。父母也可能是我们同等关注的重点，比如，我们可能需要示范儿童指向的游戏，以推进亲子互动，并帮助无措的家长学习与幼儿玩耍。与此同时，我们也在提高家长的反思功能，包括思考自己的行为感受，以及调和孩子体验的能力。治疗结束前，我们会要求孩子协助收拾。或许幼儿会对我们的邀请置若罔闻，或许家长会感到非常懊恼和羞愧。如果家长严厉训斥孩子，我们必须帮助家长学习如何在不动用惩戒行为的情况下制定适当的教养限制。我们会解释，孩子不能打治疗师，治疗师也不会打孩子——这一约定为孩子提供了一个可以内化的典范，用以控制他的攻击行为。治疗师向幼儿展示如何利用心智管理强烈感受和身体行为，而幼儿逐渐学会注意、理解和管理自己的感受与举止。

49. 对潜伏期儿童的心理治疗

贾妮娜·万拉斯

进行儿童个体评估时，我们希望理解从不成熟认知过程、创伤性思维变形、自体失调、当前关系问题以及感知、情绪控制和行为模式的贫乏中发展而来的序列心智组织（sequential mental organization）。历史记忆可能以特定事件的形式保留在记忆之中（情景记忆），但更常见的是储存在身体里（程序性记忆），而后反映在潜伏期儿童说话、移动、思考、交往以及表达恐惧、憎恨和爱的方式上。以共情的方式关注源于儿童过往的互动、感觉和行为模式，能帮助我们在治疗中理解儿童来访者目前的冲突和痛苦（Gilmore & Meersand，2014；Waddell，1998b）。通常当儿童面临学龄期任务（学习读写和管理课堂行为）时，早年被忽视的问题会陆续浮现。怀着以上认识，我们准备好与发展阶段处于潜伏期的儿童工作。

作为治疗师，我们需要了解来访者的个人故事，了解他们在思考和调节情感能力、人际交往能力以及身体协调能力方面有何区段差异（segmental variation）。我们评估超我与环境要求间的关系，并寻找前进至下一发展阶段的动力。这些心理状态又会如何呈现在治疗室中呢？

症状表现

潜伏期有其发展阶段的特征和典型症状表现。家长因为潜伏期孩子学习表现不佳而带他们来接受评估。我们必须厘清儿童的学习能力是否受到神经症性（neurotic）或精神病性（psychotic）问题的干扰，以及他们是否存在来自特定学习障碍的认知型干扰，或受到先天性多动症的影响。有一些儿童在校行为无碍，只在家里出现功能失调，比如出现睡眠、进食和排泄控制方面的发育障碍。在潜伏期，儿童也可能出现对于污秽、蜘蛛和社交场合的恐惧症，强迫行为和强迫思维，遗粪（遗尿），以及广泛性焦虑和抑郁情绪。我们在关于儿童健康与精神病理学的部分深入讨论了这些症状表现。

与潜伏期儿童工作

与潜伏期儿童工作的挑战之一是他们看似重复或无聊的游戏内容。一名男孩可能一遍又一遍地用磁力片搭建同样的建筑。但是，游戏设计里的微妙变化都是有助于治疗过程的有效信息，只要我们懂得如何观察。以下是一名 7 岁双种族男孩的治疗案例。

临床案例：7 岁双种族男孩

托尼 7 岁，因攻击行为、逃学和打老师而被学校开除。我和托尼每周固定工作。我计划每月与托尼的父母碰两次面，也的确每月安排两次母亲会谈，只是她很少两次都出席。继父说他"工作太忙，没时间"。我尝试给托尼的生父打过两次电话。第一次被拒接，第二次我留了言，但他没有回电话。所以，我和这个家庭没有可靠的联系渠道。我真正的治疗伙伴是那位被托尼打了一拳的老师。她温暖、体贴，可能是托尼身边最关心他的成年人。

托尼学业落后，最简单的字他都读得很勉强。他在双种族家庭中排行老三。母亲出身于一个高成就的富裕家庭，她嫁给托尼父亲是出于对家庭的反抗。她有物质滥用的情况，身体经常不适。托尼的父亲出身于一个低收入的拉丁裔家庭，资源有限，不停地换工作，一度入狱服刑。总之，他在托尼的生活中是一个不稳定的存在。托尼的母亲在第二次婚姻中，选择了与其父母一样有事业心、一板一眼、循规蹈矩的白种人。托尼的继父很难与托尼相处，但话说回来，他与自己的女儿也很疏远。虽然托尼极度渴望关爱，但表面上他不屑一顾，吹嘘自己不需要支持，也吹捧父亲（生父）是天不怕地不怕的狠角色。他不喜欢母亲的新家庭。由于母亲与继父照顾他们的白人女婴和对待托尼的方式不一致，我认为托尼在防御被母亲和继父拒绝的感受。托尼有着棕色皮肤，看起来最像生父，以至于经常有人问他是不是新家庭领养的孩子。这或许加重了他没能被母亲的新家庭完全接纳的心情。

当遇到真心关心自己的人时，托尼反而会排斥对方，就像他一边推开支持他的老师，又想方设法在物理上靠近她。老师感觉托尼的心理年龄比实际年龄小得多，他经常想爬到她腿上。她不放弃也不羞辱他：她感知到孩子攻击行为背后的恐惧和脆弱，觉察到他未得到满足的婴儿需求，并很好地回应他。攻击老师之后，托尼拒绝返回学校。老师特别进行了家访，向他保证班级欢迎他。为了防止他逃跑，她让所有孩子在教室里把鞋子脱掉。她知道，托尼的心智和家庭中的情绪动荡，在很大程度上抑制了托尼的学习能力。

以下是治疗6个月后的一节会谈的情况。

［我走到候诊区。托尼的妈妈一边打电话，一边看杂志。托尼从门后跳出来大叫："啊！"我吓了一跳，他哈哈大笑。］

托尼：［走向治疗室］我想看看你有多像胆小猫。［进入治疗室］

分析师：那你发现了什么？

托尼：我想你有点恼火。妈妈说我很有让人抓狂的本领。不过说真的，大人有时候就是胆小鬼。

［他的能量紧绷而混乱。他拿起一辆玩具车和一辆救护车，

相撞，然后扔在地上。他捡起救护车司机，那个人偶看起来更像是抢匪。］

托尼：嘿，小子，看路啊，你这个白痴！真是浑蛋。你没看见这是去医院的救护车吗？谁知道这家伙现在能不能活下来？

［他扔掉抢匪/司机，走到沙盘前，手指划过沙子，一遍又一遍，释放着攻击性和焦虑。他似乎平静了一些，我们的呼吸都慢了下来。］

托尼：我们今天玩什么好呢……某种战斗游戏如何？军队？恐龙？僵尸和幽灵？不，僵尸对战婴儿？要是僵尸能绑架我妹妹就好了——没有啦，开玩笑的。我太爱她了，不能让僵尸抓走她。你知道吗，我挺可怜她的［他悄悄说］，她只有假爸爸［托尼对继父的称呼］。

分析师：你不太喜欢他。

托尼：［嘲讽的语气］你怎么会这么想？我知道了，我们给这只无助的恐龙宝宝起名叫"理查德"吧［继父的名字］。又笨又可怜的理查德！都成年了，还在上小学。

分析师：我搞糊涂了。我以为他是个婴儿。

托尼：［我的评论似乎吓了他一跳，他显得很困惑，好像我把过多现实引入了故事中］再看看吧，严格来说，他是成年人，但别人看到他就会发现他其实是个婴儿。他心智年龄就那么小，所以他才没办法学习，也不可能从学校毕业。他一辈子都会这么笨。多数老师不喜欢他，孩子们不喜欢他，妈妈不喜欢他，甚至祖父母也讨厌他。

［我认为他在讲述自己的状态，我感到很难过。］

分析师：每个人都讨厌他。我在想，会不会是这些讨厌让他的大脑无法工作，所以很难长大。

托尼：不，不会，因为他已经习惯了。

分析师：习惯了不被爱和不被关心？

托尼：［托尼稍稍颤抖了一下。他用坚定的声音对我说话。］别再胡言乱语了。理查德该上场了。我们来布置一下恐龙锦标赛竞技场。就像巫师争霸赛（来自《哈利·波特》），但他们是恐龙巫师。这是一场生死之战，除非小妹妹进到场内——那我们要救她。

分析师：哇哦，妹妹有人保护。

托尼：大家都爱她。现在开始比赛。［他把三只恐龙放进竞技场。它们恶狠狠地互相攻击。两只死去，中等体型的恐龙胜出。］它个头不大，却拥有最强大的魔法。每个人都怕他，这就是他的特殊能力。

讨论

在这段治疗对话里，从托尼走向治疗室途中插科打诨的互动中，从他对妹妹被大家视如珍宝的描述中，我们可以听到并感受到他多么向往人际联结。他将长期以来与厌恶、不足和攻击性的纠缠投射在无法学习也无法成长的恐龙"理查德"身上，那是一个在大孩子体内的婴儿自体。他轻蔑地以继父之名"理查德"给恐龙命名，交换权力动力，使托尼从被拒绝者变为拒绝者。分析师在反移情中体会到托尼被拒绝的痛苦。恐龙游戏反映了家庭状况，不同年龄和体型的恐龙，为权力、支配地位、认可和生存而相互斗争。没有恐龙家族聚集一堂玩耍、享受大餐，或者彼此庇护、抵御外界危险的场景；也没有恐龙家长照顾恐龙宝宝的情节。如同冠军恐龙拥有"吓唬人"的魔法，托尼也通过调动攻击性来掩饰脆弱，认同攻击者，并对他人施加权力。在治疗对话里，我们可以看到托尼如何防御治疗师代其表达的细腻情感：对爱和关怀的向往过于痛苦，无法被承认。从治疗工作中我们可以理解，托尼对内化的坏客体的强烈认同，如何干扰他完成学习、建立同伴关系、自我调节和培养自尊等潜伏期任务。

小结

发展并非一个线性过程，而是在整合天赋、新出现的能力、环境和生活经验的过程中，形成非线性的、连续的心智组织。由于发展不是单一的，而是发生在每一阶段里儿童和家庭应对特定阶段挑战的互动过程中，因此评估工作也应包含儿童在家庭环境中的状态，如我们在关于如何与父母和家庭工作的章节中所描述的那样。

50. 青少年心理治疗

安娜·玛丽亚·巴罗索

大多数踏入治疗室的青少年并不了解自己的感受，也不知道自己需要帮助。正如布龙斯坦和弗兰德斯（Bronstein & Flanders，1998）提到的，治疗师要努力为青少年在惊涛骇浪的变化中创造可以思考的空间，以不评判的方式认可他们的需要，并为成长的希望和前进的方向提供滋养。

治疗片段：罗莎

罗莎是一名 14 岁的女孩，出生于富裕家庭，主要由若干保姆和司机照顾。罗莎和姐姐住在家庭庄园里的公寓中。母亲在姥爷的公司上班，工作时间长，每次出差动辄一两个月；父亲是瘾君子，可能也是个药贩子。母亲很寂寞，而父亲的脑子昏天暗地。不让人意外的是，罗莎 5 岁时，父母最终因为父亲有了外遇而离婚。她曾被送去接受心理治疗，但她不明白原因。

离婚后，母亲患上厌食症。约莫在罗莎月经初潮时，母亲有了新恋情并怀孕，而罗莎开始自伤，割自己的前臂。罗莎呈现出许多青少年期发展阶段的标志性防御与焦灼——困惑、分离、寂寞和孤立。新生儿男婴因故去世后，母亲试图自杀。罗莎又开始在前臂和腹部上自残。

父母抛下抚养和照顾子女的责任，让生驱力与死驱力靠得太近，给孩子带来极大的孤独、悲伤和不稳定感。前代人的创伤影响了罗莎的父母，而父母的痛苦也传承给了罗莎。在缺乏安全感的环境中成长，罗莎很难理解自己也可以做出健康的判断。要与她建立安全、有效的治疗关系会是不小的挑战。然而，罗莎前来求助。罗莎说，她同意和我见面的唯一原因是我有能力把她送进精神病院。我感到担心和困惑。我记错她的名字，甚至错以她母亲的名字叫她。我审视自己的反移情——困惑感，我相信这呼应了罗莎内在的迷失。我知道她需要帮助，但她还不能在内心正视自己的焦虑，也不愿直接谈论自己。我想先建议我们每天见面，以确定住院治疗是不是最好的选择。结果，罗莎说她和唯一的朋友计划自杀。我担心自残风险，因此同意并安排她住院。我联系了罗莎的母亲，想征得她的同意，但她没有接电话。缺乏来访者母亲的支持让我感到孤独。我想，罗莎在生活里也是同感吧。

为了传递痛苦和需要被照顾的心情以及引起我们的注意，罗莎吞下了所有能找到的药片。她感到头晕恶心、手脚发麻，以证明她需要住院治疗。然后，因为担心行为过火，她再猛喝盐水并自行催吐。她告诉我，她无法忍受悲楚和胃部不停歇的疼痛。她的动作缓慢而小心。她觉得自己像在做梦。她掐自己，割伤自己，舔自己的血，确保自己还活着。

看见血和感到痛也建立了一种自我边界感。此外，自伤也是将情欲和受虐欲望转化为疼痛的途径。母亲似有若无，一离开就是一整个月，在心理上她则消失在厌食、抑郁、孤独、哀伤和绝望状态中。罗莎只能对母亲发展出黏附性认同，为自己创造某种程度上的依恋关系。她无法在内心依托母亲的意象，只能贴近她，在肌肤边界上紧紧地黏附着母亲。她用皮肤承载对母亲的认同，也用肌肤表达对母亲的愤怒和渴望。她无法直接倾诉，只能使用皮肤边界传递内心的痛苦。

在随后的治疗中，罗莎开始谈及音乐，跟我分享哪几句歌词让她最有共鸣。这是我们独特的交流方式，但唯独没创造出共同思考的空间。她聊到某个宗教里，存在极具天赋且善良的女巫。她给我看她画的宗教图以及大地之母的眼睛。图画让我联想到她的母亲。她说："从前，我们的祖先会划开身躯，释放并驱逐恶灵。在我的宗教里，你不能分享你的力量。"

放假后的第一节治疗中，罗莎说她经历了生命中最糟糕的一天。这是我们第一次能够谈论她的恐惧。她害怕我们的分离会让她失去整合（disintegrate）。她给我看了一张嘴里吐出舌头的画。她说："我一直对吸血鬼很感兴趣。他们既是活的，又不完全是活的。他们以人为食。"我想象吸血鬼可能代表想被哺育的婴儿。另一幅画里，她本想画弟弟却莫名地画成外星人。从暴力和充满威胁的意象中，我也看到了她绘画的天赋。

经过了几个月的治疗后，罗莎说："我以前只想一个人待着。除了哭，我什么都不想做。现在我在学校里有了朋友。"从治疗关系中，她学会与同辈建立友谊关系。

青少年时常提到身体内的异物感，某种一直变化且不熟悉的内在状态。在罗莎的案例中，异物感同时伴随着她对出现性发育的身体的排斥、自我伤害和自杀尝试。她努力却无力整合从儿童到成人的身体意象，以及关于自己是谁和可以成为谁的心理意象，这表明上述症状可能是青少年期精神崩溃的迹象。罗莎需要药物介入来调节精神病性思维，也需要住院治疗来确保她远离不断放大的绝望。随后她也需要密集的精神分析心理治疗，重新审视记忆和恐惧，将它们与物质富足但情感贫瘠的家庭文化相关联，并开始一段可能漫长却能重建自我的旅程。

51. 青少年及其家庭的心理治疗

安娜贝拉·布罗斯特拉

青少年，在独特的家庭系统和代际动力中从儿童期跋涉至青少年期和成年期。转变伴随丧失和分离，需要孩子和家庭做出相应调整，而他们可能出现适应困难。孩子的变化——外貌、被激素支配的情绪波动、考大学的焦虑，以及其他意想不到的行为，都会给家庭带来压力。此外，青少年性欲萌发，寻求家庭外的关系，扩大同龄群体，并弱化与原初照顾者的联结。父母重温自己青少年阶段的恐惧和创伤，这让他们很难根据青少年此时此刻所面临的特殊情况调整心态。父母必须学习如何区分自己的愿望和青少年的愿望。

青少年的身份认同和人格特质依然流动，其心理、身体、社会关系和应对权威的态度也在发生变化，而这同样带来了家庭性格的动荡。如果家里有两个孩子同时进入青少年期，他们的变化叠加起来，则会在家庭中激荡出更大的湍流。尽管青少年期对家庭而言是一种压力源，然而，扰动混乱系统也是重新排序和碰撞新元素的机会。观点分歧带来的新视野，让湍流形塑出更健康的动力系统。家庭与其挂念即将失去潜伏期状态的孩子或预期孩子独立后必然的分离，不如将青少年期视为人生角色、责任和现实转变的时期（J. Novick & K. Novick，2022）。

童年时期隐约浮现的状态，在青少年期会震耳欲聋地彰显（Kancyper，2007）。例如，如果母亲无法理解婴儿也有独立需求，那么源于早期母婴关系的压力，到了青少年期早期可能会以厌食症状现身。潜意识活跃于生命的各个阶段，当情感被压抑就会产生痛苦症状。当青少年期女孩抱怨父母区别对待她和弟弟的不公，她挑战的是既定的家庭关系模式——男性的诉求比女性的诉求更容易被听到，这种助长男性权威的模式在拉丁美洲尤为常见。青少年叛逆期是对既定秩序的质疑。当议题出现在治疗中，我们将努力阐述冲突，并推动系统进入新的秩序状态。

青少年期是充斥着改变与棘手冲突的发展阶段（D. Scharff & J. Scharff, 1987a）。我们从发展的角度看待青少年期的症状（情绪波动、行为反常、暴怒、厌食、自伤、物质滥用、学习受阻、滥交、自杀风险），而不是急于给出双相情感障碍或边缘型人格障碍等诊断。我们先审视沉积在青少年心智世界中的家庭冲突和创伤，理解它们如何挤压青少年发展、情绪调节和在行动前先思考的能力，而不妄下结论或采取干预行动。比如，愤怒等症状可能反映了孩子所压抑的对父母的恨，而自我厌恶则反映出孩子将这种恨转向自身及内在客体，这基于孩子对父母积累的体验和幻想。学习表现不佳可能是对家庭中的学业高期待值的一种反抗，也可能是代际模式的重复。家庭风格，无论是以父母为中心、以祖辈为中心或以儿童为中心，都会影响儿童发展或引发症状。

案例一：有自杀倾向的女孩

当一个十几岁的女孩透露自杀意念时，我们会探究这种意图背后、存在于家庭冲突中的根源，并探索她对死亡的幻想。她可能想摆脱张力过大的家庭关系，也想停止背负家长的投射。女孩很可能与我们分享，她如何想象死亡既可以解决问题又不会真的结束生命。这种幻想听上去不合逻辑，却十分常见。我们让来访者知道，她可以谈论死亡，可以探索死亡与家庭经验的关系，修通冲突，并走出投射的束缚。她曾为死亡所吸引，而治疗的探索能够帮助她逃离其魔爪，继续绽放生命。所有家人都为女孩感到欣慰，他们也能够在经验中开始自我赋能，收回投射，并处理属于自己的议题。他们感到更加完整、更加安全，能够共同走过过渡期。

案例二：叛逆的男孩

当一个男孩有自主性的议题时，他可能会通过忤逆权威来呈现问题，例如因敌对行为而与警察起冲突。我们可以在家庭治疗中指出，敌对行为反映了男孩将自己与家庭权威者（父亲）之间的摩擦置换到警察身上。往深层联结，我们可以面质将更多权威赋予男性的家庭模式。通过见诸行动，青少年便不是家族所希望他成为的权威男性。忤逆是一种抗争，也打破了家庭模式，让重新组织变得可能。

症状发挥着涵容家庭痛苦的作用。青少年替家人诉说他们不愿或无法正视的担忧，于是，所有忧虑都集中指向青少年孩子。

案例三：学校表现不尽如人意的男孩

想象一名青少年，高中学习成绩并不理想。父母急切地希望他能考出好成绩，争取进入名牌大学，保证他能找到一份收入不错的工作。父母考虑的并不是少年的未来，而是自己。父母对自己没有信心，他们希望晚年能依赖孩子的丰厚收入生活。男孩背负的是家庭对其能力不足的恐惧。无法被承认的恐惧被投射给了孩子，随后父母再责备孩子的能力不足。

代言人看似是家庭中最脆弱的一员，但实际上，代言人坚强到即使牺牲自己也要扛起家庭重担。我们需要探索家庭动力，让每个成员收回各自的投射，才能卸除青少年为家庭代罪的责任。

案例四：有三个女儿的家庭

一个14岁女孩恐惧上学，回避社交关系，爱哭，并总是担心无话可说。相比之下，19岁的姐姐直言不讳，已进入婚姻生活。在家庭治疗中，我们发现大女儿在 16 岁时与当时的男友（后来已分手）发生过性关系，并意外怀孕。她要求当时 11 岁的妹妹保守秘密。姐妹结成隐瞒母亲的联盟。后来，大女儿流产并倒在血泊中不省人事，这时母亲才知道她怀孕的秘密。我们发现，两个女儿替母亲承载了对性的焦虑与性的危险（一个社交恐惧，一个性早熟）。母亲并没有告诉女儿自己曾在潜伏期时被性侵。性创伤抑制了母亲的学习能力，她至今无法识字，只能依赖幸好可靠的丈夫。母亲一度活在抑郁和恐惧之中，因为作为她的支柱和身为家庭权威的丈夫被诊断出可能危及性命的疾病。父亲认为全家不该为自己的诊断大惊小怪，因为他觉得处理这件事是他的责任，就像他经营着整个家庭一样。处于潜伏期的小女儿尚未出现任何症状。是青少年期的性压力让家庭陷入混乱，并让我们注意到父母尚未解决的焦虑议题。这个案例揭示出创伤会如何被代际相传，被不同家庭成员所承载，并以症状形式表现出来（D. Scharff & J. Scharff，1987c）。

在家庭治疗中，成员各自抒发身处家庭环境中的体验。在这个过程中，家庭配对或亚团体联盟逐渐变得清晰。我们释放空间给沉默的家庭成员，让一直以来被隐藏而在暗中制造紧张和症状的问题"得见天日"，被无惧地讨论，并在谈话中被修复。

出生顺序对男孩成长的影响

父亲认为孩子是自己的翻版，既满足父亲理想中的自我，又是无法与之匹敌的效仿者。进入青少年期后，儿子的体能和勃发的性欲对迈向中老年的父亲构成威胁。未解决的男性竞争会离间父子关系。父亲在儿子身上看到自己的影子，因此，当看到自己不喜欢的特质时，父亲会向儿子发动攻击。父亲将儿子的失败视为对自身自恋的挫败。男孩被视为对手和家庭和谐的破坏者，招致各种痛楚和内疚、憎恨、嫉妒、怨恨和羡慕（Kancyper，2007）。

在许多国家，长子是家庭财产的合法继承人，承载着几代人的希望和创伤。

父子关系

坎西佩尔（Kancyper，2007）重点研究了拉丁文化中的父子关系，尤其是传统上作为遗产继承人的长子。长子与父亲存在更多矛盾和竞争，可以说他们承载着大部分的父子冲突。次子无须承受如此庞大的来自父亲的压力，能活得相对无拘无束，有更多空间去发现、探索和征服新疆域。同时，由于长子占据与父母的紧密关系和认同，其他孩子的自我性身份认同道路会相对曲折。

青少年的成长等同于宣告父母的永生幻想的死亡。家庭需要面对和解决生命周期所带来的现实挑战。只有这样，他们才能感受到青少年期原来是健康的转变期。

52. 利用科技进行儿童心理治疗

伊丽莎白·帕拉西奥斯

2020年，新型冠状病毒（COVID-19）大流行突然闯入我们的生活和工作中，令我们感到恐惧和孤立。儿童心理治疗师习惯在象征性表征领域工作，这是临床工作的原材料，但面对大流行，我们都在处理一个在文化中尚未获得心理表征的事件。我们和来访者一同浸润在这次事件中，体验着危险病毒对我们的精神世界以及在移情－反移情场域中的影响。每个人又根据自己的主观性和个人历史而受到不同影响。以下临床案例描述了一个有心身症状的儿童对冠状病毒威胁的反应。

家长会谈

7岁的乔治娜是家中的长女。除了母亲和父亲外，家里还有一对20个月大的双胞胎妹妹。父亲有工作，而母亲在乔治娜出生后离开了工作岗位。从婴儿期开始，乔治娜就因为各种糖类不耐症而陆续出现消化问题。她在新学校表现优异，却饱受消化不良、肚子疼和头疼的折磨。无论是在学校、生日派对或任何需要外出就餐或吃零食的地方，母亲都会为乔治娜准备特殊餐点。

家庭评估

父母谈论乔治娜的身体症状和社交孤立困难时，双胞胎在一旁玩耍。

乔治娜沉浸在一本小仙女的书中，仿佛不在我们身边。父母认为这体现出乔治娜天资聪颖，他们引以为豪。但在我看来，她是在回避身旁的双胞胎妹妹。据父母描述，乔治娜很聪明，但在学校受到欺负，她觉得好朋友跟别人玩是对自己的背叛。大约是在母亲因孕期不适而居家安胎时，乔安娜的心理痛苦开始浮现。现在，她必须和妹妹们共享一个房间。

父母尚未能看到乔安娜焦虑于社交中的三角关系，以及她必须要接受不止 1 个（而是 2 个）妹妹的到来。当聊到父母自己在西班牙南部小村庄的童年生活，提到家里几个兄弟姐妹总是吵吵闹闹时，他们才开始理解女儿和自己。母亲家有 7 个孩子，身为老幺的她与自己的母亲特别亲密。父亲则由 2 名大龄未婚的姨母（母亲的姐姐）带大，与母亲的关系淡薄，对此他愤恨不满。

分析初期

家庭评估不久后，乔治娜便开始接受个人分析治疗。她能尽情地在治疗室里玩玩具和涂色材料，不吝展现自己有多聪明，并很快发展出理想化移情。然后，新冠病毒大流行来临，办公场所关闭，分析从线下转换到线上（Zoom 平台）。乔治娜视此为某种丧失。

差不多同时，那两位让父亲心感苦涩的姨母相继因新冠病毒感染而逝世。出乎父亲自己的意料，他为此十分悲伤。此时的乔治娜脾气相当不稳定，经常做噩梦，并要求睡在父母房间里。

线上治疗工作

我和乔治娜约好在 Zoom 上见面。她带我参观房间、向日葵灯、蜗牛绒毛玩具和她收藏的故事书。她也给我看妹妹们的绒毛玩偶。然后，一阵嫉妒席卷而来，她猛烈而欢快地压扁妹妹们的玩偶。她知道妹妹们不喜欢她碰她们的玩具，每次发现她们都会气得"脑门喷气"。她突然跳到妹妹们的床上，抓起她们的洋娃娃。她和我分享的这一系列举动显然是针对妹妹们的秘密攻击行动。

接着，乔治娜建议我们用 Zoom 的白板功能一起创作图画小说。乔治娜教我怎么使用这个新功能。故事讲的是一个女人和一个女孩要去游乐园玩，而一排护栏挡住了她们去往游乐园的路。在故事场景中，女孩悲伤地说："我们玩不了游乐场设施了。"我的理解是她在象征性地表达与朋友、亲戚、同学——还有我的分离。虽然与在治疗室面对面做游戏不同，但我们依然可以讨论每个人在隔离期间的心境，仍然可以继续治疗，只是改变了工作方式而已。

随后，乔治娜添加了一幅画。故事中出现一只头戴皇冠的危险怪物（图 52.1），她称之为"冠状病毒先生"。

图 52.1 冠状病毒先生

冠状病毒先生追着女孩和女人，把她们赶出游乐场。我联想到乔治娜父亲过世的姨母。病毒先生攻击和吞噬了女人。我们聊起她对我可能感染病毒的担忧。我对她说，我们不能见面让她不高兴，可能她还想象我会跟其他孩子面对面工作，就像妈妈让双胞胎睡在父母房间里，让她觉得自己被冷落了。她接着又画了一个冠状病毒怪物要被送去坐牢的画面。我画了最后一幕：怪物坐在牢房里。女孩问怪物："你为什么要这样对我们？我们又没对你做什么。"

我们聊起乔治娜现在遇到的困难。她分享了封城几天后她做的一个噩梦，梦里母亲和双胞胎妹妹都被杀死了。她接下来几夜都无法入睡。

乔治娜用悲伤的语气说："伊丽莎白，这和在你的治疗室不一样，也没有我的玩具箱。"

在下一节治疗中，乔治娜决定在白板上创作蓝调歌曲。她加上贴纸、图标和动图，表现出她内在的情感世界有多么丰富——那些被激起的内心情感，以及她表达情感的创造力。歌曲传达出她失去的所有——她的朋友，前一所学校敬爱的老师，在旅行限制前她假期经常回村探望的姑姨、叔舅和堂表兄弟姐妹，还有父亲失去的两位姨母／母亲（她同样再也无法见到了）。内心的煎熬终于在她的心智和移情中得到表征。歌曲的每一节都以"耶咿耶"惆怅地结束。最后一段，她特别以低沉长音"唔唔唔唔"的忧伤呜咽收尾。

乔治娜在哀悼我们不再能以肉身面对面相处。能够哀悼才能成功发展，每一个充分分析的创伤也都带来成长的机会。分析治疗期间，乔治娜的噩梦没有再出现。随着她越来越能直面心理冲突，头痛和胃痛的症状也一并减退。

小结

乔治娜能意识到新冠病毒带来的影响并哀悼我们无法在治疗室面对面工作的处境，这让她能适应和使用以技术为媒介的环境，从而继续她的治疗工作。

53. 儿童青少年评估：心理测量和心理动力学个案概念化

贾妮娜·万拉斯

在临床实务中，在倾听父母和孩子以努力了解孩子整体情况的同时，我们都有接触临床评估工具的经验。有时，为了加深对儿童功能表现的了解，我们可能会请儿童临床心理学家进行专门的心理测量评估。心理测量能如何与精神分析方法结合呢（Meersand，2011）？其实，两者在儿童治疗的早年阶段结合得非常紧密，但随着时间推移，临床工作者采用常规心理测试的频率不断降低，或许部分原因是测验评估从常见的智力评估和投射性测试转移到专科领域评估，如神经心理学评估和经过实证验证的症状量表。我们所受的训练、偏好和工作场景会影响我们对于评测的选择。如果是司法评定，评估人员可能使用成套测试（battery）。如果是门诊治疗所提出的评估要求，临床工作者可能会选择性地使用测试。比如，评估近期失去家长、处于哀伤状态的儿童，可能根本不需要额外测试介入。

医疗机构的专科医生能协助结合心理测量工具与精神分析方法，为儿童治疗师提供额外帮助。心理测量工具让治疗走向结构化，更多地呼吁业界采用以实证为基础的治疗方法，如药物治疗、认知行为疗法（cognitive behavioral therapy，CBT）和应用行为分析（applied behavioral analysis，ABA）。心理测量工具如雨后春笋般涌现，加上业界的外在风气影响，导致精神分析取向治疗与心理测量的结合已不像当年紧密。罗夏墨迹测验（the Rorschach）和游戏评估（Play Assessments）因为需要大量培训和施测时间，已不再是测评首选。治疗师也承受直接进行治疗的压力，不先使用行为核查表或其他工具进行评估。对于这个现象，我们精神分析团体也难辞其咎。我们不够重视测量结果，或对测量结果理解不够，无法用浅显易懂的方式与被建议接受治疗的家庭交流（Meersand，2011）。

在评估阶段，测量工具有助于治疗计划的设计与制订。我们必须与施测者建立良好互助的关系。举例来说，测量工具能够帮助我们发现，原来看似不遵守课堂纪律的孩子实际受语言障碍所苦，这样我们才能对症下药和解决问题。又比如，我们经常使用的《育儿压力量表》（Parenting Stress Index）包含儿童量表和家长量表（Haskett et al，2006；Yeh et al.，2001），因此，我们能借助量表结果与家长进行对话，讨论他们所感知的育儿能力、伴侣支持、孩子强化家长育儿能力的程度，以及孩子情绪失调的程度等话题。治疗无效或需要为受创伤儿童提供安置时也需要测量工具辅助。有些家长非常希望孩子被诊断为孤独症、多动症或反应性依恋障碍，如此他们要解决的是孩子的问题，而不是家长的问题。得不到想要的答案，他们会不断寻求其他人的意见。有时候，家长抱着一叠孩子从2岁开始接受的各式测评的结果走进治疗室。在这种情况下，我们应该思考更多测试是否真的有帮助。

对于希望孩子完美无缺或才华横溢的家长来说，某些评估结果无疑是当头棒喝。测验量表像是个坏客体，暴露家庭系统的秘密或倾泻出难以代谢的数据。孩子可能是坏客体的承载者，觉得自己蠢钝或该为自己的坏受到惩罚。或者，家长因为无助而严厉对待孩子，也可能让他们认为自己才是坏客体的背负者。有时，家庭可能视心理评估施测者为坏客体：公布答题错误，因施测时限强行要求孩子停止作答，或者给出家长不愿意听到的诊断结果。或许，坏客体是测验本身，家庭为了避免脆弱感或羞耻感而表现出对测量工具的蔑视或不屑。建议转介的教师有时候也会被当作坏客体的代表。

构建评估问题

在评估中，我们提出以下一般性问题。"是谁提出评估或治疗要求，以及为什么？来访者的发展背景是怎样的？儿童的整体性有无或如何得到表征？"

进行评估的临床工作者必须帮助转介方确定问题框架。让我们设想一个因进入儿童福利系统而需接受评估的孩子。评估问题可能过于宽泛，如："家长和孩子有联结吗？"或过于狭窄："转换安置点，孩子会难过吗？"我们尝试重构提问，运用精神分析的语言（如依恋和发展进程），同时兼顾跨学科应用，例如："孩子目前与照顾者的依恋关系如何？照顾者的哪些优势和弱点可能促进或阻碍孩子与照顾者的依恋关系？孩子现在的发展需求是什么？"我们希望能将精神分析概念转译为方便家长、教师、个案工作者和法官理解的语言。在美国，凭借评估结果，我们可以为孩子安排504计划[①]以获得学校辅助工具或服务支持。同时，从心理动力学层面上，我们可以深化讨论，探索孩子对学习的态度和学习的障碍，从而帮助家长有效地支持孩子的学业发展。

我们希望与家长合作，我们需要他们支持评估过程。我们要了解家长的想法与实际情况的差距。有些家长过度宣扬孩子的症状，可能是心理上实在疲惫不堪或感到徒劳无功，或需要孩子成为问题焦点，或对孩子的体验有误解。他们可能将焦虑误判为攻击性表现。有些家长只是希望知道他们的孩子是无瑕的。我们尽力帮助家长善用测试结果，建立工作联盟，以

---

① 美国《1973年康复法案》（Rehabilitation Act of 1973）第504条，简称504计划，是一项为了防止联邦公立学校歧视患有"极大限制儿童日常生活活动"的缺陷的儿童而制定的条款。根据该条款，凡符合定义的公立中小学学生，如果其身体或精神状况经504团队认定会"极大限制儿童日常生活活动"，便应在常规或特殊教育中，获得相关辅助工具和服务，从而能像非残障学生一样学习。具体内容可参考美国教育部网站上的504计划指南。——译者注

有益于家庭的方式提供反馈，增加家长接受评估建议的概率。我们需要家长作为合作伙伴。我们尝试感同身受：孩子的症状或情绪困扰让家长恐惧无助，感到无能为力，因此他们防御高筑。他们知道又不想知道问题出在哪里。我们尝试帮助他们理解，症状传递了关于孩子内心世界或外在世界的某种信息。

列出量表分数助益不大。我们想要探究的是计分与指标的意涵，并将测试结果转译为反思性理解的提示和帮助教师与家长的实用建议。

各式心理测量工具

后文中的表 53.1 列出了一系列测评量表，有些是常用的发育评估测验，有些是针对特定领域功能的评估工具。临床心理学家负责根据评估提问选择相应的测试工具，回答疑问并了解儿童的整体情况。我们也会观察测评在心理动力层面对儿童的影响：他们如何对待测试？如何处理挫折？如何寻求帮助？我们的反移情引力是什么？孩子的典型表现，以及他们可能做到的最好表现是什么？在什么情况下，我们会决定将测试分成几天进行，而不是要求孩子连续几小时安静地坐着完成测验？

评估量表的结果与我们所看到的儿童内在动力、家庭动力、当前境况和文化有何关联？测评是否具跨社区的效度？如果青少年目前只具备三年级的阅读水平，那么施测明尼苏达多项人格测验（Minnesota Multiphasic Personality Inventory，MMPI）等于无的放矢，因为完成 MMPI 需要至少等同于五六年级水平的阅读能力（Paolo et al., 1991）。我们要寻找改善外显缺陷的方法，例如保持冷静、循序渐进。我们不想给家长列出冗长的治疗建议清单。我们会和他们一起讨论调整与选择改善建议，寻找对该家庭或教师来说合理且可行的想法。我们梳理结果的整体影响，并理解其心理动力性影响。如果孩子的发展迟缓源自其当前的抑郁状态，我们会建议心理治疗开始后再进行测量评估，或者建议治疗干预一段时间后重测。我们应用精神分析的技能提供反馈和解释测试结果。我们可以帮助家长向学校转达请愿，或者一起参与学校会议并共同制订孩子在校的教育计划。我们希望协助家长，而不是用评估技能打击他们。

角色挑战

依照伦理和司法情境，我们无法在法院命令下同时为儿童进行测评和治疗，这涉及双重角色冲突。我们不能既是治疗者又是儿童监护权的评估者，也不能从自己的建议结果中直接获益。某些情况下，经过慎重考量和权衡，我们可以考虑为疗程中的孩子施测评估，并思考是否由第三人向家长说明评测结果更为合适。我们帮助家长逐渐收回"孩子是坏客体"的投射，同时时刻抱持家长的攻击和绝望。如果法院命令我们针对某项安置的适宜性进行评估，我们会说明决定权属于法院。当法院强制要求意见时，我们可以提出关于安置的建议标准，供法院作为判决参考。

心理测量转介

常见的测量评估转介原因有：学校适应困难、学习障碍、诊断混乱以及无效治疗。我们可能被要求确定学业困难的源头是认知还是情绪，或被要求针对困难提出精确诊断，如学习障碍、注意缺陷、创伤或者精神病。有时，我们被要求评估儿童的情绪成熟度以及入学幼儿园的准备度。有时，我们被要求评估孩子在家进行成瘾戒断的治疗是否可行，或者是否需要外部治疗机构介入。有时，我们被要求评估儿童的情况与特定治疗方式之间的匹配程度。当儿童因受虐和养育忽视而被安排寄养时，我们可能需要针对学校安置、治疗或重返家庭的安排，对儿童的发展需求进行评估。我们自己也可能希望进行治疗前的初步评估，或依据儿童的发展需求或地理位置进行适当转介。

进行评估时，我们会思考：谁提出了评估要求？是家长、青少年、教师还是法官？孩子一直跟不上同龄人的发展节奏吗？还是他一直适应良好，但在经历创伤后突然失去功能？有时，求助者不知道自己想寻求什么帮助或期待他的疑惑得到什么样的解答。我们的工作是帮助求助者构建评估问题并进行测评。

寄养情境下的评估工作

想象我们在寄养或领养环境下工作。一名儿童因虐待和忽视被带离家庭，目前由寄养家庭照顾。个案工作者想了解孩子与亲生父母的依恋状态和主观安全感。在足够支持下，我们是将孩子送回原生家庭，还是需要为她安排与另一个家庭一起生活？作为鉴定员，我们需要评估儿童与照料者之间的依恋质量。出于生存需要，多数儿童都会与照料者建立某种关系纽带，但我们要评估：双方之间的依恋类型是属于安全型、不安全型还是混乱型？孩子多大？他们是否有可能和与创伤无直接关联的替代照料者形成依恋关系，或者有机会修复与亲生父母的依恋关系？

虽然我们无法准确预测结果，但构建问题有助于我们思考孩子的需求。我们也会评估家长身上可能损害或支持儿童依恋系统的优势与劣势。我们将模糊的问题转化为可测量指标。所谓问题重构是指用专有名词来表述提问吗？不，不仅是如此。我们重构提问来试图回答围绕儿童的困惑，了解他们的发展需要是什么，以及我们如何能满足这些需要。如果是法庭转介，评估问题通常是孩子需要哪些资源和帮助。如果是教师，问题则通常是如何帮助孩子提升学习表现和适应课堂环境。

通常情况下，转介还是直接来自家长，尤其是当他们希望我们能在评估后为儿童进行治疗时。我们希望与家长建立联盟，鼓励家长提供我们开展治疗所需的发展史、背景信息和资源。如果我们与家长建立了工作联盟，那么家长更有可能以非防御的姿态填写评估量表。如果评估员能够尊重并以共情的态度关注家长的脆弱感，那么家长在鼓励下通常能够更加开放和坦诚。我们与家长的合作不止于评估过程，在后续提出关于安置或学校设置的建议时，我们同样需要家长的协作。我们希望让家长认识到，我们所选择的评测工具能如何解答他们的疑问。

选择评估测验

我们遵循治疗伦理，慎重选择足以回应评估问题的测验量表。测量工具琳琅满目的好处是，我们总能在其中找到适合测量评估问题的测验。

症状检查表能够呈现儿童症状群的概况，如抑郁、注意力不集中、焦虑和冲动。检查表一般由家长或教师填写，足龄儿童也可以自行填写。举例来说，康纳斯连续操作测验是用于测量多动和注意力不集中等症状的检查表。如果有针对学业表现的评估问题，我们可以使用《韦氏儿童智力量表》（第五版；Wechsler Intelligence Scale for Children，Fifth Edition，WISC-V）的结果判别儿童是受限于整体基因体质条件还是存在其他导致认知困难的原因。神经心理成套测试可用于发现更为复杂的学习问题或了解头部损伤对认知的影响。如果我们合理怀疑孩子在各领域都存在听觉处理困难，我们可以直接转介儿童接受神经心理学评估。如果想了解儿童的潜意识功能区，我们可以选择罗夏墨迹测验或儿童主题统觉测验（Children's Apperception Test），后者会邀请孩子看图编故事。同理，语句完成测验能帮助我们了解孩子的联想感知。测试者给出句子的前半部分提示，如"我的父亲……"，并让孩子完成后半句，如"总是不在""很开心""生我的气"或其他相关的父亲描述，从而获得关于家庭关系的信息。我们可以使用"画人测验（Draw-A-Person）"来了解孩子的人物表征水平，从而了解他们的自我形象。投射性测验能提供与客观检查表十分不同的信息。此外，我们也可以进行焦点评估，例如《创伤症状量表》（Trauma Symptom Checklist）或《儿童孤独症评定量表》（Child Autism Rating Scale），以确定诊断或症状的严重程度。中国有自行编撰的典型评估工具，其中一些与美国的测验有所重叠（Leung et al，2006；Yeh，2001）。表 53.1 列出了几个常见的评估测验量表。

表 53.1　具有代表性的各类评估测验

测试／评估	目的
韦氏儿童智力量表（第五版） 伍德科克·约翰逊认知测验（Woodcock-Johnson Tests of Cognitive Abilities）	测量智力基线，辨识认知优势（弱点）以进一步评估
画人测验 儿童主题统觉测验 罗特语句完成测验（Rotter Sentence Completion Test） 普伦克口语叙事测验（Plenk Storytelling Test） 罗夏墨迹测验	处理影响儿童心智、情绪和人际关系能力的潜意识因素；洞察儿童的内在结构和冲突
非结构化游戏评估（Unstructured Play Assessment）	深入认识儿童的内在世界，包括发展水平、好／坏客体位置、典型防御、内部冲突来源、早期移情／反移情动力
广泛成就测验（第五版；Wide Range Achievement Test，Fifth Edition，WRAT5） 基玛斯诊断性数学测验（KeyMath-3） 伍德科克·约翰逊阅读掌握测试（第三版；Woodcock Reading Mastery Tests, Third Edition，WRMT-III）	评估儿童各学科领域的学习成就和（或）提供相关问题领域的诊断信息
神经心理学评估	测量儿童的智商、注意力／专注力、执行功能、语言发展、空间能力等，提供有关学习挑战、头部受伤后的大脑功能、诊断难题等方面的信息
康纳斯连续操作测验 儿童行为检查表（Child Behavior Checklist，CBCL）	分别由教师、家长和青少年填写测验，根据发育程度划分症状概述

(续表)

测试 / 评估	目的
育儿压力量表 创伤症状量表（儿童版；Trauma Symptom Checklist for Children，TSCC） 进食障碍量表（Eating Disorders Inventory，EDI-3） 儿童抑郁量表（Children's Depression Inventory，CDI-2）	深入探究儿童的症状和人际关系表现

资料来源：贾妮娜·万拉斯 © 2023

一些临床工作者使用结构化的游戏评估技术，指定玩具并提出游戏建议，从而观察儿童在预定情境中的反应，比如与学龄前儿童共同演绎上学流程。精神分析取向心理治疗师一般使用非结构化的游戏评估，等待孩子选择玩具和游戏。我们可能会创建一个故事主干，让孩子用他们选择的玩具进行表演和阐述。我们可以对孩子进行数学、拼写和阅读方面的成就测验（achievement test）来厘清困难点。在数学方面，我们可以使用诊断性测试，以确认孩子是在数字排序、数字运算或是在数学概念理解方面遇到困难。对于阅读困难，我们会使用特定测验来了解儿童是遇到了读音辨别困难还是在理解阅读内容方面存在缺陷。相应地，对于焦虑的儿童，我们可以使用焦虑量表；对于有创伤史的儿童，我们可以使用创伤症状检查表。

测验的心理动力学层面

所谓测验的心理动力学层面，指的是在测试进行过程中，临床工作者着重理解儿童受测时的行为和人际联结，将测试结果与儿童的成长史和文化背景相结合，并考虑如何有效地处理儿童与家长对测试结果和建议的反应。测验的心理动力学层面应用广泛，包括与家长、儿童以及所有会接触家庭的专业人员——儿科医生、教师或个案工作者——建立联盟；包括关注并回应家长受测时的焦躁不安；关心漏填项目的原因，以及主动跟进，从而让家长知道评估测试已提供足够信息，能够指引我们在解决问题的道路上前行。

进行测验时，我们会注意孩子如何完成任务以及如何与我们相处。孩子是否与我们保持距离？是否怀疑评估员会说他们不想听的话？他们是轻易放弃、把材料弄乱、发脾气，还是坚持不懈地完成任务？他们能否接受帮助、处理反馈并调整自己的方法？临床工作者可能会测试孩子是否有对应发展阶段的适当表现，也可能提高难度来探索孩子能力的极限。

案例

一个经历了家长离婚的痛苦过程的家庭前来寻求帮助。父母最初把注意力集中在大女儿身上，她脾气暴躁、易怒、不合作。在家庭评估会面中，评估员注意到小女儿非常焦虑、害羞，极少有言语交流。评估员猜测，这个孩子可能有语言表达障碍，其症状又因最初未被提及的当前家庭压力源而加剧。在与家长的对话中，评估员确认了在家长离婚前，小女儿已有语言障碍和害羞的表现。害羞的性格既彰显又掩盖了小女儿的语言表达障碍。在这个家庭中，姐姐强势的性格掩盖了妹妹的害羞，并压制了她的沟通。父母漫长而紧张的离婚历程所带来的丧失和冲突，以及与姐姐之间的关系，加剧了妹妹的语言障碍和害羞表现。

做出"适应障碍和表达性语言障碍"的诊断并不能公正地反映出女孩状态的复杂性。我们需要就家庭环境、家长冲突、姐妹关系的动力以及孩子的整体人格、优势和弱点进行全面讨论。我们也需要帮助家长理解持续性心理治疗和言语治疗的必要性。家长需要时间理解如何与孩子的症状相处，并向孩子的老师解释：硬性要求孩子提高说话音量或因为她不服从指令而惩罚她，只会带来额外压力。女孩颇具艺术天赋，在等待通过言语治疗调整表达问题的同时，她可以先在平板电脑上以书写或绘画的方式进行视觉交流。

治疗师用易懂的方式解释何为语言表达障碍。孩子不是不说话或固执己见。语言障碍就像是话被卡在孩子的喉咙里，吐不出来。以恰当的方式向孩子说明症状来由非常重要。得知自己并不是愚蠢或迟滞，而是因为语言表达能力被抑制，导致想说的话卡在喉咙里，这让女孩大大松了一口气。精神分析心理治疗与言语治疗相辅相成，将有助于释放女孩的沟通能力。事实上，她的确在治疗后重获语言交流能力。

《心理动力诊断手册》

随着对患者和家庭了解的加深，我们的概念化和治疗方案也会相应地变化。《心理动力诊断手册》（后文简称"PDM[①]"）既可以在初步评估时帮助我们进行个案概念化，也可以治疗过程中辅助我们评估治疗进展情况（Lingiardi & McWilliams，2017）。建立治疗联盟、收集信息、提出诠释并观察影响，以及使用能力量表与投射性测验来了解儿童和家长，都是评估过程的一部分，而我们可以应用PDM来组织我们的评估发现。

产生编撰出版PDM的念头，是因为一群精神分析从业者认为现有的诊断分类系统［如《精神障碍诊断与统计手册》（第五版；DSM-5）、《国际疾病分类第十次修订本》（International Classification of Diseases，Tenth Revision；ICD-10）或《中国精神障碍分类与诊断标准》（第三版；CCMD-3）］无法完整描绘全人样貌（whole person）。这些系统描述症状并从症状中得出诊断，但我们无法从中获取能指引治疗方向的信息，包括儿童独特的主观体验、他们的感受或痛苦的原因、症状的病因或在不同发展阶段下症状表现的差异。PDM背后的理念是帮助临床工作者从理论、实践和研究三方面对来访者进行概念化，并制订相应的治疗计划。PDM将发展阶段纳入

---

① 本书第二版的简体中文版将由中国轻工业出版社于2025年出版。——译者注

考量，为幼儿、儿童和青少年制定不同的评估标准。全书遵循婴幼儿期、学龄儿童期、青少年期、成年期和老年期的分类，分为五大区块。除了症状外，PDM 亦在每个阶段描述健康心理表现，勾勒出每个特定年龄段健康功能的全貌，并具体说明儿童青少年的防御运作机制。PDM 在研究基础上划分出三个轴，分别针对儿童、青少年和成（老）年人的类别（Lingiardi & McWilliams，2017）。

MC① 轴

MC 轴描述的是 4—10 岁儿童的心智功能，其中包含数项内容领域并为每一年龄段补充描述说明。我们根据 MC 轴的描述对照比较儿童来访者的心智功能表现，从 1（低）到 5（高）进行评分。我们根据自己对儿童和家长的观察，以及家长、学校和儿科医生提供的信息，对儿童的认知和情感功能进行评分。我们从范围、质量和调节等方面审视儿童的情感处理功能。我们也会搭配使用从儿童及儿童功能研究中得出的量表来评估儿童的心智化能力和反思功能（Lingiardi & McWilliams，2017）。对于青少年的评估，我们改用按青少年年龄组调整后的 MA 人格功能轴。

PC 轴

PC 轴是儿童人格功能层面的一个类别。在 PC 轴上，我们使用描述性评估，而非量化评级表。我们考虑表观遗传学，探询："哪些特质来自遗传？"例如，如果家长双方的家庭都有抑郁史，那么孩子可能有焦虑和抑郁的倾向。我们也会考虑儿童的气质和亲子适配度。如果孩子难以安抚、不善于适应生活转变，那么家长一方通常也会具有类似的性格特点。例如，某位母亲在孩子身上看到自己无法调节的内在部分，因而难以帮助孩子管

---

① M 代表心智功能（Mental Functioning），P 代表人格（Personality），C 代表儿童（Children），A 代表青少年（Adolescent）。——译者注

理她的困难。依恋风格、防御风格和社会文化都会影响人格的发展。在一个宗教色彩浓厚的家庭中，小男孩可能会认为自己是总做坏事的坏人。

此外，我们也思考 PDM 以连续谱所呈现的不同人格功能水平，由健康到神经症性、边缘性和精神病性。个体的功能水平可能因环境而异：一个男孩在学校的学习和行为任务上可能表现良好，在家里却反应激烈、难以相处。如果这个男孩在现实检验和洞察力方面表现良好，能够完成日常生活任务，我们会认为他属于神经症性功能水平。另一个男孩的自体高度分裂、状态崩溃、无法区分自己和治疗师，我们将之归于精神病性功能水平。表现相似的孩子可能具有不同功能水平，而经过治疗，精神病性功能的儿童可以在连续谱中前移至边缘性水平。此外，我们要知道，即使不进行治疗，儿童仍处于发育变化阶段（Lingiardi & McWilliams，2017）。为青少年进行评估时，我们改用按青少年年龄组调整后的 PA 人格功能轴。

临床案例：从分裂样进展到边缘性水平

15 岁的青少年期女孩，人格功能处于边缘性范围内，但仍在成型过程中。根据费尔贝恩和冈特里普（Guntrip）的描述，女孩的人格特征具有分裂样（schizoid）结构。在儿童期，女孩的人格功能处于神经症性水平。不幸的是，她在青少年期经历的性虐待创伤，再加上青少年期压力，将她在人格功能的连续谱上推往边缘性水平。她存在现实检验问题，有割伤等自残行为，有时出现自杀倾向。她其实非常聪明，学业表现优异，但随着她逐渐退缩至内心世界中，其表现也日渐下滑。大多数青少年在此阶段都会有身份认同和性发展的困扰，但这个女孩的忧虑比同龄人更为极端。PA 轴（如果是儿童，则为 PC 轴）与 MA 轴（如果是儿童，则为 MC 轴）分类相仿，但在 PA 轴上，我们考虑的是人格功能，重点在于身份认同、防御性应对、自我反思功能、自我意识和自我导向。

SC① 轴

第三类是 SC 轴，描述的是儿童期的症状模式和症状群。同样，该轴线是从健康反应到症状群集的连续谱，症状端包含如心境障碍、焦虑障碍、与压力和创伤相关的障碍、躯体障碍、心理生理障碍（包括进食障碍）、破坏性行为障碍、精神功能障碍和发育障碍等。SC 轴在某些方面呼应 DSM 分类，但 PDM 不仅判断症状存在与否，更注重个体对于症状的主观体验（Lingiardi & McWilliams，2017）。为青少年进行评估时，我们改用按青少年年龄组调整后的 SA 症状功能轴。

使用 PDM 的优点与缺点

PDM 的诊断类别及其相应的治疗技术得到了实证研究的支持和验证。它从整全（holistic）且多重维度的视角思考诊断，不受限于检查表式的思维方式。PDM 在理论架构上将行为和心理结构相结合。它兼备一系列评估工具，用以帮助我们采集所需数据，并给我们提供了评分指南。它从连续谱的运作模式出发，引领我们沿着从健康到病理、从适应性到非适应性反应的角度思考症状表现。它将发展阶段纳入诊断标准中考量，在临床上极具实用性。PDM 的缺点是尚未完全发展出跨文化维度。比起检查表式诊断系统，PDM 需要更多评估时间。PDM 虽广为心理动力学界所知，但在格式塔、人本主义和认知行为等理论中并未得到广泛认识或接受（Lingiardi & McWilliams，2017）。

尽管如此，心理动力学概念化仍是一种基于研究的、描述来访者问题和模式的有效方法。它引导我们回顾来访者的成长史，以及这些问题和模式与来访者的过往经历之间的联系，并在临床上帮助我们建立这些联系，

---

① S 代表症状（Symptoms），C 代表儿童（Children）。——译者注

从而理解来访者组织自身经历的方式。即使未彻底完成所有轴向评估,但PDM 的定向、结构化和以人为本也能帮助我们理解患者的本质(Lingiardi & McWilliams,2017)。

结果解释和治疗建议

如何向家长与孩子说明诊断结果和提供心理动力性理解,恐怕是工作中最重要的环节之一。我们希望提供足够好的理解,以及足够有用的说明。我们希望诊断和建议能够将家庭的文化背景、当下处境和家庭动力纳入考量。我们既要看到儿童的优势和能力,也要正视弱点和缺陷。我们希望了解儿童全貌,包括其症状、防御以及内在精神结构。厘清评估结果之后,我们随即考虑如何用可以理解的日常语言向家长或照顾者表述我们的理解,让他们能在与儿童的相处中应用我们的发现。评估员很少做出单一诊断,因为单一诊断更像是贴标签,而不是帮助家长全面性地理解孩子。因此,我们会用简单的语言说明我们对儿童整体和家庭整体的心理动力性理解并提出治疗建议。我们回应因我们的反馈而引起的受伤情绪。我们支持父母,并解释精神分析心理治疗如何有助于化解困难。我们认可父母有最终的选择和决定权。当我们能以浅显的方式和尊重的态度陈述我们的发现与建议时,家长更可能理解治疗价值并接受治疗建议。

第六部分

社区中的儿童心理治疗师

54. 与学校协作

卡尔·巴尼尼

儿童治疗师要能在三种环境中有效工作——治疗室、家庭和学校。如何在学校环境中助力儿童成长？这是学校辅导员日常面临的挑战，并且学校可能邀请儿童治疗师以顾问身份参与相关工作。

案例一：应对校车上的攻击性行为

一位驻校儿童辅导员被告知学生们总在校车上捣乱。情况混乱到司机无法安全地驾驶，他试图管理孩子，但可惜用错了方法：他吼骂着要孩子们安静下来，甚至威胁要把他们赶下车，让他们自己走回家。他明显非常绝望。结果，孩子们压根儿不把他的话当真，还对他哈哈大笑。辅导员决定亲自坐上校车。当孩子们开始吵闹玩耍并扰乱司机的注意力时，她唱了一首所有孩子都熟悉的歌。她与每个孩子进行眼神交流，没有吼骂、尖叫或威胁。幸运的是，在她富有创意的引领下，孩子们跟着唱起歌来，校车司机也停止吼骂并冷静下来。大家终于能和平相处。到站时，辅导员向每个孩子一一道别，并表示她期待隔天能在学校见到他们。

辅导员减轻了儿童和校车司机的攻击性行为所带来的破坏性影响。甚至连校长也因其干预而受益，因为原本纷至沓来的对校车司机的投诉终于消停。辅导员的介入让家长冷静下来，孩子们上学和放学的路途也轻松多了。学校工作人员之所以选择学校系统，是因为他们想为孩子们服务。但他们可能并不总是接受过充分培训，因此不一定能够如愿以偿地发挥作用。

辅导员或心理教师的工作是使每一个系统都尽可能地发挥其作用和效益，从而共同支持学生的发展。

学校心理教师的作用是辅助儿童在学校环境中的学业和社交发展。作为成功学习的基础，人际相处和课堂专注度同样关键。辅导员或心理教师同时置身于多重系统中，既代表孩子的需求，也代表管理与行政人员的需求——包括领导学校的校长、接送孩子的校车司机、为孩子提供食物的餐饮人员、教导孩子的教师以及抚养孩子的家庭。

案例二：学习成绩下滑与手足出生

一个家庭刚迎接了一名男婴的到来。大女儿对手足出生（尤其还是个男生）毫无准备。父母当然不指望婴儿读书写字，但他们对女儿寄予厚望。事实上，家长的标准甚至超出了学校的要求，显得有些不合情理。女儿无法满足父母的期望。当她开始不愿配合学校的要求时，父母以为她生病了。分配到学校的儿童心理治疗师走访了女孩的班级，发现在弟弟出生之前，女孩在校一直表现良好；社交方面，她也与同学和几个特别好的朋友相处融洽。男婴出生后，家庭的注意力完全集中在弟弟身上。家人以为女儿不需要那么多的关注。家长过于重视认知发展和社交技能，而忽视了孩子对于情感安全的需要。儿童心理治疗师与孩子进行了一节游戏评估。她注意到，女孩拿起一个宝宝玩偶，并把玩偶放到视线外的椅子下方，仿佛是想让竞争对手消失。治疗师决定安排家访——不是为了批评父母，而是为了观察女孩的家庭生活。治疗师没有提及手足竞争和对抗，只是让家庭成员趁婴儿睡着时一起做游戏。父母担心孩子的学业，而治疗师关心的是孩子的情绪状态。因此，治疗师选择了涉及学习、关系和竞争的游戏，以探索和支持她对促进孩子成长的多维系统的三重关注。

家庭环境是儿童教育的第一场景。与出现学业问题的儿童工作时，儿童治疗师会考虑一些问题：家庭的教育信念是什么？家庭重视教育吗？家长以前在学校表现如何？他们如何看待自己的教育成就？对于权威，父母或祖父母是畏惧还是崇敬？服从权威是否比玩耍、好奇和探索更受到家庭重视？家庭更重视孩子的个体性还是社会群体性？孩子在学校的挑战是在学习学科知识的同时，也要学习如何与同龄孩子、其他年级的大孩子和小孩子、管理行政人员和教师相处。儿童的心智可能会因与周围人、事、物的经历而受到激发，但也可能因与朋友、教师和家人的相处经历而受到干扰。当儿童在学校环境中出现困难时，我们可以尝试了解儿童家中是否有已经能自行阅读的、年龄更大的孩子，或儿童是否要与其他学习能力更好、学得更快的手足竞争。

案例三：干预有破坏性的课堂行为

一位新教师在课堂上经常被约翰尼打断教学。约翰尼总是离开座位。她试着更换他的座位，或在他捣乱后要求他去走廊站着，警示他必须保持安静，不要影响课堂秩序。老师渴望成功教学，希望所有孩子都能学好。儿童心理治疗师对班级做了 20 分钟观察。观察的初步结论是，在课堂上接受的惩罚越多，约翰尼越难与老师合作。老师应对的是行为后果，而没能探索行为本身的意义。治疗师设计了班级讨论活动，询问全班同学如何一起帮助约翰尼待在座位上。孩子们提出了很多好主意，其中一些想法终于让老师忍俊不禁。儿童治疗师的一个猜想是，约翰尼来自一个吵闹混乱的大家庭，他不期待会有人注意到他，所以当要举手回答问题时，他总是举得不够高。老师没有低头看到约翰尼试探性举起的手，以为他没注意听课。我们让约翰尼和另一个学生交换位置，离老师更近，这样老师能看到他的回应。这招果然奏效！老师接受的训练是成为班级权威，还不知道如何创造集体学习环境。治疗师的干预让大家看到班级可以为自己的学习负责，老师也学会了根据约翰尼的特定学习需要进行授课调整。

儿童治疗师能如何帮助家长更加了解孩子的情感需求？庞大的学业压

力背后，是家长对孩子长大后无法在世界上立足的恐惧。治疗师需要理解父母对成功的渴望和孩子不惜代价取悦父母的心，同时关注孩子的情感需求。家庭中的学习成效，取决于父母对游戏、创造力和想象力的态度。治疗师可以向家庭说明，大脑发育和学业成功来自儿童探索未知、掌握技能和参与家庭生活的能力，这样家庭就可能拥有更广阔的视野，给予孩子更多的自由，让孩子按照自己的节奏广泛学习和成长。这可以减少家庭对责备和羞愧的关注。我们帮助家长视孩子为独立个体：孩子需要参与朋友、学校和家庭生活群体，以实现全面发展，而这正是促进大脑发育和取得成功的关键所在。有时，我们在家庭谈话中认识到的家庭创伤或悲剧，可能是阻碍孩子发展和家庭如此固着于孩子的学业成就的原因。加深探索，可以帮助家庭从隐藏的创伤中恢复，并释放能量用于学习。最后，询问和倾听家庭故事本身即是与家庭建立联结的一种方式，治疗师从这种信任立场出发，代表孩子进行发声与干预。

我们使用同样的反思性评估和治疗工具来与教师建立联系。我们探询：这个孩子有何特别之处，为何会触发老师的反感？这个孩子是否让她想起现在生活中的某个人，或者是她小时候与父母和老师相处时的某个人？

案例四：重新投入学习

一名 13 岁男孩丧失了完成作业的兴趣，成绩有所下滑。治疗师在与家长交谈中得知，男孩刚有了一个妹妹。妹妹出生之前，每个人都把注意力集中在他身上。现在，他很享受自己所拥有的更多空间和时间，但父母很不高兴他不将时间用在作业上。男孩说，妹妹帮助他独立，他很高兴自己不再是父母唯一的焦点。只是，从无心投入学习任务的症状表现来看，他可能或多或少在否认失去关注或有点迷失的感受。治疗师思考这一情境并尝试了解孩子的需求遇到哪些挫折。除了学习成绩之外，家庭还重视孩子的哪些方面？孩子对妹妹表面和隐藏的感受是什么，他又是如何感知妹妹对家庭的价值的呢？治疗师希望发现哪些元素可以帮助男孩重新投入学习，也相信更好地理解他可以让他再次自由地学习，并且是为了自己的快乐而学习，而不再承受父母强烈关注的压力。

治疗师向教师提供咨询，帮助他们了解儿童的需要。这可能包括讨论教师现在以及在学习养成期对儿童的态度、信念和期望。我们不仅倾听事实，也倾听他们的挫败感。我们是抱持性环境的一部分。比起追求成果，我们更细腻地关注细节、情感和发展水平。有时，只要与教师在教师休息室喝杯茶，就能营造一种接纳和"我在这里"的氛围，鼓励教师在未来出现问题时与我们讨论。我们的工作不是告诉教师如何教学，而是辅助他们更好地完成专业工作。我们尊重他们、支持他们，并提供思考和探讨问题的方法，帮助他们更好地开展教学工作。

案例五：与儿童家庭工作

一名 6 岁儿童表现得像个 4 岁孩子，打自己，也咬其他孩子，而教师们不知道如何应对这种行为。儿童治疗师能提供什么帮助？治疗师注意到孩子的攻击性，好奇是什么事情让他停滞在 4 岁的发展阶段。治疗师通过家访了解家庭情况，也进行课堂观察，并询问教师对孩子的喜爱之处，以及最具挑战性的方面。治疗师会先进行游戏评估再继续游戏治疗，从而深入孩子的内心世界，从孩子的视角看待孩子的行为。治疗可以移除孩子向前发展的障碍，并提高孩子的课堂参与度和学习能力。

教师的工作并不轻松。吵闹、捣乱和具有攻击性的孩子强行占据老师的注意力，并且有些家长因为孩子表现不佳而强行闯入教师的工作领域。其他问题也可能出现，包括如何教育沉默的孩子，或在课堂上如何应对不愿与人分享的孩子。各类状况都会唤起教师的反移情反应。"反"字不意味着"反对"孩子，而是教师对孩子的态度的反应。学生眼中的教师，是学生根据家庭经验所内化的人物的某些部分；教师回应的也不是眼前这名学生个体，而是学生表征的某位根据她的生命经验所内化的人物。反移情会导致反应僵化，降低教师解决困难的能力。例如，教师可能直接断定学生为坏孩子。我们代表着灵活性、好奇心和对孩子整体的重视，致力于帮助教师打破固有的观点。作为儿童治疗师，我们努力拓宽教师的主观态度和感受，帮助他们看到孩子的全貌。

小结

作为学校中的儿童心理治疗师，我们的职责是关注并体现儿童心理健康的重要性。我们与教师、管理行政人员、孩子和家长紧密合作。我们都希望为孩子的成长提供支持。我们与系统的各个部分建立联系，倾听各个层面的不同关切，不是为了指点教师或工作人员，而是为了帮助他们取得成功，让心理健康支持学习成长。

55. 与家庭服务机构和儿童保护服务机构合作

莱亚·塞顿

比克、爱德华兹和莫尔特比模型：历史、发展和原理

比克、爱德华兹和莫尔特比（Bick, Edwards and Maltby, 1998）项目建基于塔维斯托克（Tavistock）中心的5岁以下儿童治疗模型（under-fives）：整个家庭及其子群体（个人、家长伴侣、手足群体）以改善家庭功能为目的，在3个月期间参加5次咨询会面。这个模型的与众不同之处在于，它将精神分析概念应用于短期干预。研究团队要求与整个家庭会面，包含同一屋檐下的所有家庭成员，但他们也乐意与任何愿意出席的人会面。收到转介时，团队先召开电话会议，共同思考该家庭是否适合这项计划，以及各自的想法和顾虑。他们会注意发起转介求助的动力可能来自哪位家庭成员，并探讨每位成员为其他成员承载了什么。初步讨论等同于构建涵容空间，团队在其中获得和分享见解，并将各个家庭一一抱持在心中。有些家庭将支持儿童、青少年或家长继续进行精神分析取向的个体治疗。

莫尔特比首先咨询了当地机构的社会工作者，以提高团队对儿童内心世界的认识。该项目由两名儿童心理治疗师和一名秘书负责，三位负责人定期与一名顾问级精神科医生（同时是一名精神分析师）讨论项目内容。他们共同致力于开发一种涵容、处理和思考家庭难题的方法，并同等关注内部世界和外部世界（包括家庭内的不满和学校报告）对于促成治疗转介的影响。

前面提到，该模型建基于塔维斯托克中心多年来的研究和临床经验。也是在塔维斯托克中心，鲍尔比开启了依恋研究，发现儿童需要安全基地才能探索家庭以外的学习世界。鲍尔比（1979）发现家庭工作能非常有效地帮助受困扰的儿童和家庭（p.145）。鲍尔比研究的应用和拓展延伸，带领我们认识到玛格丽特·拉斯廷所谓的家庭生命代际潜意识力场（Youell, 2002）。宾-霍尔（Byng-Hall, 1995）深入研究了家庭关系，探究家庭成员如何共谋（collude）并共同创造出产生和维持症状的互动模式。

来自精神健康诊所的临床案例

案例一：特雷弗

个案工作者报告的是 8 岁男孩特雷弗的个案。特雷弗非常抑郁、不合作，并且上课捣乱。他姐姐也不想上学。讨论时，个案工作者发现家长曾遭受许多重大丧失。父亲的弟弟是在河里溺水离世的，而他们的父母对此闭口不谈，因此哀悼从未完成。相反，孩子们抗拒出门玩耍或上学。由于家里没有足够的游戏空间，全家每年都会去空间更大的爷爷奶奶家玩。这趟旅行给孩子们带来生机和乐趣，可惜一年只有一次。对这个案例的理解方向是，特雷弗背负着父亲的悼念和悲伤。父亲对于失去弟弟没有进行哀悼，而是把它投射给特雷弗。在代际传承下，儿子身陷于痛苦和悲伤之中。在这个家庭案例中，失去至亲是巨大的创伤，但其他看似微小的丧失，如经常搬家、失业等，如果未能得到哀悼，同样会对孩子产生影响。

案例二：阿曼达的前俄狄浦斯冲突

阿曼达是个非常焦虑的女孩，整天躺在床上看电视。儿科医生诊断出她患有广泛性焦虑症，并建议她去精神科接受药物治疗。然而，精神科医生坚持让阿曼达接受儿童治疗师的评估，随后再确认是否需要药物干预。在短短 5 节治疗中，治疗团队发现她与母亲之间存在严重的共生关系。母亲侵入性极高，几乎不给阿曼达任何空间去发展自我。父亲则最宠阿曼达。但由于阿曼达尚未能解决前俄狄浦斯阶段的议题，她也无力处理俄狄浦斯阶段的议题。在此案例中，治疗师避免了精神药物的过早介入，将视角转向精神分析发展方向，为患者和家庭的长远利益着想。

案例三：个体抑郁和家庭哀伤（史蒂文）

史蒂文是 5 个孩子中的老三，对自己和对他人都很暴力，威胁着要自杀。父亲有抑郁症，已经从家里搬走，没有与家人同住。大家一直以为父亲有一天会回家，但他却没有。史蒂文为全家人背负着失去父亲的悲痛。他拒绝上学，用症状表达了家庭深陷于悲痛之中的困境。案例顾问邀请个案工作者反思：是什么让易感的史蒂文成为投射的承载者？在史蒂文 3 岁时，母亲因流产而变得十分脆弱和抑郁，这种状态影响了她对年幼的史蒂文的照顾。

在处理类似的家庭问题时，我们建议个案工作者从家庭层面进行干预，邀请所有成员一起谈论丧失。通过重新审视哀伤，家长可以承认并接纳属于自己的情感，从而让孩子卸下为家长表达困难情感的重担。这样，孩子们就能够走出困境，再次得以成长和发展。个案工作者可能需要单独与家长工作，更多地关注家长的自身议题，给他们更多空间去解决属于自己的问题。一旦他们明白自身议题对孩子的影响，他们便能找到直面痛苦的动力和勇气。

儿童保护机构：尤埃尔模式

尤埃尔（Youell，2002）借鉴比克（1964）的观察、反思和思考原初心智状态的方法，开展了调研项目，为法院转介的家庭提供短期干预。在该项目中，研究机构的主要任务是根据法院命令，对那些被送往儿童保护服务机构、家庭状况严峻的年幼儿童进行评估与治疗。在此基础上，项目小组提出了可适应家庭不断变化的需求的灵活模型。家庭可以前往中心接受服务（小组成员也可以前往儿童家庭或寄养地点开展工作）。

评估和干预模型的框架是每周工作 1 次，1 次 3 节，持续 5 周。相比于塔维斯托克模式，这种干预方式单次时间较短，但更加深入。项目人员在观察家庭时，会尽量保持善意的关注和非侵入性的态度。与塔维斯托克模式相仿，尤埃尔的工作方法也基于从婴儿观察研究中获得的技能。从自身的反移情感受与实际观察的所见所闻中，观察者能收获同等丰富的信息。治疗过程则针对家庭具体的代际困难，通过消解和收回对其他家庭成员或机构的投射，给家庭提供实际帮助和洞察。

团队的共同信念是，儿童应该是安全的。如果曾有虐待或未能保护儿童的情况，团队会评估家长目前的养育能力和改变的能力。团队会评估儿童发展情况，并记录所有的重大伤害经历。报告将描述孩子与家长和兄弟姐妹之间的关系，并就孩子的家庭安置需求、教育需求和治疗需求提出建议。治疗整体上建立在精神分析指导下的"涵容"之上，同时包含纯然的抱持，为家长提供简单的养育方法：治疗师向家长教授基本的儿童照护、育儿技巧以及与孩子玩耍的方法。

家长评估

不健康的亲子互动的三大特征是涵容失败、次级皮肤成型和黏附性认同。第一点指的是母亲无法涵容孩子的焦虑，当然也无法将之转化为可管理、可思考的形式并返还给孩子。如果亲子关系不足够紧密，孩子的需求得不到满足，孩子便会发展另一层皮肤，将不安的心智与躯体包裹在一起。缺乏安全依恋关系的孩子，无法内化被抱持的感受，反而对母亲的身体产生一种表面的黏附感，仿佛通过次级皮肤将自己抱持起来。家长内在的心智结构与孩子的性格发展紧密相连，并对其产生深远影响。

儿童评估

受儿童保护服务机构关注的家庭中，有些儿童自幼受虐待和忽视，在反复经历创伤后变得高度焦虑、抑郁或有暴力倾向。他们中的绝大多数人从未获得被有足够养育能力的照顾者抱持的体验。偶尔，研究团队会注意到某个孩子异常坚韧，这看似是健康或必要的生命适应，但其实是次级皮肤而非心理韧性——可能反映出某种程度的对亲密社会关系的回避，更接近一种自闭的心理状态（Meltzer，1975）。

案例四：将母亲隔绝于心智之外

在一个家庭服务机构中，治疗师正与家庭进行会谈。在这个过程中，家中的男婴对在场人物毫无反应。他在地板上从一个玩具换到另一个玩具，不理睬家庭中的任何人。即使后来姐姐们吵架争执，他也依然对她们没有丝毫反应，也没有寻求母亲的安慰。治疗师反思自己的想法和感受，理解到男婴为了保护自己而将母亲隔绝于心智之外。治疗师建议尽快为男婴寻找能提供情绪亲密感的照顾人，帮助他从与世界脱节的状态中恢复。很多时候，被忽视的孩子就像这名男婴一样，宁愿与外在世界隔绝。如果不采取干预措施，他们会长成淡漠、难以接近的儿童和人际关系薄弱的成年人，并可能将这些困难传递给下一代。

案例五：认识自我伤害

我们该如何理解割伤手臂却感觉不到疼痛的青少年呢？我们猜想，他割伤自己恰恰是为了感受平日所感受不到的疼痛。想消除这种危险症状，不是几张创可贴就可以做到的。自伤的问题根源是字面意义的"深刻入骨"。我们需要询问男孩的早年经历、当前家庭关系、代际历史以及他的幻想和梦境。想帮助他控制自伤冲动，我们需要触及上述各层面的议题并尝试了解痛苦的原因。否则，他会继续伤害自己。

我们可以猜想，这名男孩在与早年重要他人的浅薄关系基础上发展出黏附性认同，封膜在次级皮肤上的他感觉不到疼痛。我们进一步猜想，他见诸次级皮肤的行动是划开封膜、露出原初皮肤的尝试。

小结

处境危险的儿童无法安全地与家长建立联结。儿童需要敏感、非侵入性且积极的养育环境。社区个案工作者承担着极大工作量和多重挑战。具有共情力和专业能力的精神分析取向儿童治疗师的支持和洞察分享，能为他们带来极大的帮助。

56. 儿童虐待和替代照护

贾妮娜·万拉斯

儿童虐待是一个令人痛心的话题。只阅读其他国家的英文研究报告很难了解世界观点，然而，我们可以在国际会议上与同行交流，并在课程中与国际学生对话，从而扩充我们在虐待议题上的理解。我们很快认识到，不同国家，甚至在美国的不同州之间，对虐待（abuse）和忽视（neglect）的定义都不尽相同。本章内容结合我们在美国的临床经验以及在中国授课时所积累的跨文化理解，去思考儿童虐待和忽视这个复杂而令人不安的议题及其临床治疗的工作。

虐待的定义

作为儿童心理治疗师，我们可能面对身处混乱环境且正在遭受虐待的儿童，也可能在虐待发生后对受虐儿童进行治疗。要处理的可能是虐待问题或忽视问题，或者两者兼而有之。我们要关注的绝不仅是个别儿童的治疗。我们还需要关注系统层面的治疗和预防。联合国和世界卫生组织在维护儿童尊严的道路上努力前行，让我们看看他们对该主题的意见：联合国将虐待定义为"任何会给儿童带来负面影响、伤害或潜在伤害，并将威胁儿童的生存、健康、成长和尊严的行为"（Di et al.，2018，p.291）。世界卫生组织给出了类似的阐述性定义，认为儿童虐待是"在责任、信任或权力关系中对儿童的健康、生存、发展或尊严造成实际或潜在伤害的所有类型的身体和（或）情感虐待、性虐待、忽视、疏忽和商业剥削或其他剥削"（Jin et al., 2021, p. 1326)。

在美国，直到 1874 年才有第一起虐待儿童案件进入法庭。美国的第一起判决来自 10 岁女孩玛丽·埃伦·威尔逊（Mary Ellen Wilson）的虐待案。由于当时还没有相关的儿童保护法，施虐行为是依据动物虐待法被起诉的。

治疗片段一：汤米与童年虐待

这个案例描述了治疗师作为学生在美国一家儿童医院工作时，第一次遇到儿童虐待案例的经历。

4 岁的汤米由父亲和继母带来接受治疗。汤米没有受到生母的正常喂养和基本的身体照护，由于这涉及忽视，汤米被转而安置在生父家中。然而，在这个看似更健康的环境里，汤米的状态却让家人感到恼怒，尤其是继母。汤米会偷偷地在卧室藏匿和囤积食物，这是被忽视后相当常见的反应。我们也可以理解家庭为什么难以包容这个行为。继母必须处理房间里因食物而滋生的昆虫，也需要给予依然处于惊恐状态的汤米很多安抚。这些都在挑战她的极限。而且，看到汤米会让她想起丈夫的第一任妻子，这让她实在无法忍受。她是真的不想照顾汤米。

有一天，汤米刚进治疗室，我就看到他脸上有一个大红手印。询问后，我才发现继母经常打他。在美国，这被视为虐待，我必须向相关机构报告。儿童保护服务机构认定继母确实对汤米进行了持续的身体和精神虐待，因此安排他离开这对父母。我第一次见到汤米时，他就对我说："请不要离开我！每个人都离开我。"我做了很多努力，但最终依然没能争取到继续治疗的机会。突如其来的结束让我非常伤心和痛苦，那张印着红色手印的脸一直伴随着我多年。这种情况对治疗师来说也是一种创伤。汤米脸上的手印和囤积食物的行为，是身体虐待与伴随着情感虐待的忽视的例证。

身体虐待和忽视

身体虐待和忽视经常并存,但在定义上有所区别。

虐待是指对儿童造成实际或潜在的身体伤害,如拳打脚踢、摇晃拉扯、咬伤、掐脖子、割伤、烧伤、烫伤、勒脖子导致窒息等。

忽视是指未提供足够的食物或水、创造不安全的物理环境或有毒品之环境、缺乏适当的卫生条件或衣物等。

情感或心理虐待和忽视

不当对待(maltreatment)有多种类型,通常一名儿童会同时遭受不止一种虐待形式。情感或心理虐待和忽视经常同时存在,最难证明,而且会造成严重的长期后果(Jin et al,2021)。虐待和忽视会使儿童感到恐惧和羞辱,并可能将儿童孤立于其他儿童和可能提供帮助的成年人。情感虐待型家长经常否定孩子茁壮成长所需的元素,否认他们的联想、情感以及日常普通体验。孩子将这种体验内化,认为自己是毫无价值的垃圾,不值得拥有爱,实际上也不可爱。情绪虐待型家长对孩子表现出的模式化行为包括:拒绝、唾弃、羞辱、恐吓、孤立或剥削;以及拒绝给予关爱、回应、社会化或支持等。

治疗片段二:卡普里切与青少年心理虐待

16 岁的卡普里切因严重的进食障碍和抑郁症入院治疗。这甚至不是她父母的主意,而是出自一位老师的关心。卡普里切是一名认真学习、按时完成作业的好学生,因此她的问题很长时间都没有被发现。在家的时间,她不是长期被锁在卧室里,就是被要求做饭、打扫卫生,以长女的身份承担所有家务。她不能见同龄青少年,不能参加任何社交活动。她每天都受到批评和责骂。父母不断告诉她，她是多么愚蠢、毫无价值和糟糕。心理学家在医院办公室目睹了所有指向情感虐待的父母行为后，将案例上报给儿童保护服务机构（CPS）。在美国，儿童保护工作者会深入家庭调查指控。负责卡普里切的个案工作者被挡于家门之外，必须求助警察才得以进入房屋并完成调查。经过一段时间的治疗，在持续与卡普里切讨论进食障碍的生理影响后，情感虐待的问题才逐渐浮现并得以被讨论和解决。

性虐待

性虐待（Jin et al., 2021）有许多形式，施虐者类型也各不相同。性虐待是指年龄较大的青少年或成年人对儿童进行不当性活动，如触摸儿童生殖器，强迫儿童触摸他人生殖器，将物体或身体部位放入儿童的阴道、口腔或肛门，向儿童展示露骨内容，向儿童暴露生殖器，拍摄儿童的性姿势照片，以及儿童性贩卖。犯罪者可能是儿童的家人（父母、祖父母、继父母、叔叔或舅舅、阿姨或姑姑、兄弟姐妹和表亲），也可能是家庭以外被信赖的专业人士（牧师、教师、儿科医生、辅导员、治疗师）或年龄较大的儿童。人们往往误以为只有男性才会成为未成年人性虐待的犯罪者。

治疗片段三：父母施加的儿童性虐待

6岁的布里安娜和4岁的马库斯都曾被母亲以性的方式触碰，因为这让母亲感到性兴奋；而父亲曾要求他们进行口交。父母双方都没为孩子们提供安全保障。2名孩子因受到过度的性刺激，在学校也会对其他儿童展现性举动。这也是家庭虐待行为被发现的原因。

其他的儿童不当对待

父母妨碍孩子接受教育，是为教育忽视。如果父母拒绝必要的医学治疗，可能涉及医疗忽视。还有一种虐待是未能保护孩子的安全感不受侵犯。例如，父母让孩子目睹家庭暴力的恐怖场面，或者让 3 岁孩子独自留守数小时而无人看管。关于何种虐待程度构成政府强制干预的法律条件，各国政府各有定义。中美两国在家庭和学校的适当管教的观念上存在差异。作为治疗师，我们要考虑的是生活经验对儿童所产生的影响，以及我们可以如何为其提供治疗帮助和（或）通过强制报告进行干预。

儿童不当对待的风险因素和后果

亓迪等人（Di et al., 2018）和张会平等人（Zhang et al., 2021）在虐待研究中辨识出以下虐待风险因素：年龄、性别、少数民族身份、农村环境、贫困和家庭关系破裂。方向明等人（Fang et al., 2015）研究了虐待的经济后果。研究团队估计，在 2010 年，虐待事件的经济成本为国民生产总值的 0.84%，即 3188.85 亿元。多位学者（Di et al., 2018；Jin et al., 2021；Ni & Hesketh, 2021；Zhang et al., 2021）指出，虐待亦存在心理成本，受虐群体有较高概率出现抑郁、焦虑、创伤后应激障碍、物质滥用、多动症、学习问题、低自尊、人格障碍、人际关系困难和较高的自杀风险。亓迪及其同事（2018）同时研究了虐待的社会家庭层面和虐待创伤的代际传承。例如，对孩子施虐的母亲自己可能曾被父母虐待。我们共情这名母亲，因为直到她学会更多与惹人心烦的孩子相处的方式之前，这是她唯一学到的管理孩子的方式。

来自中国成人治疗师的案例片段

一些成年来访者曾有被遗弃或被留在其他城市的亲戚家生活的经历。亲戚们会优先照顾他们自己。因此，留守儿童长大后会认为自己低人一等，因为在成长过程里，他们在社会秩序中永远排在第二位。但亲戚们确实给予了儿童一定照顾，让他们得以生存。当我与他们工作时，成年来访者会问我："如果你是我妈妈，你会怎么做？"他们希望我成为他们的新母亲。

这个例子说明了童年虐待和忽视对儿童成年后的长期影响，以及开展治疗工作的治疗师如何被其影响。治疗师必须处理被来访者视为保护性母亲或施暴者或在两者间摆荡的移情反应。

社会层面的回应

在美国，政府一直参与解决虐待儿童的问题，因此现在有了强制报告制度（mandated reporting）。治疗师必须向儿童保护机构报告任何符合虐待定义的情况。紧急案件可能会优先被迅速调查。例如，如果亲戚在拜访时看到某个家庭成员掐住孩子的脖子，就需要把情况立即报告给儿童保护机构，而机构需要对此进行紧急调查。在其他不直接威胁儿童生命安全的情况下，调查速度会相对缓慢。孩子可能有一名律师来维护其权利。报告会提交给法院，法院将决定应该采取的措施。法院可能有一系列裁定，但在监护和治疗足以稳定养育情况的条件下，法院通常希望儿童能够重返家庭。如果虐待行为延续且情况严重，孩子将被安排离开家庭环境，并被安置到其他地方接受照顾，如在友善的亲戚家暂住、临时住院以及接受由政府提供的寄养服务。在有些情况下，成功的寄养可能发展为收养（Goldsmith et al., 2004）。美国的体系做出的响应程序如下：强制报告的法律规定、为受照顾的儿童指派法律代表、政府运营或签约承包的儿童保护机构的介入调查、一系列自愿或法院命令的干预措施，以及政府资助的家庭外安置措施。

2013 年，中国民政部开展了儿童保护试点项目（Lei et al., 2019；Man et al., 2017），重点关注弱势和易受伤害的儿童，如孤儿、贫困儿童和因父母外出务工而留守的儿童，而非家庭体系中的儿童虐待问题（Man et al., 2017）。未成年人保护工作领导小组办公室虽已成立，但存在监督和服务协调方面的困难（Man et al., 2017）。两项研究的作者都明确指出报告制度和法律保护的必要性（Lei et al., 2019；Man et al., 2017）。某些地区已建立当地社区解决方案等替代性照护措施（Lei et al., 2019；Man et al., 2017）。在美国，地方机构的替代选项包括调动非政府机构的支持，如慈善机构、犹太家庭服务机构和低收费诊所等资源。

儿童临床工作者的延伸角色

儿童临床工作者可能要胜任许多角色：医生、治疗师或公众的教育者、风险和可治疗性评估者，或根据法庭要求确定安置和治疗建议的评估者。儿童临床工作者最常见的角色是心理治疗师。

教育者 / 顾问

培训

儿童治疗师可以为参与儿童福利工作的非临床工作者提供培训，聚焦于依恋问题、儿童发展需求、儿童不当对待的影响以及暴露于创伤的治疗师自身可能受到的创伤影响。

预防工作

临床工作者可针对虐待/忽视的高危人群（如出现摇晃婴儿综合征的家庭或有持续的药物滥用问题的家长）设计和实施预防计划。

评估者

心理健康评估

临床工作者需要为虐待和忽视案件中的父母、儿童和家庭进行心理健康评估。

治疗建议

儿童临床工作者就安置或治疗需求提出建议,供法院或法院指定之儿童和家庭服务机构考虑,并始终牢记"儿童的最大利益"原则。

心理治疗师

儿童治疗师可以直接在家庭机构提供服务。一如既往,心理治疗师的首要职责是为来访者提供安全空间,与其建立良性关系,并在此基础上对来访者进行全面评估。当个案进入开始治疗阶段,儿童治疗师会观察儿童的接近/回避行为并帮助他们调节恐惧和期望。治疗师运用移情/反移情动力来处理这一阶段的治疗阻抗。她将处理与混乱共存的创伤。她在治疗过程中从情感、记忆、游戏意象、认知归因、防御模式和当前行为中采集经验碎片,逐步构建更为整合的创伤叙事。随着工作进行,她会注意到儿童通过认同和重复原始创伤来保留依恋并试图掌控虐待和忽视经历的倾向。治疗师会努力了解儿童如何内化创伤经验。她与家庭(包括兄弟姐妹、父母和任何施虐者)会面,探讨跨代的虐待模式,并通过家庭治疗干预来涵容这些部分。我们的目标是促进健康的关系联结以支持儿童的发展。

57. 被收养儿童与留守儿童

贾妮娜·万拉斯

父母可能因为工作、严重的心理健康问题、社会资源限制或其他原因而无法照顾孩子,因此养育必须面临替代性安排。养育安排可能发生在孩子甫一出生时,也可能发生在生命的稍晚阶段;可能是在家庭内部悄悄进行,也可能因政府干预而发生。有些父母因工作缘故将孩子托付给祖父母照顾。有些孩子在准备上学时会回到父母身边,其他孩子则继续与祖父母共住多年。在中国,人们非常重视血缘关系,因此不太愿意雇用外人照顾孩子。有些孩子可能由继父母抚养,但一直没能培养亲子间的依恋关系。其他一些孩子则由完全无血缘关系的伴侣抚养。让我们思考各种收养或替代养育的情况下儿童的内心体验,同时考虑他们的养父母或替代照顾者所面临的挑战。

美国的情况

两个来自美国的案例可以说明家庭内安置和寄养家庭安置的区别。

案例一:3 岁的格拉谢拉

格拉谢拉因患有严重心脏病,需反复进行手术和接受居家医疗照顾。她的母亲非常年轻且罹患癌症,虽不致有生命危险,但同样需要持续治疗。儿童保护服务机构(CPS)被邀请介入,不是因为母亲疏于照顾,而是因为她无法独自一人承担照顾生病的孩子的职责。CPS 小组联系了住在美国另一个州的祖父母，请他们搬到附近以提供额外的支持，并指派护士不定期到家探视。

孩子因为脾气暴躁伴随潜在的发育迟缓现象而被转介接受心理治疗。母亲不堪家庭照护的重负，而祖父母之一也有健康问题。治疗师面临的挑战是，既要支持孩子的母亲，又要面对三代人都在经受严重健康问题的情况。

3岁的格拉谢拉渐渐地迎头赶上。随着语言表达能力的提高，她开始能用言语表达感受，发脾气的情况也有所减少。然而，家庭仍然在挣扎，对死亡的恐惧弥漫在孩子的成长环境中。在治疗过程中，祖父母表达了他们对未来的恐惧，他们不知道自己死后，女儿是否有能力照顾孩子。与此同时，他们持续住在母女附近并给予支持。母亲也在接受癌症治疗中心的社工的心理治疗。虽然有CPS介入，但家庭中并未涉及虐待问题，家庭自愿与CPS合作，也完全接受CPS的监督。

与之相比，4岁萨姆的情况就不同了。

案例二：4岁的萨姆

萨姆生活在充斥着暴力、药物滥用和无食物保障的家庭中。生母自称怀孕期间居无定所。萨姆4个月大时，他和姐姐被带离父母身边。CPS安排他与姨妈姨父一起生活，但由于他们的健康问题，2个月后，CPS将时龄6个月大的萨姆交给一对与其亲生父母毫无关系的伴侣照顾。养父母有1名亲生孩子，他们带萨姆来接受治疗。评估后的治疗计划包括与萨姆和母亲工作，以及与母亲的单独工作（父亲因工作出差在外）。

安置初期，萨姆睡眠不好，体重不足，情绪极不稳定，是个难以照顾的婴儿。这种情况一直持续到萨姆的学步期。在治疗室中，治疗师体会到与萨姆工作1小时的疲惫，养母的辛苦可想而知。这对养父母非常爱他，但也不禁怀疑他们收养孩子的决定。母亲不知道萨姆是否因为出生不久就被带走，让他以为自己是不受父母欢迎的。这又让她对自己消极的想法感到非常内疚，也让我们担忧萨姆与养父母间能否建立足够坚实的依恋关系。

中国的情况

在父母无法提供照顾的情况下，中国儿童通常会交由亲属照顾，无须法律介入。这类父母不在身边的儿童通常被称为留守儿童。我们发现，留守儿童成年后通常有害怕被拒绝和缺乏价值感的议题，这也影响了他们对亲密伴侣的要求。有时，亲属照顾会演变为收养。家庭内部的收养通常是心知肚明的秘密，有时会造成诚信和身份认同的问题。

在一个案例中，一个阿姨收养了她姐姐的两个孩子；另一个案例是，一对夫妇在亲生儿子溺水身亡后收养了一个孩子。在这两个案例中，收养从来没有公开，但孩子们都知情。其中一个孩子说，她知道自己是被领养的，但她不愿意和养父母讨论此事。中国治疗师分享道，保守收养秘密很普遍，也给治疗过程带来挑战。家庭治疗的重心可能是孩子的饮食和营养，或是聚焦于孩子心不在焉和学习成绩不理想的情况，而不是孩子的生命故事。治疗师所面临的挑战是如何有技巧地面对这个秘密，致力于提高家庭故事的透明度和接纳其历史。

保守秘密往往和对亲生父母的行为感到羞耻有关。秘密在孩子心智中形成了一段隐秘、羞耻的内在伴侣关系，然后在成年的亲密关系中造成依恋问题。小时候，他们知道哪里"不对劲"，但又对自身的故事缺乏叙事。他们不知道自己是被坏家长遗弃，还是被人从好家长手中偷走，抑或是因为自己太坏而失去亲生父母。总之，失去亲生父母往往连接着创伤。

在美国，收养机构会建议父母庆祝被收养孩子的到来，从一开始就向孩子讲述他来到家庭的旅程，让孩子和社区都能知道并理解孩子的情况。

被收养儿童或留守儿童的内心世界

有些辗转多地的孩子会觉得,生命中无人掌握自己出生至今的人生故事。他们的生活中有多重父母角色——有些用心,有些缺席;他们的心智世界中有多对内在伴侣,有的好,有的坏。他们经历了多重丧失。若兄弟姐妹被拆散,他们就失去了亲手足或有部分血缘关系的手足。他们失去了熟悉的人、熟悉的环境、熟悉的文化所提供的抱持和生命延续性。当被另一对家长领养时,他们失去了养父母,而这对父母可能带着自身受孕失败的痛苦和失落。要整合好父母与坏父母、调和事实和幻想以及真相和秘密实在过于困难,孩子只能靠分裂和压抑来求得心理上的生存(Edwards,2000)。

养父母面临的挑战

养父母并不总能为领养做好充足准备,也因此面临不同挑战(Edwards,2000)。领养家庭通常有自己的代际创伤史,他们希望避免自己的创伤,甚至包括与孩子亲生父母有关的创伤,以保护孩子和自己免受当时的痛苦。领养孩子给养父母带来了巨大压力,因为待领养的儿童通常缺乏资源和支持。养父母可能会幻想,爱足以解决孩子的症状。只是,如果孩子因为曾经被拒绝和失去爱而抗拒养父母的爱,那么养父母可能会以为孩子的反应是针对自己的,也以为孩子不能像他们期望的那样爱自己。

保护因素

足够了解自身童年历史、具有较好的反思功能的家长,更能够思考自己和孩子的当前经历,并帮助孩子建立生命叙事。耐心、坚持和愿意接受专业帮助是重要的保护因素（Edwards，2000）。

祖父母面临的挑战

兰雅多（Lanyado，2019）指出祖父母在每个孩子生活中所扮演的重要角色。他们拥有生命经历带来的智慧，有时间和空间照顾孙辈，并能随时回应他们的情感需求。相隔一代，祖父母的压力和责任感也就不那么强烈了。当然，界限不清、角色定位不当的祖父母可能因为养育观念的分歧而产生怨怼，导致家庭关系紧张。他们可能会延续虐待和忽视的代际模式。但总的来说，现在帮忙照顾自己成年儿女的孩子，相当于祖父母有了一个机会来弥补曾经在抚养子女时的遗憾。祖父母可能担心自己会因孙辈面临的困难而受到责备（Lanyado，2019）。他们可能还在未解决的悲伤中挣扎，并对自己的育儿能力感到内疚。与此同时，为了孙辈的福祉所要付出的改变，也意味着祖父母同时要面临健康问题以及经济和搬迁方面的压力源。

治疗注意事项

我们首先与父母和孩子建立工作联盟。我们收集关于儿童成长史的事实和幻想。我们评估孩子的发展功能水平，以及认知功能、情感调节和依恋方面的潜在缺陷。接着，我们评估儿童的需求并制订治疗计划，包括对孩子的游戏治疗和对父母的辅导咨询。

进行游戏治疗时，我们留意儿童自我叙事的缺口，利用反移情为未表征的创伤构建意象。我们慢慢为儿童在游戏中展露的经历和幻想找到表述。我们修通孩子对所有曾接触过的父母的感受以及在各段关系中被对待的经验。我们倾听其中的分裂并努力使之整合。我们帮助孩子化解被迫留守的痛苦。正如爱德华兹（Edwards，2000）所说，"被抱起的孩子有哭泣的机会"（p. 354）。我们为孩子提供一个发展统整性故事的空间。

在家长咨询中，我们帮助家长处理被指责的恐惧、他们对孩子成长史的羞耻感、他们所面临的挑战，以及他们真实体会与受创伤的孩子生活的感受后，因为怀疑收养决定而产生的自责。我们帮助父母正确看待孩子的行为，告诉他们孩子的行为反应来自其成长历史，而不是对父母的良善用意的回应。恰恰是父母的爱与善良，让孩子能够展现真实感受。我们让他们知道，他们的爱让被收养的孩子能够表达悲伤、对于丧失爱的怨恨，以及在爱的议题上遇到的困难。这有助于父母面对促使他们隐瞒收养事实的羞耻感。当他们能够正视羞耻和恐惧，秘密就可能被揭开，让孩子和父母的故事相连为统整连贯的叙事。

后记

本书是为学习儿童和青少年精神分析心理治疗和正在积累理论知识与临床技术的学生所写的,也是为寻找课程大纲、阅读材料或临床案例以启发学习的教师所写的。我们从伦理立场,实证研究,精神分析理论,针对个体、父母和家庭的治疗技术以及依恋和儿童发展理论入手。从婴儿期到青少年期,我们考量各年龄阶段中针对各种症状表现的治疗工作,帮助儿童心理治疗师夯实地基,从而在医院诊所、私人咨询室和学校进行儿童、青少年与家庭评估和治疗;为同事讲授儿童和青少年精神分析心理治疗的工作内容,以及为教师、辅导员和儿童青少年保护机构提供咨询。

在许多方面,儿童并没有得到社会的充分支持。诚然,禁止童工劳动等相关法规保障儿童接受教育的权利,但由于教师培训和待遇缺乏国家的投入,加上美国的枪支暴力问题,儿童的教育资源同样面临严峻挑战。美国青少年身处充满不确定的年代,全球变暖,火灾、洪水频发,社会分化严重。诚然,人们如今更有意识地直面潜抑的种族主义议题,但这必然代表孩子们会拥有一个更多元、更包容的世界吗?俄罗斯的儿童身处战争环境,父亲可能被征召入伍、因战斗致残或死亡,许多人只能离乡背井寻求庇护。中国儿童承担庞大的学业成绩压力,小时候每周必须学会多少生字,长大后必须考上一线大学,确保未来能应聘上收入优渥的岗位。有时候,当他们终于实现此生目前最专注的目标后,他们才发现自己似乎已经与情感体验、人际关系和人生目标脱节。有太多原因让世界各地的儿童和青少年感到焦虑，并选择沉迷社交媒体来获得联结感。

在社交隔离期间，由于无法正常到校学习，儿童的学业成就相当于低了一个年级，社交发展也因缺乏同辈互动而受到阻碍。正要发展自主性的青少年，无法逃离家庭如常地参与同龄人的活动。有些孩子经历了长辈的去世，以及父母因无法举行葬礼来承认和悼念丧失而感到的悲痛。尽管新冠病毒大流行已经过去，但它给死亡焦虑留下一道长长的阴影。我们正在经历第二波心理健康危机大流行病，而许多家庭找不到治疗资源来帮助自己。儿童心理治疗师实在太稀有，无法满足实际需要。

我们希望本书能鼓励更多有志的心理治疗师受训成为儿童心理治疗师，为儿童与青少年提供评估和治疗服务，并为儿童青少年服务机构提供咨询。这是我们对心理健康行业的贡献。作为儿童心理治疗师，我们的工作是满足儿童青少年的发展需求，强化他们的心智和情感发展，以迎接未来的生与死的挑战。

参考文献

Abbass, A. A., Rabung, S., Leichsenring, F., Refseth, J. S., & Midgley, N. (2013). Psychodynamic psychotherapy for children and adolescents: A meta-analysis of short-term psychodynamic models. *Journal of the American Academy of Child and Adolescent Psychiatry, 52*(8): 863–875.

Abraham, M. H. (1953). Changing metaphors of the mind. In: *The Mirror and the Lamp: Romantic Theory and the Critical Tradition* (pp. 57–69). Oxford: Oxford University Press.

Abram, J. (1996). *The Language of Winnicott: A Dictionary of Winnicott's Use of Words*. London: Karnac.

Ainsworth, M., Blehar, M., Waters, E., & Wall, S. (1978). *Patterns of Attachment: A Psychological Study of the Strange Situation*. Hillsdale, NJ: Lawrence Erlbaum.

Allphin, C. (2005). An ethical attitude in the analytic relationship. *Journal of Analytical Psychology, 50*: 451–468.

Alvarez, A.(1974). *The Savage God*. London: Penguin.

Alvarez, A.(1989). Development towards the latency period: Splitting and the need to forget in borderline children. *Journal of Child Psychotherapy, 15*: 71–83.

Alvarez, A. (1992). *Live Company: Psychoanalytic Psychotherapy with Autistic, Borderline, Deprived and Abused Children*. London: Routledge, pp. 184–199 and 200–222.

Alvarez, A. (2005). Types of narcissism and apparent narcissism: Some questions concerning the stupid object. Paper given at the "Day With Anne Alvarez" Conference, San Francisco Center for Psychoanalysis, November.

American Psychiatric Association (2013). *Diagnostic and Statistical Manual of Mental Disorders (5th edn)*. Washington, DC: American Psychiatric Publishing.

Arcelus, J., Mitchell, A. J., Wales, J., & Nielsen, S. (2011). Mortality rates in patients with anorexia nervosa and other eating disorders: A meta-analysis of 36 studies. *Archives of General Psychiatry, 68*(7): 724–731.

Barros, A. R., & Barros, E. R. (2021). Landscapes of mental life under Covid-19. In: H. Levine & A. De Staal (Eds.), *Psychoanalysis and Covidian Life: Common Distress, Individual Experience* (pp. 61–83). Bicester, UK: Phoenix.

Bell, D. (2001). Who is killing what or whom? Some notes on the internal phenomenology of suicide. *Psychoanalytic Psychotherapy, 15*: 21–37.

Bell, S. (2004). Early vulnerability in the development of the sense of maleness: Castration depression in the phallic-narcissistic phase. *Psychoanalytic Study of the Child, 59*: 100–123.

Bick, E. (1964). Notes on infant observation in psycho-analytic training. *International Journal of Psychoanalysis, 45*: 558–566.

Bick, E. (1968). The experience of the skin in early object relations. *International Journal of Psychoanalysis, 49*: 484–486.

Bick, E. (1970). La experiencia de la piel en las relaciones de objeto tempranas [The experience of skin in early object relations]. *Revista de Psicoanálisis, 27*(1): 111–117.

Bick, E., Edwards, J., & Maltby, J. (1998). Holding the child in mind: Work with parents and families in a consultation service. *Journal of Child Psychotherapy, 24*(1): 109–138.

Bion, W. R. (1952). Group dynamics: A re-view. *International Journal of Psychoanalysis, 33*: 235–247.

Bion, W. R. (1959). *Experiences in Groups*. New York: Basic Books, 1961.

Bion, W. R. (1962). *Learning from Experience*. New York: Basic Books.

Bion, W. R. (1967). *Second Thoughts*. London: Heinemann. Reprinted London: Karnac, 1984.

Bion, W. R. (1970). Container and contained transformed. In: W. R. Bion (Ed.), *Attention and Interpretation: A Scientific Approach to Insight in Psychoanalysis and Groups* (pp. 72–82). London: Tavistock.

Bowlby, J. (1979). The making and breaking of affectional bonds. In: *The Making and Breaking of Affectional Bonds* (pp. 126–160). London: Tavistock.

Bowlby, J. (1988). *A Secure Base: Clinical Applications of Attachment Theory*. London: Routledge.

Brady, M. T. (2011). Invisibility and insubstantiality in an anorexic adolescent: Phenomenology and dynamics. *Journal of Child Psychotherapy, 37*(1): 3–15.

Brady, M. T. (2014). Cutting the silence: Initial, impulsive self-cutting in adolescence. *Journal of Child Psychotherapy, 40*(3): 287–301.

Brady, M. T. (2016). Substance abuse in an adolescent boy: Waking the object. In: *The Body in Adolescence: Psychic Isolation and Physical Symptoms* (pp. 57–73). New York: Routledge.

Breuer, J., & Freud, S. (1893a). On the psychical mechanism of hysterical phenomena: Preliminary communication. *S. E.*, *2*: 1–18. London: Hogarth.

Bronfenbrenner, U. (1989). Ecological systems theory. *Annals of Child Development*, *6*: 185–246.

Bronstein, C. (Ed.) (2001). Melanie Klein: Beginnings. In: *Kleinian Theory: A Contemporary Perspective* (pp. 1–16). London: Whurr.

Bronstein, C., & Flanders, S. (1998). The development of a therapeutic space in a first contact with adolescents. *Journal of Child Psychotherapy*, *24*: 5–36.

Bruch, H. (1988). *The Golden Cage: The Enigma of Anorexia Nervosa*. New York: Vintage.

Byng-Hall, J. (1995). *Rewriting Family Scripts: Improvisation and Systems Change*. New York: Guilford.

Cabaniss, D. L., Cherry, S., Douglas, C. J., Graver, R. K., & Schwartz, A. R. (2013). *Psychodynamic Formulation*. Hoboken, NJ: Wiley-Blackwell.

Carter, M. (2012). "The robot, the gangster, and the schoolboy"— intensive psychoanalytic psychotherapy with Luis, a latency boy in search of a father. In: N. Mahlberg & J. Raphael-Leff (Eds.), *The Anna Freud Tradition* (pp. 235–252). London: Karnac.

Chess, S., & Thomas, A. (1991). Temperament and the concept of goodness of fit. In: J. Strelau & A. Angleitner (Eds.), *Explorations in Temperament: International Perspectives on Theory and Measurement (Perspectives on Individual Differences)* (pp. 15–28). New York: Springer.

Clemente-Suárez, V. J., Martínez-González, M. B., Benitez-Agudelo, J. C., Navarro-Jiménez, E., Beltran-Velasco, A. I., Ruisoto, P., Arroyo, E. D., Laborde-Cárdenas, C. C., & Tornero-Aguilera, J. F. (2021). The impact of the COVID-19 pandemic on mental disorders: A critical review. *International Journal of Environmental Research And Public Health*, Oct, *18*(19): 10041. Published online September 24, 2021.

Cozolino, L. (2002). Rebuilding the brain: Neuroscience and psychotherapy. In: *The Neuroscience of Psychotherapy: Building and Rebuilding the Human Brain* (pp. 15–45). New York: W. W. Norton.

Cyrulnick, B. (1999). *Los Patitos Feos: La Resiliencia; Una infancia infeliz no determina la vida* [*The Ugly Ducklings: Resilience; An Unhappy Childhood does not Determine Life*]. Gedisa, Barcelona, Spain: EDT.

Delker, B. C., Bernstein, R. E., & Laurent, H. K. (2018). Out of harm's way: Secure versus insecure-disorganized attachment predicts less adolescent risk taking related to poverty. *Development and Psychopathology, 30*: 283–296.

Di, Q., Yongjie, W., & Gouwei, W. (2018). The severity, consequences, and risk factors of child abuse in China—An empirical study of 5836 children in China's midwestern regions. *Children and Youth Services Review*, 95: 290–299.

Eating Disorders Coalition (2016). Facts about eating disorders: What the research shows.

Edwards, J. (2000). On being dropped and picked up: Adopted children and their internal objects. *Journal of Child Psychotherapy, 26*(3): 349–367.

Ehrensaft, D. (2021). Psychoanalysis meets transgender children: The best of times and the worst of times. *Psychoanalytic Perspectives, 18*: 68–91.

Erikson, E. H. (1950). *Childhood and Society*. New York: W. W. Norton.

Erikson, E. H. (1956). The problem of ego identity. *Journal of the American Psychoanalytic Association*, 4: 56–121.

Fairbairn, W. R. D. (1952). *Psychoanalytic Studies of the Personality*. London: Routledge and Kegan Paul. Also published as *An Object Relations Theory of the Personality*. New York: Basic Books, 1954.

Fang, X., Fry, D. A., Ji, K., Finkelhor, D., Chen, J., Lannen, P., & Dunne, M. P. (2015). The burden of child maltreatment in China: A systematic review. *Bulletin of the World Health Organization, 93*: 176–185.

Feldman, B. (2022). After the catastrophe: Working with the intergenerational transmission of collective trauma in Jungian analysis. *Journal of Analytical Psychology, 67*: 105–118.

Ferro, A. (2015). *Torments of the Soul: Psychoanalytic Transformations in Dreaming and Narration*. Hove, UK: Routledge.

Fonagy, P. (2003). The research agenda: The vital need for empirical research in child psychotherapy. *Journal of Child Psychotherapy, 29*(2): 129–136.

Fonagy, P., Gergely, G., Jurist, E. L., & Target, M. (2002). *Affect Regulation, Mentalization, and the Development of the Self*. London: Routledge, 2019.

Fonagy, P., Steele, M., Steele, H., Higgitt, A., & Target, M. (1994). Theory and practice of resilience. *Journal of Child Psychology and Psychiatry*, 35: 231–257.

Fraiberg, S., Adelson, E., & Shapiro, V. (1975). Ghosts in the nursery: A psychoanalytic approach to the problems of impaired infant-mother relationships. *Journal of the American Academy of Child Psychiatry, 14*(3): 387–421.

Frankel, R. S. (1993). Problems in female development-comments on the analysis of an early latency-age girl. *Psychoanalytic Study of the Child, 48*: 171–192.

Freud, S. (1900a). *The Interpretation of Dreams*. *S. E.*, 4: 1–338, and *S. E.*, 5: 339–627.

London: Hogarth.

Freud, S. (1905a). On psychotherapy. *S. E.*, *7*: 257–268. London: Hogarth.

Freud, S. (1905d). *Three Essays on the Theory of Sexuality*. *S. E.*, *7*: 125–242. London: Hogarth.

Freud, S. (1905e). Fragment of an analysis of a case of hysteria (Dora). *S. E.*, *7*: 7–122. London: Hogarth.

Freud, S. (1912e). Recommendations to physicians practicing psycho-analysis. *S. E.*, *12*: 109–144. London: Hogarth.

Freud, S. (1913c). On beginning the treatment (further recommendations on the technique of psycho-analysis). *S. E.*, *12*: 121–144. London: Hogarth.

Freud, S. (1914c). On narcissism: An introduction. *S. E.*, *14*: 67–102. London: Hogarth.

Freud, S. (1916–17). The development of the libido and the sexual organization (Lecture XX1). *Introductory Lectures on Psycho-Analysis*, *S. E.*, *16*: 320-338. London: Hogarth.

Freud, S. (1917e). Mourning and melancholia. *S. E.*, *14*: 237–258. London: Hogarth.

Freud, S. (1920g). *Beyond the Pleasure Principle*. *S. E.*, *18*: 1–64. London: Hogarth.

Freud, S. (1923b). *The Ego and the Id*. *S. E.*, *19*: 1–66. London: Hogarth.

Freud, S. (1924d). The dissolution of the Oedipus complex. *S. E.*, *19*: 173–179. London: Hogarth.

Freud, S. (1926d). *Inhibitions, Symptoms and Anxiety*. *S. E.*, *20*: 75–176. London: Hogarth.

Freud, S., & Breuer, J. (1895d). *Studies on Hysteria*. *S. E.*, *2*: 21–335. London: Hogarth.

Garber, B. (1988). The emotional implications of learning disabilities: A theoretical integration. *Annual of Psychoanalysis*, *16*: 111–128.

Garland, C. (1998). *Understanding Trauma: A Psychoanalytic Approach*. London: Routledge.

George, C., Main, M., & Kaplan, N. (1985). *Adult Attachment Interview (AAI)* [Database record]. APA PsycTests.

Gillies, D., Christou, M. A., Dixon, A. C., Featherston, O. J., Rapti, I., Garcia- Anguita, A., Villasis-Keever, M., Reebye, P., Christou, E., Al Kabir, N., & Christou, P. A. (2018). Prevalence and characteristics of self-harm in adolescents: Meta-analysis of community-based studies 1990–2015. *Journal of the American Academy of Child and Adolescent Psychiatry*, *57*(10): 733–741.

Gilligan, C. (2016). *In a Different Voice: Psychological Theory and Women's Development*. Boston, MA: Harvard University Press.

Gilmore, K. J., & Meersand, P. (2014). Latency. In: *Normal Child and Adolescent Development: A Psychodynamic Primer* (pp. 141–177). Washington, DC: American

Psychiatric Publishing.

Goldsmith, D. F., Oppenheim, D., & Wanlass, J. (2004). Separation and reunification: Using attachment theory and research to inform decisions affecting the placements of children in foster care. *Juvenile and Family Court Journal*, 55(2), 1–13.

Harris, M. (1976). Infantile elements and adult strivings in adolescent sexuality. *Journal of Child Psychotherapy*, 4(2): 29–44. Reprinted in: *Adolescence: Talks and Papers by Donald Meltzer and Martha Harris* (pp. 81–101). London: Karnac, 2011.

Haskett, M. E., Ahern, L. S., Ward, C. S., & Allaire, J. C. (2006). Factor structure and validity of the Parenting Stress Index Short Form. *Journal of Clinical Child & Adolescent Psychology*, 35(2): 302–312.

Head, H., & Holmes, G. (1911). Sensory disturbances from cerebral lesions. *Brain*, 34(2–3): 102–254.

Hesse, E., & Main, M. (1999). Second-generation effects of unresolved trauma in nonmaltreating parents: Dissociated, frightened, and threatening parental behavior. *Psychoanalytic Inquiry*, 19: 481–540.

Hook, J. N., Davis, D. E., Owen, J., & DeBlaere, C. (2017). *Cultural Humility: Engaging Diverse Identities in Therapy*. Washington, DC: American Psychological Association.

Hopkins, J. (1992). Infant-parent psychotherapy. *Journal of Child Psychotherapy*, 18: 5–17.

Huang, A. (2000). *The Numerology of the I Ching: A Sourcebook of Symbols, Structures, and Traditional Wisdom*. Toronto, Canada: Inner Traditions.

Hyman, S. (2012). The school as a holding environment. *Journal of Infant Child and Adolescent Psychotherapy*, 11(3): 205–216.

Jemerin, J. M. (2004). Latency and the capacity to reflect on mental states. *Psychoanalytic Study of the Child*, 59: 211–239.

Jin, M., Wang, Q., Xu, X., & Zhong, J. (2021). Emotional, physical, and sexual child abuse in China: Prevalence and psychological consequence. *Psychology*, 12: 1325–1340.

Johnson, B., & Flores Mosri, D. (2016). The neuropsychoanalytic approach: Using neuroscience as the basic science of psychoanalysis. *Frontiers of Psychology*, 7: 1459.

Joiner, T. E., Alafat, J., Draper, J., Stokes, H., Knudson, M., Berman, A. L., & McKeon, R. (2007). Establishing standards for the assessment of suicide risk among callers to the National Suicide Prevention Lifeline. *Suicide and Life-Threatening Behavior*, 37(3): 353–365.

Kancyper, L. (2004). *El Complejo Fraterno* [*The Fraternal Complex*]. Buenos Aires: Editorial Lumen.

Kancyper, L. (2007). *Adolescencia: el fin de la ingenuidad* [*Adolescence: The End of Naivety*]. Buenos Aires: Editorial Lumen.

Kancyper, L. (2014). Fraternal complex video. *Societa Psicoanalitica italiana*. Luis Kancyper-YouTube

Kant, I. (1787). *The Critique of Pure Reason*. London: J. M. Dent, 1934.

Karush, R. K. (2006). The vicissitudes of aggression in a toddler: A clinical contribution. *Psychoanalytic Study of the Child*, *61*: 3–19.

Klein, M. (1928). Early stages of the Oedipus conflict. *International Journal of Psychoanalysis*, *9*: 167–180.

Klein, M. (1932a). The significance of early anxiety situations in the development of the ego. In: *The Psychoanalysis of Children* (pp. 245–267). London: Hogarth, 1969.

Klein, M. (1932b). *The Psychoanalysis of Children*. New York: Delacorte, 1975.

Klein, M. (1935). A contribution to the psychogenesis of manic-depressive psychosis. *International Journal of Psycho-Analysis*, *16*: 145–174. And in: *Contributions to Psychoanalysis, 1921–1945*. London: Hogarth, 1948.

Klein, M. (1946). Notes on some schizoid mechanisms. *International Journal of Psychoanalysis*, *27*(3): 99–110. Reprinted in: *Envy and Gratitude and Other Works, 1946–1963* (pp. 1–24). London: Routledge.

Klein, M. (1948). On the theory of anxiety and guilt. In: *Envy and Gratitude and Other Works, 1946–1963* (pp. 25–42). London: Hogarth, 1975.

Klein, M. (1952). Some theoretical conclusions regarding the emotional life of the infant. In: *Envy and Gratitude and Other Works, 1946–1963* (pp. 61–93). New York: Delacorte, 1975.

Klein, M. (1958). *Envy and Gratitude and Other Works, 1946–1963*. London: Hogarth, 1987 and New York: Delacorte, 1975.

Kudler, H. (2021). Psychoanalytic approaches to psychological trauma among veterans: A history and a future. Master Speakers Series Online Presentation at the International Psychotherapy Institute.

Lanyado, M. (2019). Repair and legacy: The "grandparental" role in today's kinship care families, and beyond. *Journal of Child Psychotherapy*, *45*(3): 308–322.

Laplanche, J., & Pontalis, J. B. (1996). *Diccionario de Psicoanálisis* [*Psychoanalysis Dictionary*]. Buenos Aires: Paidós.

Lawrence, H. R., Burke, T. A., Sheehan, A. E., Pastro, B., Levin, R. Y., Walsh, R. F. L., Bettis, A. H., & Liu, R. T. (2021). Prevalence and correlates of suicidal ideation and suicide attempts in preadolescent children: A US population-based study. *Translational Psychiatry*, *11*(1): 489.

Lei, J., Cai, T., Brown, L., & Lu, W. (2019). A pilot project using a community approach to support child protection services in China. *Children and Youth Services Review, 104*: 104414.

Lemma, A. (2018). Transitory identities: Some psychoanalytic reflections on transgender identities. *International Journal of Psychoanalysis, 99*(5): 1089–1106.

Leung, P. W., Kwong, S. L., Tang, C. P., Ho, T. P., Hung, S. F., Lee, C. C., Hong, S. L., Chiu, C. M., & Liu, W. S. (2006). Test-retest reliability and criterion validity of the Chinese version of CBCL, TRF, and YSR. *Journal of Child Psychology and Psychiatry, 47*(9): 970–973.

Li, Z., Yang, L., Zhu, L., & Zhu, Z. (2018). 母亲养育心理灵活性问卷中文版的信效度初步研究 [A preliminary study on the reliability and validity of the Chinese edition of the Maternal Parenting Psychological Flexibility Questionnaire]. *Chinese Mental Health Journal/Zhongguo Xinli Weisheng Zazhi, 32*(2).

Lingiardi, V., & McWilliams, N. (Eds.) (2017). *Psychodynamic Diagnostic Manual* (2nd edn). New York: Guilford.

López-Corvo, R. (2002). *Diccionario de la Obra de Wilfred R. Bion* [*Dictionary of the Work of Wilfred R. Bion*]. Madrid: Asociación Psicoanalítica de Madrid.

Losso, R. (2001). *Psicoanálisis de la Familia* [*Family Psychoanalysis*]. Buenos Aires: Grupo Editorial Lumen.

Losso, R., Setton, L. S. de, & Scharff, D. E. (Eds.) (2019). *The Linked Self in Psychoanalysis: The Pioneering Work of Enrique Pichon-Rivière*. London: Routledge.

Main, M., & Hesse, E. (1990). Parents' unresolved traumatic experiences are related to infant disorganized attachment status: Is frightened and/or frightening parental behavior the linking mechanism? In: M. T. Greenberg, D. Cicchetti, & E. M. Cummings (Eds.), *Attachment in the Preschool Years: Theory, Research, & Intervention* (pp. 161–184). Chicago, IL: University of Chicago Press.

Main, M., & Solomon, J. (1987). Discovery of an insecure disorganized/ disoriented attachment pattern: Procedures, findings, and implications for the classifications of behavior. In: M. Yogman & T. Brazelton (Eds.), *Affective Development in Infancy* (pp. 95–124). Norwood, NJ: Ablex.

Main, M., Kaplan, N., & Cassidy, J. (1985). Security in infancy, childhood and adulthood: A move to the level of representation. In: *Monographs of the Society for Research in Child Development: "Growing Points of Attachment Theory and Research," 50*(1/2): 64–104.

Man, X., Barth, R. P., Li, Y., & Wang, Z. (2017). Exploring the new child protection system in mainland China: How does it work? *Children and Youth Services Review*, *76*: 196–202.

Manzar, D., Albougami, A., Usman, N., & Mamun, M. A. (2021). Suicide among adolescents and youths during the COVID-19 pandemic lockdowns: A press media reports-based exploratory study. *Journal of Child and Adolescent Psychiatric Nursing*, *34*(2): 139–146. Published online April 3.

Marcin, A. (2018). *What Are Piaget's Stages of Development and How Are They Used*?

Marshall, R. D., Vaughan, S. C., Mackinnon, R. A., Mellman, L. A., & Roose, S. P. (1996). Assessing outcome in psychoanalysis and long-term dynamic psychotherapy. *Journal of the American Academy of Psychoanalysis*, *4*: 575–604.

Mayes, L. C., & Cohen, D. J. (1993). Playing and therapeutic action in child analysis. *International Journal of Psychoanalysis*, *74*: 1235–1244.

McDevitt, S. C., & Carey, W. B. (1978). The measurement of temperament in 3–7 year old children. *Journal of Child Psychology*, *19*: 245–253.

McDougall, J. (1989). *Theaters of the Body: A Psychoanalytic Approach to Psychosomatic Illness*. New York: W. W. Norton.

Meersand, P. (2011). Psychological testing and the analytically trained child psychologist. *Psychoanalytic Psychology*, *28*(1): 117–131.

Meltzer, D. (1975). *Explorations in Autism: A Psychoanalytical Study*. Strath Tay, UK: Clunie.

Meltzer, D., & Williams, M. H. (1988). Aesthetic conflict: Its place in the developmental process. In: *The Apprehension of Beauty* (pp. 7–33). Strath Tay, UK: Clunie.

Midgley, N., & Kennedy, E. (2011) Psychodynamic psychotherapy for children and adolescents: A critical review of the evidence base. *Journal of Child Psychotherapy*, *37*: 232–260.

Midgley, N., Hayes, J., & Cooper, M. (2017). *Essential Research Findings in Child and Adolescent Counselling and Psychotherapy*. Newbury Park, CA: Sage.

Midgley, N., O'Keefe, S., French, L., & Kennedy, E. (2017). Facing shadows: Working with young people to coproduce a short film about depression. *Journal of Child Psychotherapy*, *43*(3): 307–329.

Ni, Y., & Hesketh, T. (2021). Childhood maltreatment: Experiences and perceptions among Chinese young people. *Journal of Interpersonal Violence*, *36*(23–24): 11385–11408.

Novick, J., & Novick K. K. (2000). Parent work in analysis: Children, adolescents, and adults: part one: The evaluation phase. *Journal of Infant, Child and Adolescent Psychotherapy*, *1*(4): 55–77.

Novick, J., & Novick, K. K. (Eds.) (2022). *Adolescent Casebook*. New York: IP Books.

O'Shaughnessy, E. (1989). The invisible Oedipus complex. In: R. Britton (Ed.), *The Oedipus Complex Today* (pp. 129–150). London: Karnac, 1989.

Osserman, J., Wallerstein, H., Gozlan, O., Silber, L., & Watson, E. (2022). Section on transgender children: From controversy to dialogue. *Psychoanalytic Study of the Child*, 75: 159–190.

Palmer, R., Nascimento, L. N., & Fonagy, P. (2013). The state of the evidence base for psychodynamic psychotherapy for children and adolescents. *Child and Adolescent Psychiatric Clinics of North America*, 22(2): 149–214.

Panksepp, J. (2012). *The Archeology of Mind: Neuroevolutionary Origins of Human Emotions*. New York: W. W. Norton.

Paolo, A. M., Ryan, J. J., & Smith, A. J. (1991). Reading difficulty of MMPI-2 subscales. *Journal of Clinical Psychology*, 47(4): 529–532.

Piaget, J. (1962). *Play, Dreams, and Imitation in Childhood*. New York: W. W. Norton.

Pichón Rivière, E. (1970). Recuperado de transcripción textual de la clase No. 5 del curso de 1er. Dictada en la Primera Escuela Privada de Psicología Social [Recovered from verbatim transcription of class No. 5 of the 1st year course. Taught at the First Private School of Social Psychology], May 13, pp. 221–232.

Piontelli, A. (1992). *From Fetus to Child: An Observational and Psychoanalytic Study*. London: Routledge.

Prat, R. (2001). Imaginary hide and seek: A technique for opening up a psychic space in child psychotherapy. *Journal of Child Psychotherapy*, 27: 175–196 (read only the enuresis case from pp. 184–196).

Pretorius, I. (2007). Repeating and recalling preverbal memories through play: The psychoanalysis of a 6-year-old boy who suffered trauma as an infant. *Psychoanalytic Study of the Child*, 62: 239–262.

Prout, T., Gaines, E., Gerber, L., Rice, T., & Hoffman, L. (2015). The development of an evidence-based treatment: Regulation-focused psychotherapy for externalizing children. *Journal of Child Psychotherapy*, 41(3): 255–271.

Racker, H. (1968). *Transference and Countertransference*. New York: International Universities Press.

Rizzolati, G., & Craighero, L. (2004). The mirror-neuron system. *Annual Review of Neuroscience*, 27: 169–192.

Rosenfeld, H. (1960). On drug addiction. In: *Psychotic States: A Psychoanalytical Approach* (pp. 128–143). New York: International Universities Press, 1966.

Roth, S. (2000). *Psychotherapy: The Art of Wooing Nature*. Northvale, NJ: Jason Aronson.

Rustin, M. (1998). Dialogues with parents. *Journal of Child Psychotherapy*, 24: 233–252.

Rustin, M. (2007). Taking account of siblings. *Journal of Child Psychotherapy*, *33*(1): 21–35.

Rutter, M. (1985). Resilience in the face of adversity: Protective factors and resistance to disorder. *British Journal of Psychiatry*, *147*: 598–691.

Saketopolou, A. (2020). Thinking psychoanalytically, thinking better: Reflections on transgender. *International Journal of Psychoanalysis*, *101*(5): 1019–1030.

Scharff, D. E. (1982). *The Sexual Relationship*. London: Routledge (reprinted Northvale, NJ: Jason Aronson, 1992).

Scharff, D. E. (1992). *Refinding the Object and Reclaiming the Self*. Lanham, MD: Rowman & Littlefield, 1998.

Scharff, D. E. (2021). Trauma, resilience and the family. In: *Marriage and Family in Modern China: A Psychoanalytic Exploration* (pp. 67–84). Abingdon, UK: Routledge.

Scharff, D. E., & Scharff, J. S. (1987a). *Object Relations Family Therapy*. Northvale, NJ: Jason Aronson.

Scharff, D. E., & Scharff, J. S. (1987b). Transference and countertransference. In: *Object Relations Family Therapy* (pp. 201–226). Northvale, NJ: Jason Aronson (also published in Chinese).

Scharff, D. E., & Scharff, J. S. (1987c). Older play-age children in family therapy. In: *Object Relations Family Therapy* (pp. 307–334). Northvale, NJ: Jason Aronson.

Scharff, D. E., & Scharff, J. S. (1991). *Object Relations Couple Therapy*. Northvale, NJ: Jason Aronson.

Scharff, D. E., & Scharff, J. S. (1998). *Object Relations Individual Therapy*. Northvale, NJ: Jason Aronson.

Scharff, D. E., & Scharff, J. S. (2011). *The Interpersonal Unconscious*. Lanham, MD: Jason Aronson.

Scharff, J. S. (1989). Play: An aspect of the therapist's holding capacity. In: J. S. Scharff (Ed.), *Foundations of Object Relations Family Therapy* (pp. 447–461). Northvale, NJ: Jason Aronson.

Scharff, J. S. (1992). *Projective and Introjective Identification and the Use of the Therapist's Self*. Northvale, NJ: Jason Aronson.

Scharff, J. S. (2006). Whole family understanding. In: *New Paradigms for Treating Relationships* (pp. 109–110). Northvale, NJ: Jason Aronson at Rowman and Littlefield.

Scharff, J. S. (2020). *Drama in Mental Health*. E-book. (last accessed October 10, 2022).

Scharff, J. S. (2021). To be or not to be three: A clinical narrative, an unanswered question.

Couple and Family Psychoanalysis, 11(2): 113–128.

Scharff, J. S., & Scharff, D. E. (1994). *Object Relations Therapy of Physical and Sexual Trauma*. Northvale, NJ: Jason Aronson.

Scharff, J. S., & Scharff, D. E. (2005). *The Primer of Object Relations* (2nd edn). Northvale, NJ: Jason Aronson.

Scharff, J. S., & Scharff, D. E. (2011). The impact of Chinese cultures on a marital relationship. *International Journal of Applied Psychoanalytic Studies, 8*(3): 249–260.

Scharff, J. S., & Scharff, D. E. (2014). *Object Relations Therapy of Physical and Sexual Trauma*. Northvale, NJ: Jason Aronson.

Scharff, K., & Herrick, L. (2010). *Navigating Emotional Currents in Collaborative Divorce*. Washington, DC: American Bar Association.

Scott, R. D. (1955). Notes on the body image and schema. *Journal of Analytical Psychology, 1*(2): 145–160.

Sehon, C. (2015). Teleanalysis and teletherapy for children and adolescents? In: J. S. Scharff (Ed.), *Psychoanalysis Online 2: Impact of Technology on Development, Training, and Therapy* (pp. 209–232). London: Karnac.

Selvini-Palazzoli, M. (1974). *Self-starvation: From the Intrapsychic to Interpersonal Approach to Anorexia Nervosa*. London: Chaucer.

Shane, M. (1967). Encopresis in a latency boy—an arrest along a developmental line. *Psychoanalytic Study of the Child, 22*: 296–314.

Slade, A. (2008). The move from categories to process: Attachment phenomena and clinical evaluation. *New Directions in Psychotherapy and Relational Psychoanalysis, 2*(1): 89–105.

Smink, F. R. E., van Hoeken, D., & Hoek, H. W. (2012). Epidemiology of eating disorders: Incidence, prevalence and mortality rates. *Current Psychiatry Reports, 14*(4): 406–414.

Solms, M. (2018). The neurological underpinnings of psychoanalytic therapy and theory. *Frontiers of Behavioral Neuroscience, 12*(294): 1–13.

Sondheimer, A., & Jensen, P. (2009). Ethics in child and adolescent psychiatry. In: S. Bloch & S. Green (Eds.), *Psychiatric Ethics* (pp. 385–407). Oxford: Oxford University Press.

Spitz, R. (1952). Emotional deprivation in infancy . YouTube.

Stern, D. (1985). *The Interpersonal World of the Infant*. New York: Basic Books.

Sutherland, J. (1963). Object relations theory and the conceptual model of psychoanalysis. *British Journal of Medical Psychology, 36*: 109–124. Reprinted in: J. S. Scharff (Ed.), *The Autonomous Self: The Work of John D. Sutherland* (pp. 25–44). Northvale,

NJ: Jason Aronson.

Swick, K. J., & Williams, R. D. (2006). An analysis of Bronfenbrenner's bio-ecological perspective for early childhood educators: Implications for working with families experiencing stress. *Early Childhood Education Journal, 33*(5): 371–378.

Tustin, F. (1981). *Autistic States in Children*. London: Routledge and Kegan Paul.

Waddell, M. (1998a). Beginnings. In: *Inside Lives: Psychoanalysis and the Growth of the Personality* (pp. 15–27). London: Karnac, 2002.

Waddell, M. (1998b). Latency. In: *Inside Lives: Psychoanalysis and the Growth of the Personality* (pp. 81–104). London: Karnac, 2002.

Waddell, M. (1998c). Late adolescence: fictional lives. In: *Inside Lives: Psychoanalysis and the Growth of the Personality* (pp. 174–193). London: Karnac, 2002.

Waddell, M. (2002). *Inside Lives: Psychoanalysis and the Growth of the Personality*. London: Karnac.

Weinstein, L., & Saul, L. (2005). Psychoanalysis as cognitive remediation: Dynamic and Vygotskian perspectives in the analysis of an early adolescent dyslexic girl. *Psychoanalytic Study of the Child, 60*: 239–262.

Williams, G. (1997). Reflections on some dynamics of eating disorders: "No entry" defenses and foreign bodies. *International Journal of Psychoanalysis, 78*: 927–941.

Wing, L., & Gould, J. (1979). Severe impairment of social interaction and associated abnormalities in children: Epidemiology and classification. *Autism and Developmental Disorders, 9*: 11–29.

Winnicott, D. W. (1941). The observation of infants in a set situation. *International Journal of Psychoanalysis, 22*: 229–249.

Winnicott, D. W. (1945). Primitive emotional development. In: *Through Paediatrics to Psycho-Analysis: Collected Papers* (pp. 145–156). London: Hogarth, 1975.

Winnicott, D. W. (1949). Mind and its relation to the psyche-soma. In: *Through Paedriatics to Psycho-Analysis: Collected Papers* (pp. 243–254). London: Hogarth, 1975.

Winnicott, D. W. (1951). Transitional objects and transitional phenomena. In: *Through Paediatrics to Psychoanalysis: Collected Papers* (pp. 229–242). London: Hogarth, 1975. Also in *Playing and Reality* (pp. 1–34). London: Tavistock, 1971.

Winnicott, D. W. (1958). *Through Paediatrics to Psychoanalysis*. London: Hogarth, 1975.

Winnicott, D. W. (1960). The theory of the parent-infant relationship. In: *The Maturational Processes and the Facilitating Environment* (pp. 37–55). London: Hogarth, 1965.

Winnicott, D. W. (1971). *Playing and Reality*. London: Tavistock.

Winnicott, D. W. (1994). *Conozca a su Niño* [*Get to Know Your Child*] (2nd edn). Barcelona, Spain: Paidós.

Witwer, A. N., Walton, K., & Held, M. K. (2022). Taking an evidence based child and family centered perspective on early autism intervention. *Clinical Psychology: Science and Practice*, 29(4): 420–422.

Yeh, C.-H., Chen, M.-L., Chuang, H.-L., & Li, W. (2001). The Chinese version of the Parenting Stress Index: A psychometric study. *Acta Paediatrica*, 90(12): 1470–1477.

Youell, B. (2002). The relevance of infant and young-child observation in multi-disciplinary assessments for the family courts. In: A. Briggs (Ed.), *Surviving Space: Papers on Infant Observation* (pp. 117–134). London: Karnac.

Zeanah, C. H. (2000). Disturbances and disorders of attachment in early childhood. In: C. H. Zeanah (Ed.), *Handbook of Infant Mental Health* (2nd edn) (pp. 358–362). New York: Guilford.

Zhang, H., Liu, M., & Long, H. (2021). Child maltreatment and suicide ideation in rural China: The roles of self-compassion and school belonging. *Child and Adolescent Social Work Journal*, 38: 325–335.

Zhong, J. (2011). Working with Chinese patients: Are there conflicts between Chinese culture and psychoanalysis? *International Journal of Applied Psychoanalytic Studies*, 8(3): 218–226.

Zilbach, J. (1985). *Young Children in Family Therapy*. New York: Brunner/Mazel.